ブレインサイエンス・レクチャー **2**

脳の進化形態学

村上安則 著
徳野博信 編

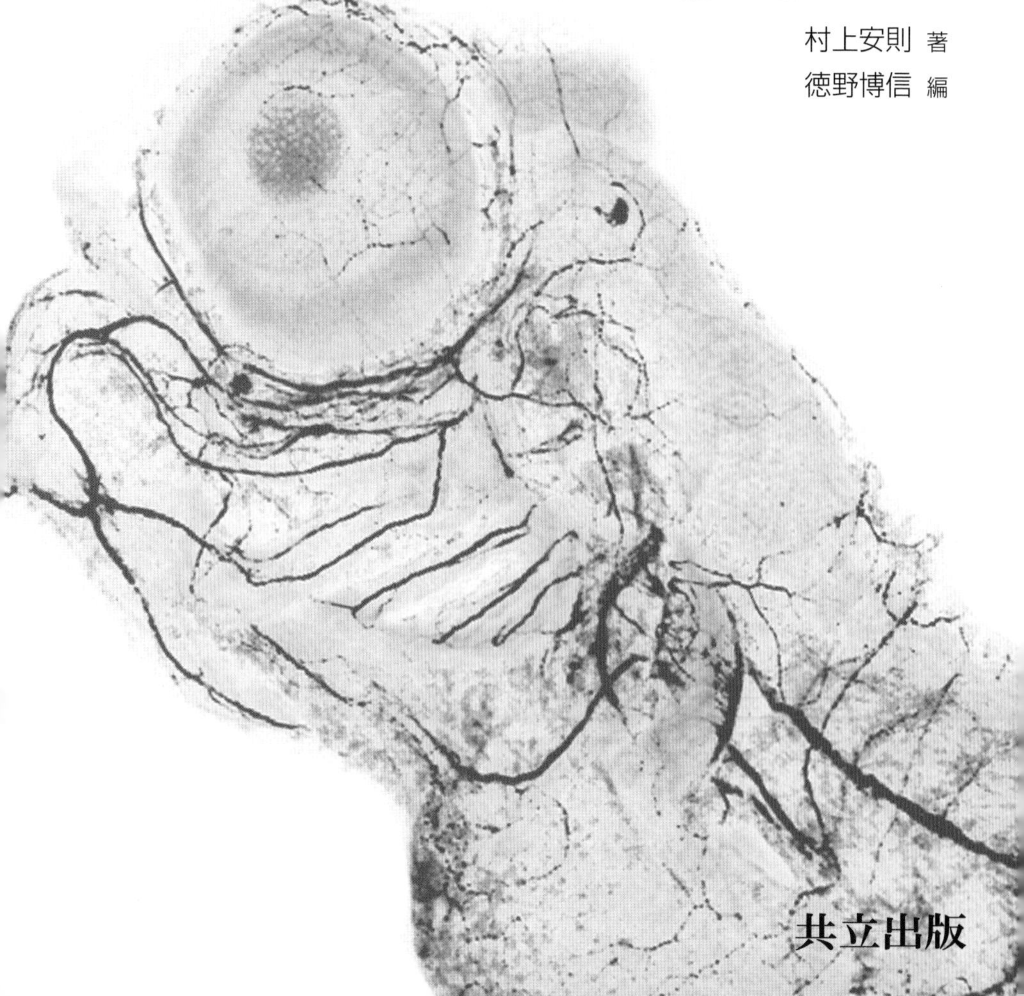

共立出版

本シリーズの刊行にあたって

　脳科学とは，脳についての科学的研究とその成果としての知識の集積です．脳科学は，紆余曲折や国ごとの栄枯盛衰があったとはいえ，全世界的に見ると20世紀はじめから21世紀にかけて確実に，そして大いに進んできたといえるでしょう．さまざまな研究技術の絶えまない発展が，そのあゆみを強く後押ししてきました．また，研究の対象領域の広がりも進んでいます．人間や動物の営みのほぼすべてに脳がかかわっている以上，これも当然のことなのです．

　反面，著しい進歩にはマイナス面もあります．一個人で脳科学の現状の全体像を細かなところまで把握するのは，いまやとても難しいことになってしまっています．脳のあるひとつの場所についての専門家であっても，そのほかの脳の場所についてはほとんど何も知らないといったことも，それほど驚くべきことではありません．また，新たに脳について学ぼうとする人たちからの，どこから手をつければいいのかさっぱりわからない，という声も（いまにはじまったことではありませんが）よく理解できます．

　こういった声に応えることを目標として，今回のシリーズを企画しました．このシリーズは，脳科学の特定のテーマについての一連の単行本からなります．日本語訳すれば「脳科学講義」となりますが，あえてちょっとだけしゃれてみて「ブレインサイエンス・レクチャー」と名づけました．1冊ごとに興味深いテーマを選んで，ごく基本的なことから，いま実際に行われている先端の研究で明らかになっていることまで，広く紹介するような内容構成になっています．通して読むことによって，読者が得られるものは大きいであろうと期待しています．

　本シリーズの編集にあたっては，脳科学研究の最前線にたって多忙をきわめている研究者の方々に，たいへんな無理をいってご執筆いただきました．執筆

本シリーズの刊行にあたって

の依頼に際しては，できるだけ初心者にもわかりやすいように，そして大事な点については重複をいとわず，繰り返し書いていただくようにお願いしてあります．加えて，読みやすさとわかりやすさのために，できるだけ解説図を増やすことと，特に読者の関心を引きそうな点や注目すべき点についてはコラムなどで別に解説してもらうことも要請しました．さらに各章末では，Q&A 形式による著者との質疑応答も，内容に広がりをもたせるために企画してみました．

このシリーズによって脳の実際の「しくみ」と「はたらき」や，脳の研究の面白さが，読者の皆さんにわかっていただけるように願ってやみません．入門者や学生のみなさんにとっては，最先端研究の理解への近道として役立つことと思います．また，脳の研究者や研究を志している方々にとっても，自らの専門外の知識の整理になり，新しい研究へのヒントがどこかで必ず得られるものと信じています．

今回のシリーズ企画にあたっては共立出版の信沢孝一さんに，また実際の編集作業と Q&A 用の質問の作成については，同社の山内千尋さんにお世話になりました．たいへんありがとうございました．

東京都医学総合研究所　脳構造研究室長
徳野博信

まえがき

　現在地球上には多くの生物がいます．これらのうち，動物と呼ばれるグループでは節足動物や線形動物などが繁栄していますが，我々人間を含む脊椎動物も地球上のさまざまな環境で生活しています．脊椎動物はその種類数では昆虫や線虫に遠く及びませんが，前衛芸術作品のようなユニークな形態をしていたり，数十メートルものサイズをもつものがいたりと実に多様です．脊椎動物のグループがこのような適応放散を成し遂げることができた要因として，その多彩で機能的な形態もさることながら，これらの動物が外部環境の情報を収集し，それに対して適切な応答を行うための優れた能力をもっていたことが挙げられます．このような生理機能の礎となっているのが脳という器官です．脳といえば，ヒトのもつ脳についてはさまざまなところで紹介されているため，多くの人々がある程度の知識は備えているでしょう．しかし，サメの脳がどのようになっているのか，シーラカンスやカモノハシの脳はどうなのか，さらには肉食恐竜のティラノサウルスの脳がどうなっているのかについてはあまり知らないのではないでしょうか？　フィリップ・K・ディックの著作に『アンドロイドは電気羊の夢を見るか *Do andoroids dream of a electoric sheep*』という作品がありますが，ならば，夜の闇の中で超音波によって世界を認識しているコウモリは，超音波で描かれる羊の夢を見るのでしょうか．このように，脳の進化に関する興味は尽きません．これらの動物の脳も，進化の過程で構築されてきたものであり，脳の進化の秘密に迫るたいへん重要な要素をいくつももっています．

　さまざまな動物の脳を調べ，比較して研究を進めることで，ヒトの脳を見ているだけではわからない情報を得ることができ，脳がどのように進化してきたのかを知ることができます．この本ではヒトの脳機能についてはあまり詳しく

まえがき

は述べませんが，その代わりに数多くの脊椎動物の脳の構造を紹介し，それがどのような遺伝子のはたらきでつくられるのかについて説明していきます．そうした情報をきっかけとして，読者の方々に脳の多様性や進化について興味をもっていただければ幸いです．しかしながら，脳進化の研究の礎となる比較形態学は歴史がたいへん古く，これまでに膨大な数の研究報告が出されています．その中には，実にさまざまな動物の神経系が記載されています．それらの膨大な情報をまとめあげ，客観的にバランスよく紹介することは，筆者の能力の限界を超えているといわざるを得ません．したがって本書は，これまでになされてきた比較形態学，比較発生学の知見を，筆者の興味や知識をフィルターとして紹介するものです．この本に紹介されていない興味深い事例は山ほどあります．もし脳の比較形態学や進化学に興味をもったならば，読者の方々も独自にこの知識の大海を覗いてみてはいかがでしょうか．

謝　辞

　この本を執筆するにあたり，多くの方々のご協力をいただきました．野村真博士，川口将史博士，菅原文昭博士，鈴木大地氏は，筆者の原稿を読み，有意義なコメントやご指摘をくださいました．また，大学院時代からの知人である川崎能彦博士からは，ギンザメやトカゲの脳の写真をいただきました．福井眞生子博士からは多くの熱帯産動物の写真を，秋山繁治博士からは貴重なイボイモリの写真を，飯田緑氏からは表紙のマダイの写真を提供していただきました．愛媛大の学生であった土佐靖彦博士，山上沙織氏，楠原佑基氏，松原生実氏，平尾綾子氏，糸山達哉氏，野口佳奈実氏，石川遼太氏，大内美咲氏からはイラストや脳の写真を提供していただきました．佐々木苑朱氏には多くの動物イラストを描いていただきました．気味の悪い円口類のイラストをお願いしてしまいすみません．また，愛媛大学の進化形態学研究室の皆様，大学院時代の恩師である藤澤肇博士，そして，脳進化の研究において多大なご協力をいただいた倉谷滋博士に心よりお礼申し上げます．最後に，本書を執筆する機会をいただきました徳野博信博士，山内千尋氏にお礼申し上げます．

2015年3月　　　　　　　　　　　　　　　　　　　　　　　　　　　村上安則

目　次

- 第 1 章　脳について ... 1
  - 1.1　はじめに ... 1
  - 1.2　動物と神経系 ... 5
- 第 2 章　脊椎動物の系統と進化 ... 20
  - 2.1　脊椎動物とは ... 20
  - 2.2　脊椎動物の起源：カンブリア爆発 ... 47
  - 2.3　脊椎動物の由来に関する謎：ホヤかナメクジウオか ... 50
- 第 3 章　脳の形態・発生・進化 ... 54
  - 3.1　脊椎動物におけるニューロンとグリア ... 54
  - 3.2　アカデミー論争 ... 56
  - 3.3　脊椎動物の脳形態 ... 58
  - 3.4　脊椎動物の脳の起源：化石を調べてみよう ... 63
  - 3.5　脊椎動物の脳発生 ... 69
    - 3.5.1　神経管 ... 69
    - 3.5.2　オーガナイザー領域 ... 78
    - 3.5.3　オーガナイザー領域の起源 ... 81
    - 3.5.4　プラコードと神経堤細胞 ... 83
    - 3.5.5　脳分節 ... 88
    - 3.5.6　基本的神経回路 ... 95
    - 3.5.7　神経ガイド分子 ... 98
    - 3.5.8　深い相同性（deep homology） ... 100

第4章　末梢神経系　　105
- 4.1　末梢神経系とは　　105

第5章　中枢神経系　　124
- 5.1　脳のサイズ　　124
- 5.2　脳の三位一体説　　126

第6章　菱　脳　　129
- 6.1　菱脳とは　　129
- 6.2　菱脳の発生起源　　131
- 6.3　発声にかかわる神経系　　132
- 6.4　体性感覚地図　　135
- 6.5　魚類における菱脳の多様化　　137

第7章　小　脳　　141
- 7.1　小脳とは　　141
- 7.2　小脳発生機構の起源　　144
- 7.3　円口類の小脳　　145
- 7.4　顎口類の小脳　　148
- 7.5　小脳の起源と進化：円口類から顎口類へ　　152
- 7.6　小脳の起源と進化：羊膜類の場合　　156

第8章　中　脳　　164
- 8.1　中脳とは　　164
- 8.2　中脳の発生　　165
- 8.3　中脳の起源　　166
- 8.4　中脳の多様化　　168
- 8.5　中脳への神経接続：網膜視蓋投射　　174
- 8.6　中脳の感覚地図　　175
- 8.7　三叉神経中脳路核と顎の進化　　176

第 9 章　間　脳　179

- 9.1　間脳とは 179
- 9.2　間脳の形態 179
- 9.3　間脳の発生とその起源 183
- 9.4　間脳に入る 2 つの神経路 184
- 9.5　間脳の進化 187

第 10 章　終　脳　194

- 10.1　終脳とは 194
- 10.2　終脳の起源 195
- 10.3　終脳の基本構造 196
- 10.4　終脳の発生 197
- 10.5　円口類 200
- 10.6　魚　類 203
- 10.7　両生類 209
- 10.8　羊膜類 211
  - 10.8.1　哺乳類 211
  - 10.8.2　ヒトの脳の進化 224
  - 10.8.3　爬虫類・鳥類 229
- 10.9　2 つの脳の進化 237
- 10.10　神経の新生 242
- 10.11　まとめ：終脳の進化戦略 243

第 11 章　神経回路　246

- 11.1　神経回路網 246

おわりに　255

引用文献　259

目 次

索 引 283

1 脳について

1.1 はじめに

　地球上にたくさんの生物がいるように，世の中にはたくさんの脳があります（図 1.1）．脳は脳髄とも呼ばれ，我々の体を構成する臓器の一種ですが，動物の行動や感情を司っているという点において，心臓や肝臓など，動物の生理機能を維持するための臓器とはいささか様相が異なります．脳は動物の性質と密着しており（あるいは性質を生み出す実質的器官であり），動物の生理や生態を特徴づける本質的な要素の 1 つとなっています．そのため，脳の形はその持ち主の性質を反映して実に個性的であり，脳の形をじっくり見ると，その持ち主の性格や行動パターンを推理することができます．ただし，脳の表面をなぞって見ているだけでは，脳のはたらきを十分に理解することはできません．持ち主の性質を推測するためには脳の中の構造，すなわちどのような細胞で構成されているのか，脳の中ではどのようにして情報が伝えられているのかを知っておく必要があります．こうした知識をふまえて動物の行動を観察してみると，その動物がどのような脳をもっているか推理することもできます．たとえば，嗅覚が優れ，遊泳能力に長けたサメなどを見ると，嗅覚を司る終脳や，平衡感覚や運動を司る小脳が発達しているのではないかと予想できます．実際にサメの脳を見てみると，終脳と小脳が他の領域に比べてよく発達していることがわかります．つまり，動物にとってあらゆる生理機能の要となる脳は，種分化の過程で脳以外の形態と共進化するかのようにさまざまな形態へと進化して

第1章　脳について

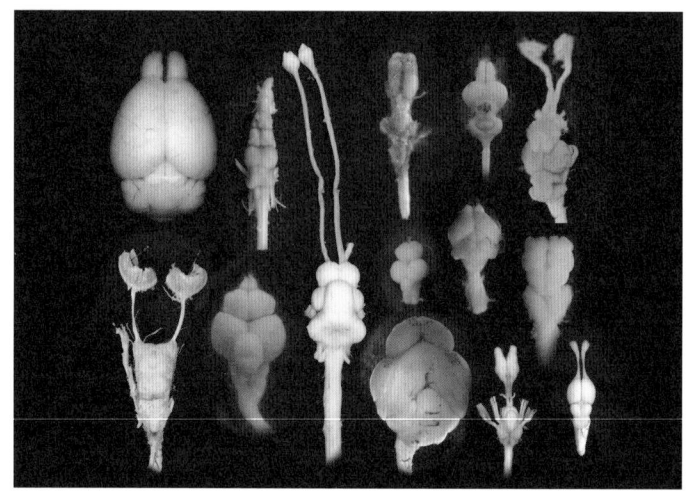

図 1.1　さまざまな脊椎動物の脳
上段左からマウス，アナゴ，ハイギョ（プロトプテルス），カマツカ，ヒメジ．下段左からナルトビエイ，メジナ，マナマズ，オニオコゼ，キクガシラコウモリ，ヌタウナギ．右下段左からモルミルス，ゾウギンザメ，ヒョウモントカゲモドキ（写真提供：土佐靖彦氏・石川僚太氏・川崎能彦氏・菅原文昭氏）．

きたのです．またさらに，脳の生み出す「知性」はいうまでもなく極めつけに重要で神秘的です．このような高次機能がどのようにして生じたのか？　こうした多くの謎を秘めている脳は，他の器官にはない不思議な魅力にあふれているといえるでしょう．

このような多様化が見られる一方で，動物系統間で高度に保存された揺るぎない形態パターンも存在しています．たとえば，どの動物の脳も神経細胞（ニューロン）によってつくられる神経回路を基盤としており，ニューロンの情報が集まって処理される「中枢」を備えています．脊椎動物では終脳や中脳がそれにあたりますが，これらの配置はどの種を見てもほとんど変わりません．つまり，脊椎動物の脳は多様性を示しつつも，極めて保守的な要素をもっているといえます．では，このような両面性をもつ脊椎動物の脳はいかにして進化してきたのでしょうか？

ヒトの脳と知性

　この本では，主に脊椎動物の脳について紹介していきます．脊椎動物とは，脊椎（背骨）をもつ動物のことです．脊椎動物は地上から深海まで，地球上のさまざまな環境に生息しており，その形態は極めて多様です．我々人類（ヒト：*Homo sapience*）も脊椎動物の一種です．そして，一般的に脳といえば，ヒトの脳を連想される方が多いと思います．実際，世の中に出回っている書籍やインターネットの情報の中から脳に関するものを拾い上げていくと，その多くはヒトの脳に関するものです（図1.2）．ヒトの脳は見た目はややグロテスクですが（美しいと見るヒトもいますが），たいへん洗練された優秀な器官です．このような脳の獲得は，ヒトが地球上で支配的な生物として君臨することができた主要な要因の1つに挙げられるでしょう．ヒトの脳には認知や記憶，思考などのたいへん高度な機能が備わっているので，ヒトという種は他の動物には類を見ないような活動を行えるようになりました．たとえば，飛行機をつくったり，過ぎ去った遠い夏の日を思い出してほろ苦い気分になったり，惑星の動きを予測できる方程式を導いたり，さらには素粒子のレベルで宇宙の起源について洞察できるまでになっています．今のところ，これに匹敵しうる知能を備えた生物は，地球の内にも外にも見い出されていません．これはいささか残

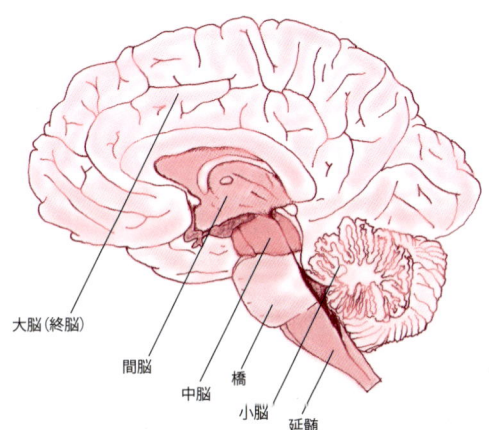

図1.2　ヒトの脳
前から順に終脳（大脳），間脳，中脳，小脳，橋，延髄という領域に分かれている．

念な気もします．ネアンデルタール人が生き残っていれば，地球上に知能をもつ2つの人類が存在していたかもしれませんが，現段階において人類は知性という観点でいえば孤独な状況にあります．ただし，最近では宇宙空間に多くの惑星系が発見されてきているため，いずれ知能をもった生命体の存在が確認されるかもしれません．また，人工知能が著しい速度で進歩していることから，もしかしたら近い将来には電子回路の中に「知能」が出現するかもしれません．とにかく，現時点ではヒトの脳は明らかに他の動物のそれと一線を画しており，脳進化の1つの頂点を極めているといえるでしょう．

脳の進化と発生学

では，このように高性能な構造体である脳は，いかにして進化してきたのでしょうか？　その答えを得るためには，ヒトとは異なる進化を遂げた動物の脳を取り上げて，どこまでが共通でどこからが異なるのかを明らかにしながら，脳が生命の歴史の中でどのような過程を経て変化してきたのかを調べる必要があります．それを行うにあたって，発生学はたいへん重要なヒントを与えてくれます．なぜなら脳の進化とは"脳をつくる発生メカニズムの確立と変遷"にほかならないからです．つまり，脊索動物[1]の進化の途上で脳をつくりだす発生機構が確立され，それが進化の過程で受け継がれながらも，種ごとに変化してきたのです．そこで本書では，発生学を背景としながらさまざまな動物の脳を紹介し，脳の歴史を紐解いていきたいと思います．

さまざまな動物の脳

そうはいうものの，発生過程が詳細に記載されているのは，地球上の生物のうちのほんのひと握りです．したがって，発生過程がわかっている動物のみを扱って脳の進化を論ずるのはいささか無理があります．そこで本書では，成体の動物の脳についても詳しく言及していき，発生学的知見を補完しながら脳の進化を探っていきます．

地球上の動物には多様性があり（図1.3），それに応じて脳のかたちや機能

---

[1] 脊索動物とは，発生期あるいは生涯を通して脊索をもつ動物のことです．現生のグループには頭索類（ナメクジウオ類），尾索類（ホヤ，サルパ類）そして脊椎動物があります．

1.2 動物と神経系

図 1.3 地球に生息するさまざまな動物

も実にさまざまです．ヒトの脳はたしかに偉大ですが，それ以外の動物の脳も捨てたものではありません．中には，ヒトには到底不可能なはたらきを可能にする神経システムも存在します．そのようなヒトとは違うタイプの脳を見ることで，ヒトの脳を見るだけではわからなかった，脳のもつ可能性について新たな視点が広がることだってあるでしょう．

1.2 動物と神経系

動物の多様性

地球上にはさまざまな生物が生息しています．その数は数百万種とも，数億種ともいわれます．その中には美しい花を咲かせる植物や，ユニークな形をした菌類，ヒトの体内で蠢く寄生虫，電子顕微鏡を使わなければ見ることのできないバクテリアなどがいます．これら多彩な生命は，30 億年以上に及ぶ進化の過程で生じてきたものです．これまでの研究から，地球上にあふれるこれら

第1章 脳について

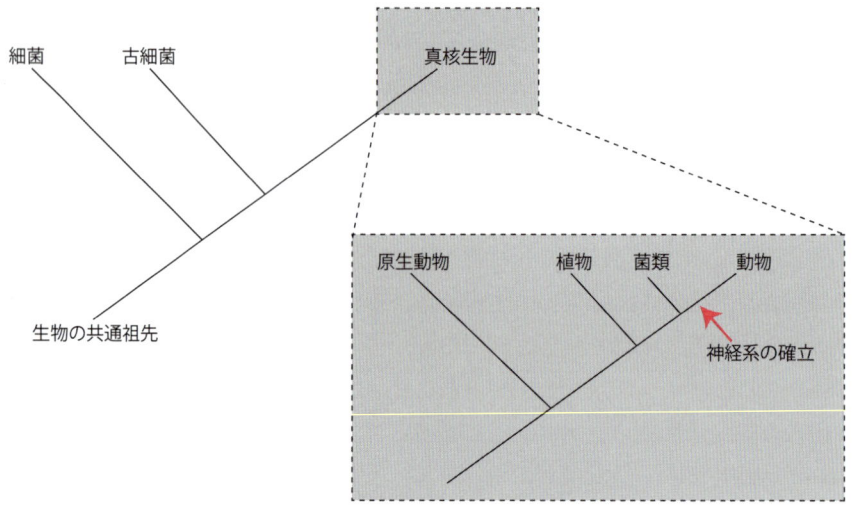

図 1.4 生命の系統関係
地球上の生命は大きく細菌・古細菌・真核生物というドメインに分けられ、真核生物には原生動物、植物、菌類、動物が含まれる。

の生物たちはいくつかのグループに分けられることがわかっています。生物は大きく、細菌・古細菌・真核生物という3つの大きなグループに分けられています（専門家は3つの「ドメイン」ともいっています；図 1.4）。真核生物は、細菌や古細菌（原核生物）とは異なり、核膜に包まれた核をもっているのが特徴です。真核生物はいくつかの主要なグループから構成されます。それらは、原生動物、菌類（キノコやカビの仲間。原核生物である細菌と混同しないよう注意）、植物、そして動物です（図 1.4）。それらの中で、これからこの本で扱うのは、「動物」です。なぜならば、この本のメインテーマである神経系というシステムは動物で進化したものであり、他の生物には見られないからです。

神経について

神経系の大きな特徴として、「外部からの刺激に対して応答する」ということがあります。ちょっと待てよ、食虫植物のハエジゴクは植物なのにハエ（外界からの刺激）に応答してハエを食べるではないか、と考える方もいるかもしれませんが、ハエジゴクの罠の動きは水の移動よって制御されたいわば水力機

1.2 動物と神経系

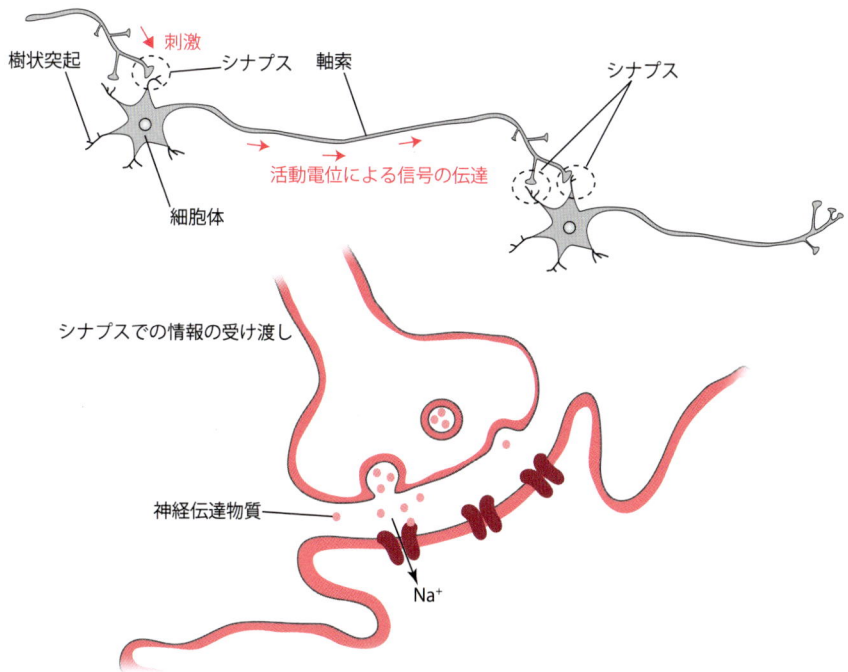

図 1.5 神経細胞が刺激を伝えるしくみ
神経細胞（ニューロン）は樹状突起によって刺激を受けとり，活動電位によってその情報を伝達し，軸索の末端にあるシナプスを介して次の細胞に情報を伝える．その際には神経伝達物質と呼ばれる化学物質が受け手側の受容体に結合し，イオンチャネルが開口することにより，細胞内にイオンが流れこんで細胞膜の電位が変化する．それがきっかけとなって受け手側の細胞が興奮あるいは抑制される．

関であり，動物に見られる神経―筋肉系によるものとは大きく異なっています．動物では神経細胞が樹状突起のシナプス等から刺激を受けとると，細胞表面にあるイオンチャネルと呼ばれるタンパク質が活性化し，それが構造を変化させることで細胞内にナトリウムイオンなどの陽イオンが流入します（図1.5）．それによって細胞の電荷のパターンが変わり，陽イオンが流入した場合には脱分極が起こります．その結果，神経細胞は活動電位を生じ，活動電位は軸索の上を伝導していき，その末端にあるシナプスのところで連絡した相手の細胞（シナプス後神経）に情報を伝えます．この際にはたらくのが神経伝達物質です．神経伝達物質には興奮性のものと抑制性のものがあり，興奮性のものは先述の

ようにシナプス後神経を興奮させます．抑制性のものではその受容体から塩素イオンなどの陰イオンが流入することにより過分極が生じ，シナプス後神経細胞は抑制されます．こうしたはたらきをもつ神経細胞のネットワークが張りめぐらされていることで，動物は刺激を受容し，応答することができるようになります．では，このようなしくみはいつできたのでしょうか？

神経系の起源

　刺激に対して応答するしくみは，単細胞の真核生物，いわゆる原生動物にも備わっています．ゾウリムシが壁にぶつかると繊毛の動きを逆転させて後退する現象はよく知られています（図1.6）．この行動はゾウリムシの細胞表面にあるイオンチャネルによって制御されており，神経細胞で見られる現象と酷似しています（Eckert and Shibaoka, 1967；Naito, 1982；州崎, 2009）．

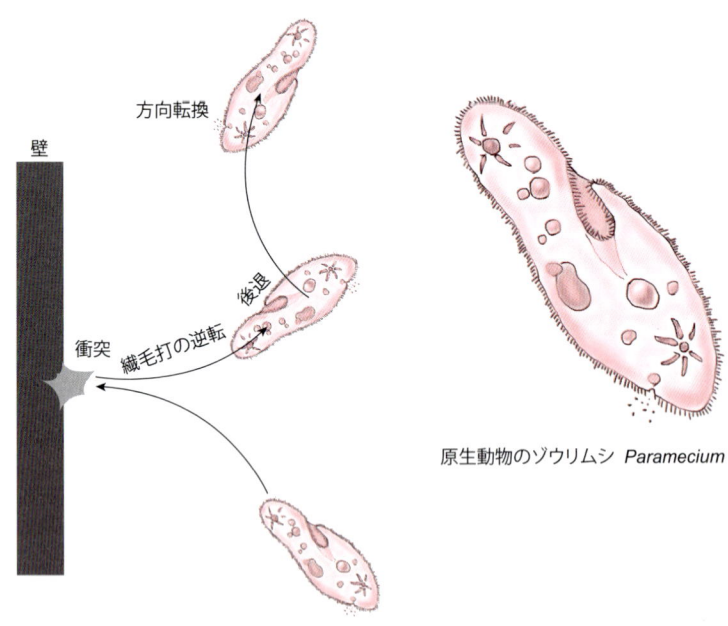

図1.6　原生動物のゾウリムシ
ゾウリムシは壁などにぶつかると，体表にある繊毛の打つ方向を逆転させて後退する．この過程には，細胞表面にあるイオンチャネルがかかわっている．ゾウリムシのイラストは Reece 他（2013）を改変して引用．

このことはつまり，神経系の基盤となるシステムを，単細胞の真核生物がすでに備えていることを意味しています．こうしたシステムをもとにして，あるグループの動物が神経細胞を発明したのではないかと考えられます．動物はその神経細胞システムを最大限に活用して，さまざまな神経系を進化させてきました．そして動物ごとにさまざまなパターンで外界を認識することができるようになりました．ユクスキュル[2]の環境世界（環世界）が示しているように，動物はそれぞれが独自の世界を認識し，独特の世界観の中で生きていると考えられます．動物側の主観に立って考えれば，脳の出現によって，世界のあり方に著しい多様性が生まれたといえるかもしれません．さまざまな世界が，脳によって創造されたのです．

動物とは

ここで，動物について説明しておきましょう．リンネ式[3]の分類体系によれば，動物はさまざまな門に分けられており，近年の分子系統学的研究から，それらの系統関係が推測されています（図 1.7）．これらの動物の中には，陸上の世界で適応放散し，実質的に地上を支配している昆虫類（節足動物門）や，深海に潜む巨大なイカ（軟体動物門），敵に襲われると目から血を飛ばすトカゲ（脊索動物門）など，さまざまなものがいます．これらの動物たちは進化の過程でその共通祖先から枝分かれしてきたと考えられています．形態や遺伝子配列を手がかりにしてそのような分岐の順序を辿り辿っていき，共通祖先から最も初期に分岐した動物を選出して研究すれば，脳進化の黎明期に確立した「原始的な」体制に関するヒントを得ることができます．神経系の起源はこのよう

---

[2] ドイツの哲学者・生物学者であったヤーコプ・ヨハン・バロン・フォン・ユクスキュル（1864-1944）によって提唱された概念です．昆虫や軟体動物など多数の動物は，それぞれがもつ独自の感覚器官と脳構造の特性に基づき，豊富な外界からの印象を選択して受容し，動物群ごとに異なる独自の世界（環境世界）をもちます．つまり，ハエはハエのもつ知覚系に基づく独自の環境世界の中で生きています（ユクスキュル＆クリサート，2005）．

[3] カール・フォン・リンネ（1707-1778）は，それまでに知られていた動植物についての情報を整理して分類表をつくり，その著書『自然の体系』（Systema Naturae, 1735）において，生物分類を体系化した人物です．また，生物の名を，属名と種小名の2語のラテン語を用いて学名として表記する二名法（または二命名法）を確立しました．二名法では，属名の最初は大文字，種小名はすべて小文字で表し，斜体（イタリック）で表記します．ヒトの場合は *Homo sapiens*，ネコ（イエネコ）は *Felis silvestris* です．

第1章 脳について

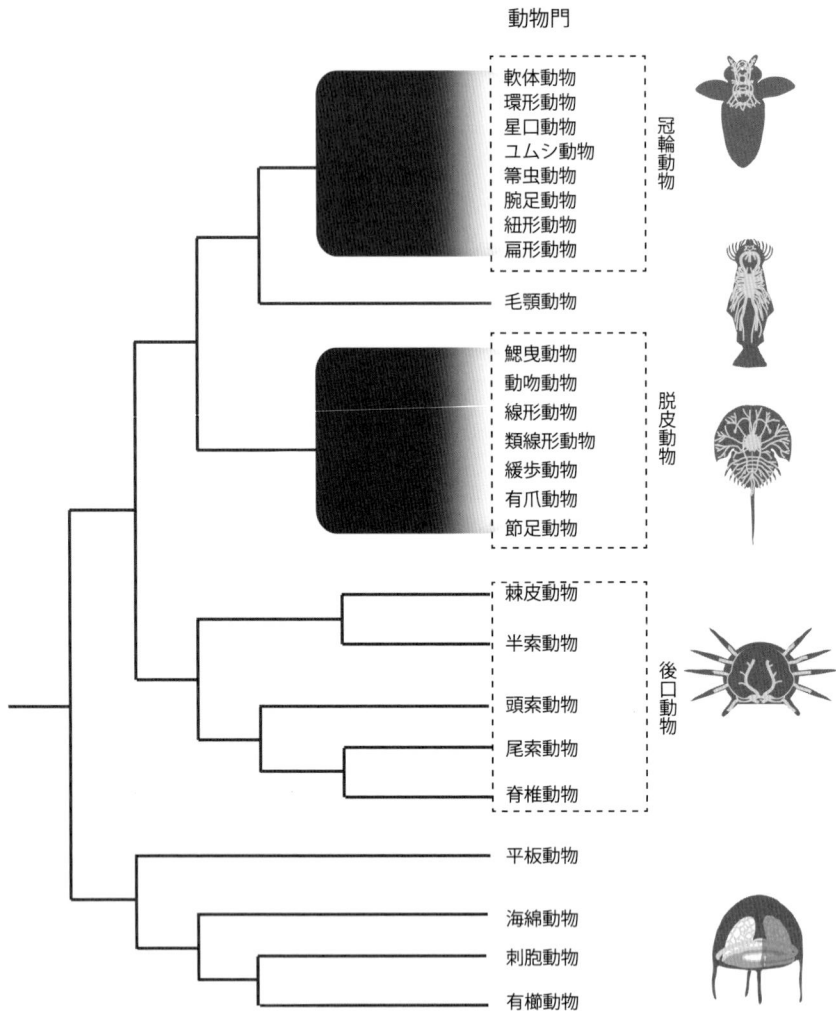

図 1.7 動物の系統関係
Dunn *et al.* (2008) と Schierwater *et al.* (2009) の結果をもとに，日本進化学会編 (2012)『進化学事典』共立出版の記載を参考にして作成した系統樹．

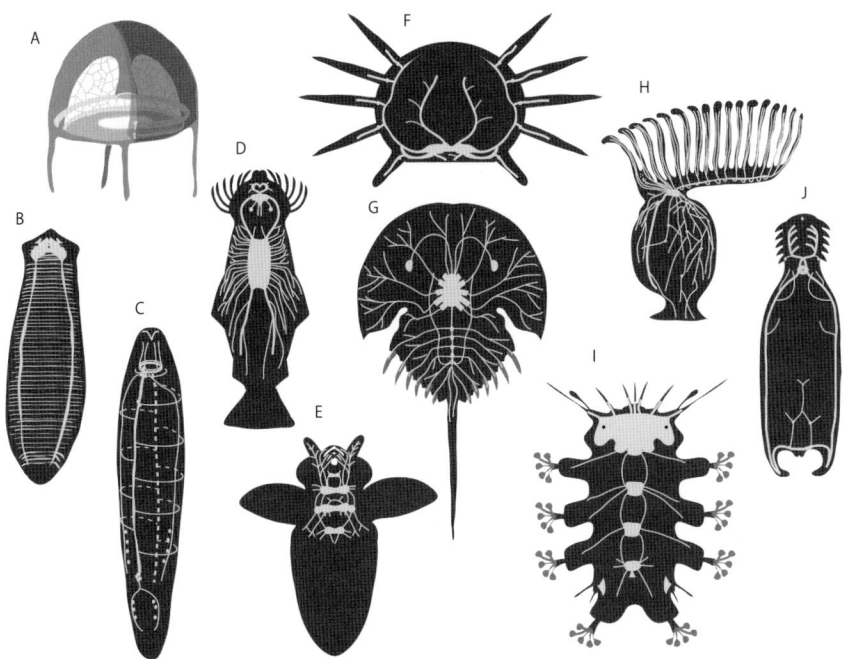

図1.8　無脊椎動物の神経系
A：刺胞動物，B：扁形動物，C：線形動物，D：毛顎動物，E：軟体動物，F：棘皮動物，G：節足動物，H：箒虫動物，I：緩歩動物，J：鉤頭動物．Hanström（1928）を改変して引用．

にして調べられてきました．その研究の過程で，無脊椎動物の神経系には実に多様なタイプがあることがわかりました（図1.8）．

神経系の誕生

　動物進化の初期に分岐したのは海綿動物とされています[4]．しかしながら，この動物には神経系らしきものを見い出すことはできません．次に注目すべきは刺胞動物です（図1.9）．刺胞動物には，イソギンチャク（ポリプ）やクラゲが含まれます．これらの動物には散在神経系と呼ばれる神経網が存在しています．中枢神経系の萌芽のようなシステム（神経環）をもっていると考える研

---

4)　ただし最近のゲノム解析によれば，有櫛動物のクシクラゲ類が最もベーシックな動物群であり，これらの動物では神経系が独自に進化したと考察されています（Dunn et al., 2008）．

第1章 脳について

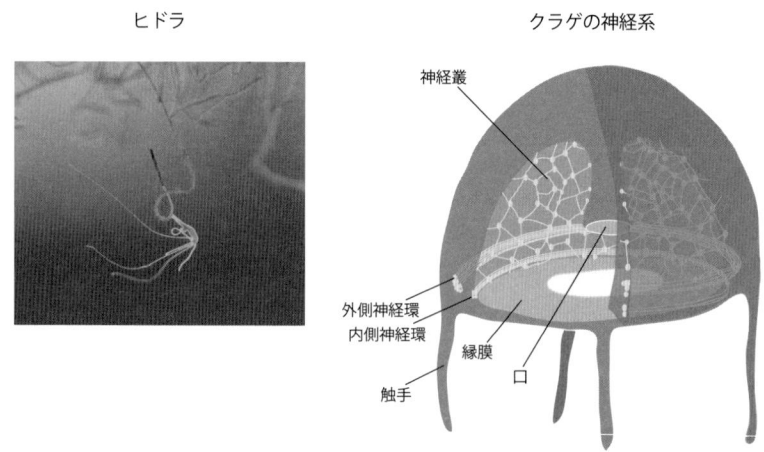

図 1.9 刺胞動物
左の写真は刺胞動物のポリプ類（ヒドラ），右はクラゲの神経系の模式図．

究者もいます．また，有櫛動物（クシクラゲの仲間）も神経系をもっています．このことから，「神経系」というシステムはこれらの動物が分岐する以前に確立されたと考えられるでしょう．

前口動物（冠輪動物と脱皮動物）の脳

　動物はさらに前口動物と後口動物に分けられます．そして近年の分子系統学では，前口動物は冠輪動物と脱皮動物に分けられています（Aguinaldo et al., 1997）．これらのうち，冠輪動物の扁形動物門のグループ（プラナリアやコウガイビルがこれに含まれます）では，単純な形態の中枢神経系が見られます．これらの動物がもつ脳には，機能的な分化や，脳形成にかかわる Otx 遺伝子の局所的な発現が観察されているため，脳がいかにして進化してきたのかを知る手がかりが得られると期待されています（図 1.10；Agata and Umesono, 2008）．また，前口動物には，昆虫やエビ，カニなどの節足動物や，ミミズ，ヒルなどを含む環形動物，貝類やイカ，タコなどを含む軟体動物などがいます．これらの動物で脳はさらなる発展を遂げ，昆虫類はなるべく小さく神経細胞の数が少ないタイプの脳を進化させ，軟体動物の頭足類は脊椎動物に匹敵するほどの巨大な脳を進化させています（column「無脊椎動物の脳」）．

1.2 動物と神経系

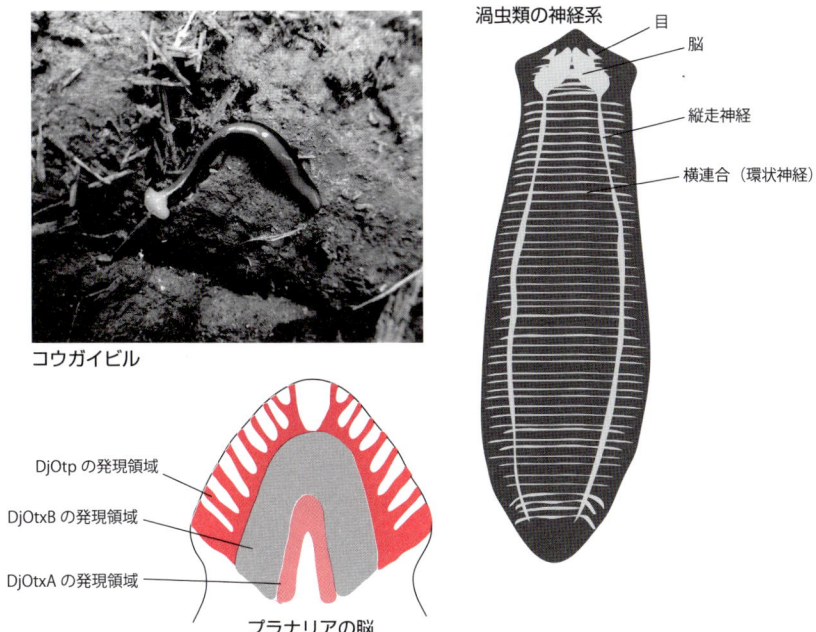

図 1.10 扁形動物
左上の写真は渦虫類のコウガイビル（写真提供：福井眞生子氏）．左下は渦虫類プラナリアの脳における遺伝子の発現．右図は渦虫類の神経系の模式図．

無脊椎動物の脳

地球上に生きる動物の中で，背骨をもつ脊椎動物はほんのひと握りであり，それ以外は背骨をもたない無脊椎動物です．無脊椎動物は大きく二胚葉動物（刺胞動物など），前口動物，後口動物に分けられます．前口動物は，発生期に生ずる消化管の開口部（原口）が将来口になるタイプの動物です．節足動物の昆虫類や，線形動物の線虫，軟体動物の貝やイカ，タコなど，前口動物にはさまざまなタイプがあります．種類数も膨大で，昆虫類は数百万種とも1億種ともいわれ，その総数は把握できていません．軟体動物も非常に多くの種があります．最近では，海洋底におびただしい種類の線虫（線形動物）がいることが確認されつつあり，これらの種も億を超えるのではないかともいわれます．地球の生態系を支配しているのは，これらの前口動物であるといえるでしょう．

第 1 章　脳について

　前口動物の神経系は基本的に腹側に位置しています．体節をもつ動物では体節ごとに神経節が発生し，それがつながることによって，はしご状の形態を呈しています．軟体動物の頭足類では脳が大きく発達し，巨大な脳をつくります．これは脊椎動物に匹敵するほどのサイズになります．そのため，頭足類のタコなどでは，学習に基づく行動が見られます．タコの中でもミミックオクトパスと呼ばれるグループは，自らの体をさまざまに変化させていろいろな動物の姿や行動をまねることが知られています．アメリカの著名な怪奇小説家 H.P. ラヴクラフトは，タコ類を異様に嫌悪していたとされ，その結果，触手のようなものを備えたおぞましく冒涜的な奇怪な怪物が這い寄ってくる怪奇小説の傑作を，次々と世に送り出しました．一方，節足動物の昆虫類は神経細胞の数を減らし，必要最低限のニューロンで効率のよい脳システムをつくり上げています（水波，2006）．統合中枢となる領域では，キノコ体と呼ばれる構造が発達しています．キノコ体は，細胞体が集積したキノコの「傘」状の構造と，軸索が集まった「柄」の部分からなります．こうしたキノコ状の構造体は，環形動物や軟体動物にも見られ，高度な情報処理を行っていると考えられています．昆虫類の微小脳は，小さいながらもたいへん優れており，アリやミツバチ，シロアリでは高度な社会性が発達します．こうした小さな脳を使って，昆虫たちは驚くべき行動を行います．ファーブルの昆虫記には，昆虫の驚くべき習性がたくさん紹介されています．たとえばジガバチが蛾の幼虫を狩る行動に関しては，次のように紹介されています．「我々の一番名高い生体解剖学者でもうらやみそうな冴えで，蜂は毒塗りの剣を使って筋肉の刺激の根元である神経中枢を傷つける．神経組織の構造，神経節の数とその接近の度合いに従って，手術者は刃針一刺しだけにしておくか，二回，三回，またはそれ以上刺すかする．正確な解剖学が刺し針を指導している」（『ファーブル昆虫記』，岩波書店）．ファーブルは昆虫たちの驚くべき行動生態が，ダーウィンのいう進化論では説明できないとして進化論に反対しています．それほどに昆虫の行う行動は驚異的なのだと考えるべきでしょう．

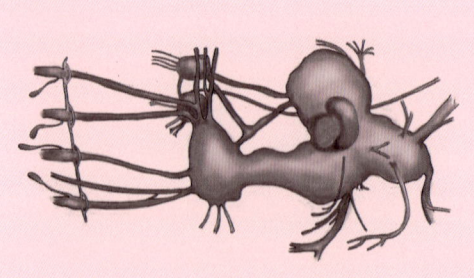
コウイカの脳

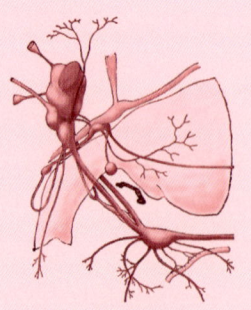
昆虫の脳

図　無脊椎動物の脳

後口動物の脳

　一方，後口動物にはウニやヒトデなどの棘皮動物門や，脊索という器官を備えた脊索動物門の動物がいます．脊索動物門の中で背骨をもつ動物群は，脊椎動物と呼ばれています．私たちヒト（*Homo sapiens*）は脊椎動物の一種です．脊椎動物は，陸上から深海まで，地球上のさまざまな環境に適応しています．それらの形態は多様性に富んでおり，現在知られている最小のものはオニアンコウ類 *Photocorynus spiniceps* のオスで 6.2mm しかありません（図 1.11；Pietsch, 2009；第 4 章 column「神経系の劇的な変化」）．その一方で，地球上に出現した動物の中で最大の種（シロナガスクジラ *Balaenoptera musculus*）もいます．生態も実にさまざまであり，中には生涯の多くの時間を空中で過ごすもの（海鳥のグループ）や，あたかも往年の特撮テレビシリーズ「ウルトラQ」に登場する怪獣ペギラのように，北極から南極まで移動していくもの（鳥類の一種キョクアジサシ *Sterna paradisaea*）もいます．猛禽類の一種は時速 200 キロメートルを超える速度で飛行することができ，ある種の魚類は微弱な電流を使って，同種の仲間とコミュニケーションをすることができます．これらの驚異的な生態や行動には，目的に見合ったデザインの外見や，用途に応じて特殊化された運動器官などが必要になりますが，そのほかにも，その行動を制御するための神経系が必要です．性能のよい航空機をつくるためには，洗練された機体とともに，それを動かすための航法装置，飛行管理システムなどのアビオニクスが必要になるのと同じです．そのため，脊椎動

図 1.11　オニアンコウ *Photocorynus spiniceps* のオス
メスの体表に寄生しているオスの体長はわずか 6.2mm ほどしかない．Pietsch（2009）を改変して引用．

物では情報収集や行動制御にかかわる脳が発達しており，種によって形態的・機能的な多様性があります（図1.1）．空を飛ぶ鳥には，高空からも地上の様子を探ることのできる優秀な視覚系が備わっており，深海に潜るマッコウクジラでは，真っ暗闇の中でも的確に状況を捉えることのできるエコーロケーションのための神経回路が備わっています．ノコギリエイ *Pristidae* は，ノコギリのついた吻をすごいスピードで振り回し獲物を切り刻んで食べますが，この魚はノコギリを効果的に動かす運動制御機構を備えているのです．脊椎動物の系統で，どのような進化によってこのような神経系が発達してきたのかはたいへん興味深い問題です．そこで本書では，主に脊椎動物の神経系，特に脳の進化に焦点をあてて話を進めていきます．ただ，脊椎動物以外の動物の脳（column「無脊椎動物の脳」）にも興味深い点がたくさんありますので，話の途中で必要に応じ，脊椎動物以外の動物の脳についても述べていきたいと思います．

　脳の話をはじめる前にまず，動物の系統関係に関する基本的な知識を頭に入れておかなければなりません．動物がどのような順番で地球上に出現してきたのかについて知っていなければ，進化の歴史を辿ることができないからです．この本では主に脊椎動物を扱いますので，まずは脊椎動物の系統について見ていきましょう．

脊椎動物

　動物のうち，背骨をもつグループを指します．リンネ式の分類体系では，脊索動物門の脊椎動物亜門と表記される場合があります．脊椎動物はさらに魚綱，両生綱，爬虫綱，鳥綱，哺乳綱に分けられています．リンネ式の分類では，綱の後さらに，目，科，属，種と細かく分けられていきますが，分け方については研究者の間で統一的な見解がない場合も多いため，本書では「～類」という，分類名にとらわれずに動物群をまとめて慣用的に示す表記を用いることにします（魚類，両生類，爬虫類といった具合です）．脊椎動物は，形態学的には多くの椎骨がつながった脊椎をもつという特徴があります．現生の動物の中で最大の種（シロナガスクジラ）を含み，また最大の陸生動物（恐竜の竜脚類のグループ）も脊椎動物に含まれます．

Key Word

脳

　神経細胞（ニューロン）やグリア細胞などから構成される組織です．神経細胞は海綿動物を除く多くの動物群に見られます．刺胞動物では神経細胞が体全体に網状に分布した散在神経系をもちますが，扁形動物の段階では神経が集まって集中神経系を構成します．この状態を一般的に脳と呼んでいます．節足動物や軟体動物では脳がより発達し，感覚情報の収集や，運動出力などの中枢的な機能を担うようになります．脳は脊椎動物で極めてよく発達します．脊椎動物の哺乳類の脳は大きく，終脳（大脳），間脳，中脳，小脳，橋，延髄に分けられています．間脳，中脳，橋，延髄をあわせた領域は脳幹とも呼ばれます（間脳を除いて中脳，橋，延髄を脳幹と呼ぶ場合もあります）．脊椎動物では脳の後方は脊髄に接しており，脳と脊髄をあわせて中枢神経系と呼んでいます．本書では主に脳について解説します．

転写調節因子

　転写因子とも呼ばれます．DNAに結合するタンパク質のグループです．DNA上にあるエンハンサーなどの転写を制御する領域に結合し，DNA情報をRNAに転写する反応を促進，あるいは抑制します．転写調節因子がDNAに結合する場所はDNA結合領域と呼ばれ，ホメオドメイン，ジンクフィンガー，ロイシンジッパーなどさまざまなモチーフがあります．

共通祖先

　進化学でよく使われる概念で，集団あるいは遺伝子について，それらを子孫とする祖先の段階の個体，あるいは集団のことです．「爬虫類と鳥類の共通祖先の段階」の場合は，爬虫類と鳥類を子孫とする祖先生物の中で，最も新しい（時間的に現在に近い）ものを指します．

ゲノム

　ある生物のもつすべての遺伝情報を指します．一般的にはその生物の細胞内にあるDNA上の塩基配列に対応します．有性生殖をする種では，父方と母方に由来するゲノムが核内にあるので，2組のゲノムが存在することになります．また，真核生物の場合は，ミトコンドリアや葉緑体のもつゲノムは別物として扱われています．ゲノム上にはタンパク質をコードするコーディング領域と，それ以外のノンコーディング領域があります．ノンコーディング領域の中には，遺伝子の発現成魚にかかわる制御領域などがあります．ヒトのゲノムは約30億塩基対あります．

第1章　脳について

▶▶▶ Q & A ◀◀◀

Q このようないろいろな動物の脳を実際に見られる博物館はありますか.

A 　脳は柔らかい組織なので，ホルマリン漬けの標本であれば自然史博物館に行けば見ることができます．しかし，脳の標本を一般向けに多く展示している博物館はそれほどないようです．脳は簡単に出せますし，魚類の脳にはさまざまな形態のものがありますので，魚を料理する際に出してみるとよいと思います．

Q いろいろな動物の脳の研究が，世の中の役に立つ可能性を質問（特に一般の方から）されることはありませんか．どのように答えているのでしょうか．

A 　いろいろな動物の脳を調べることにより，ヒトやマウスの脳研究とは別の視点から，脳の形態や機能について理解することができます．また，さまざまな動物の脳発生や遺伝子のはたらきを見ることで，脳の共通性についての理解が深まり，脳疾患の治療にもつながるかもしれません．さらに，さまざまな動物の脳機能を知ることで，人工知能の研究にも貢献できると期待されます．

Q ネアンデルタール人も言葉を話したり道具を使ったりなどの文化をもっていたのですか．また，共通祖先からの進化のスピードは同じくらいだったのですか.

A 　ネアンデルタール人が使ったとされる石器は発見されており，ネアンデルタール人の文化はムステリアン文化と呼ばれています．言語も使っていたようですが，声帯がある咽頭の領域が小さいため，現生人類ほど発声に堪能ではなかったようです．

Q クラゲがフワフワと泳ぐ姿は見ていてとても楽しいのですが，そういった動きにも神経系がはたらいているのですね．神経系のどこがかかわっているのでしょうか？

A 　クラゲの遊泳には，全身にある散在神経が重要な役割を担っていると考えられています．

Q 私たちが普段タコの頭と呼んでいる場所の中身は，すべて脳なのですか．

タコの頭の丸い部分には内臓が詰まっています．タコの真の頭は腕があるほうです．したがって，タコ，イカ，オウムガイを含むグループは頭足類と呼ばれます．頭足類は頭部に足をつくるという極めて独創的なボディプランをもっているといえます．

2 脊椎動物の系統と進化

2.1 脊椎動物とは

脊椎動物とは，一言でいえば背骨をもつ動物のことです（図 2.1）．脊椎動

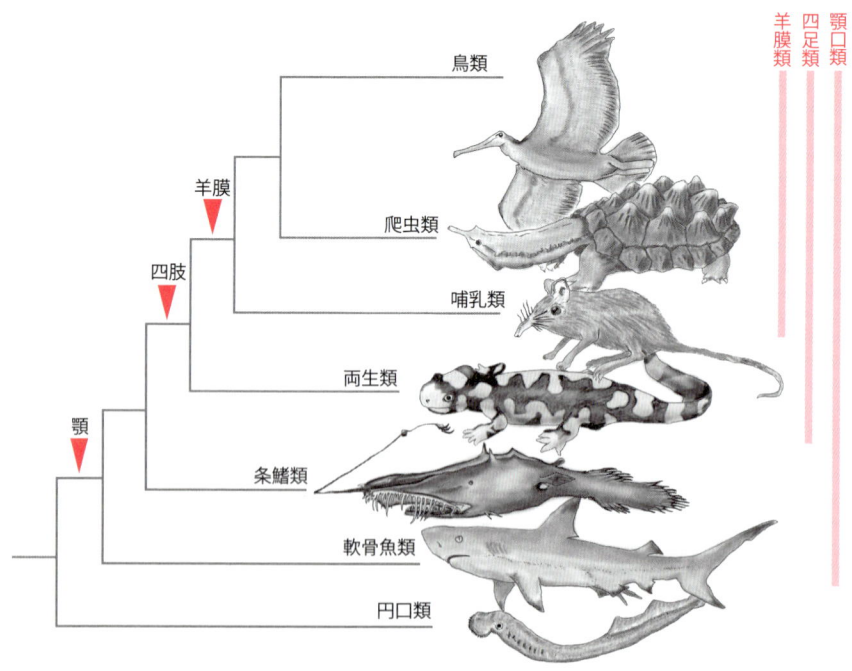

図 2.1 脊椎動物の系統関係
イラストは Todge C（2000）を改変して引用．

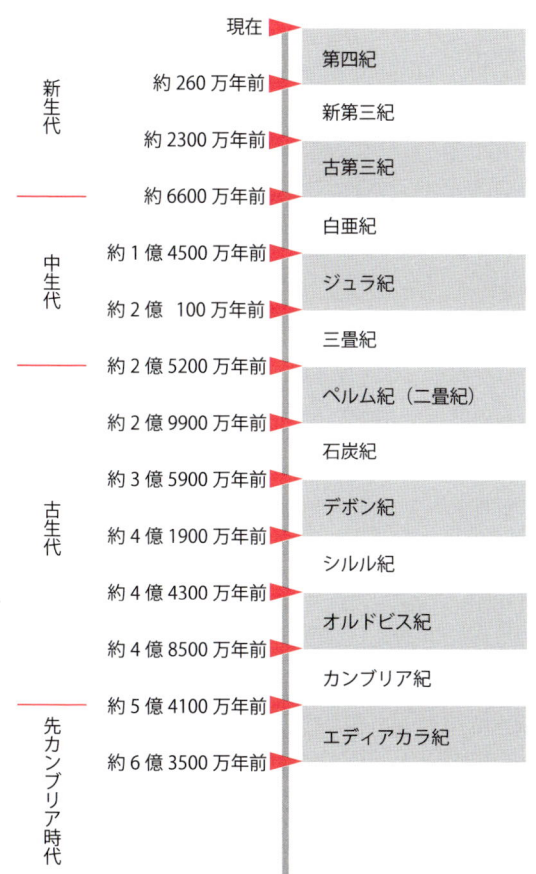

図 2.2 地質年代
土屋 (2013) から改変して引用.

物の中には，円口類のヌタウナギのように背骨をもたない，あるいは肉鰭類のシーラカンスのように脊骨が著しく退縮したものもいますが，それらの動物はおそらく二次的に脊椎骨を退化させたと考えられます．また，脳科学的な視点からいえば，脊椎動物は脳と脊髄からなる中枢神経系をもっているのが特徴です．

脊椎動物は一般的に魚類，両生類，爬虫類，鳥類，哺乳類に分けられていますが，詳しく見ていくと状況はやや複雑です．まず，魚類のうち，脊椎動物の

進化の歴史の中で最も初期に分岐したとされるのは無顎類（むがくるい）と呼ばれるグループです（図 2.2）．これらの動物にはその名のとおり顎がありません．無顎類はカンブリア紀に出現した後，オルドビス紀やデボン紀の海で栄えました（図 2.2）．小型のサイズでありながらも実に多様な形態を発展させた顎無し魚類の多くは，その後ほとんどが滅び去ってしまいましたが，円口類のグループ（ヤツメウナギ・ヌタウナギ）が現在でも生き残っています．円口類は，顎を進化させた脊椎動物すなわち顎口類（がっこうるい），あるいは有顎類（ゆうがくるい）と呼ばれるグループとはその特性が大きく異なっています（column「ヤツメウナギとヌタウナギ」）．特に，ヌタウナギは他の脊椎動物とあまりにもかけ離れた形態や生理のため，長らく独立のグループとして扱われてきました．しかし最近になって，形態的，発生的そして分子的な詳細な知見が蓄積されてきました．そうした結果から，ヌタウナギにはヤツメウナギと共通した形質が多く存在していることがわかり，最近では円口類に含められるようになりました．

ヤツメウナギとヌタウナギ

ヤツメウナギとヌタウナギは，悪夢の世界の住人か，邪神のつかいのような異様な姿をしています（図）．その異様さゆえに気味悪がられますが，生物学的に見るとたいへん興味深い動物です．

魚類学の教科書として有名な Nelson の本によれば，ヤツメウナギは世界中に 38 種，ヌタウナギはおよそ 70 種が生息しているそうです（Nelson, 2006）．ちなみにどちらもウナギではありません．ウナギは真骨類に属しており，全く系統が異なります．

ヤツメウナギとヌタウナギは，以前は別々の系統に属すると考えられていました．現在でも主要な教科書では異なる系統として紹介されています．しかし，つい最近になって詳細な形態比較や遺伝子配列の解析が進み，両者は多くの形質を共有していることがわかったため（Ota et al., 2007），円口類というグループにまとめられています．円口類は脊椎動物の進化の過程で初期に分岐したグループで，動物が進化してきた様子を探るためには極めて重要です．

ヤツメウナギは 38 種中 29 種が淡水性で，ヌタウナギは海棲です．ヤツメウナギの成体には 1 対の目があり，7 対の鰓穴があります（そのため目と鰓穴を足してヤツメ（八

つ目）ウナギと呼ぶらしいですが，ドイツ語では Neunaugen すなわち「九つ目」と呼ばれています．何故でしょう．不思議ですね）．そして単一の鼻孔があります．半規管は2対になっています．また，対になった鰭がありません．顎をもたず，吸盤状になった口で他の魚を襲い，体液を吸います．人間は襲いませんが，無理矢理吸いつけるとかなり痛く，赤い噛み痕が残ります．体長1メートルを超える巨大なものもいます．一方，ヤツメウナギの幼生は濾過食性であり，河川でひっそりと数年間過ごした後，変態して海へ下ります．これら幼生はアンモシーテスと呼ばれていて，非常に原始的な内柱と呼ばれる内分泌器官をもっていることから，脊椎動物の祖先に非常に近い形態を残していると考えられています．

ヌタウナギは目が発生過程の間にあまり発達せず，皮膚の下に埋もれています．ただし，光を感知することはできるようです．この動物には1〜16対の鰓穴があります．鼻孔と口の周囲には3対のヒゲ（というか肉質の突起）がついています．体の各所に粘液腺を備え，外敵に襲われると粘液を放出します．浅海性と深海性の種がおり，弱った魚やクジラの死体などを食べています．日本が世界に誇る怪獣「ゴジラ」の原作者，香山滋の小説『海鰻荘奇譚』では，温室プール内に潜む巨大ヌタウナギが人を襲います．

図　ヌタウナギとヤツメウナギ

深海探査艇が撮影した映像を見ると，沈んだクジラの死体におびただしい数のヌタウナギが群がっているのが確認できます．そうした様子からわかるように，（鼻の穴は1つしかないくせに）嗅覚がたいへん優れており，その脳も嗅覚情報を処理する嗅球がとてつもなく大きくなっています．また，鼻孔と口まわりのヒゲにはよく発達した三叉神経が入力し，機械刺激の受容にかかわっています．一方で，魚類や両生類でよく発達する側線神経は，あることはありますが，あまり発達せず (Kishida et al., 1987; Wicht and Northcutt, 1955)，視覚にかかわる目も発生初期の段階で退化していきます．ヌタウナギは活発に動き回っているようですが，不思議なことに，運動や平衡感覚の制御を行うべき小脳が見られません（ちなみに平衡覚を担う半規管は1つしかありません．ただ，これはヤツメウナギのような2つの半規管が二次的に1つになった可能性があります；Jorgensen et al., 1998）．このように，ヌタウナギの脳には脊椎動物の常識を逸したところがあり，脳進化に関する深い謎を秘めているといえます．ヌタウナギの産卵は海底で行われるため生態観察が難しく，その発生に関してよくわかっていませんでしたが，近年になって理化学研究所の倉谷滋グループディレクター率いる研究チームが受精卵の採取に成功し，これを用いた研究が進められています (Ota et al., 2007; Oisi et al., 2013)．

魚類：板皮類・棘魚類

　現世の脊椎動物の中で円口類を除くグループは，顎をもつ顎口類です．顎は，鰓を構成する骨格や筋肉系の改変により進化したとされます．ただし，初期の魚類を見てみると，「顎はもたない顎口類」というべきものたちがいます (Davis et al., 2012; Oisi et al., 2013)．これらの魚類は皮骨性の骨格や，対になった鼻孔など，顎口類のもつ特徴を備えていますが，顎はもっていません．ガレアスピス類などがそれに含まれます．その後，顎をもつ顎口類が出現したようです．有顎の魚類の中で地球上に出現したグループは大きく板皮類（ばんぴるい），棘魚類（きょくぎょるい），軟骨魚類，硬骨魚類という4つのグループに分けられます（図2.3）．1つめのグループである板皮類は皮骨性の頑丈な頭骨をもっており，おそらく最初の顎口類の1つと考えられています．デボン紀後期の北米や，北アフリカに生息していたダンクレオステウス *Dunkleosteus* が有名です（図2.4）．その見事な頭骨の標本（複製）は国立科学博物館や命の旅博物館，フランスの国立自然史博物館など，さまざまなところで見ることができます．この魚は体長が推定6〜10メートルもあったと

2.1 脊椎動物とは

図 2.3　さまざまな顎口類
魚類と称される動物には大きく分けて，顎はもたない顎口類（例として，①ドリアスピス，②アランダスピス），板皮類（例として，③ダンクレオステウス），棘魚類（例として，④クリマチウス），軟骨魚類（例として，⑤ギンザメ，⑥⑦サメ），条鰭類（例として，⑧タウマティクティス），肉鰭類（例として，⑨シーラカンス）が認められている（イラストはバリー他（1993）を改変して引用，⑨のイラストは Wikipedia http://ja.wikipedia.org/ のものを改変して引用，⑤のイラストは Southern Edge http://www.firstlighttravel.com/blog/a-whale-of-a-time/ の写真を管理者の許可を得て改変，⑦のイラストは佐々木苑朱氏による）．

考えられています．こうした巨大生物を生み出す要因として，効率的に餌を捕獲できる「顎」はとても重要であったと考えられており，顎の獲得は脊椎動物が捕食者として適応放散していくきっかけになったと思われます．魚類の2つめのグループである棘魚類は，体の各所に鋭い棘をもっているのが特徴です（図 2.3）．これらはシルル紀頃に出現し，デボン紀の海で栄えましたが，残念ながらペルム紀までに全滅してしまい現在は生き残っていません．

軟骨魚類
　3つめのグループである軟骨魚類は，ギンザメ（全頭類：ぜんとうるい）と

第2章 脊椎動物の系統と進化

ダンクレオステウスの頭骨

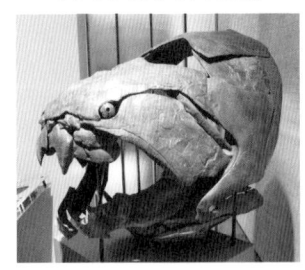

フランス(パリ)の国立自然史博物館

ダンクレオステウスの想像復元図

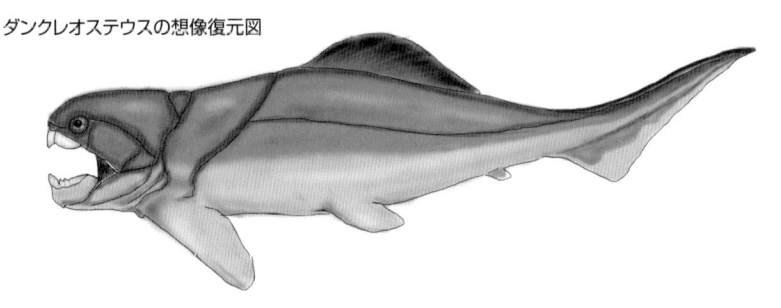

図 2.4 板皮類ダンクレオステウス *Dunkleosteus*
頭骨は命の旅博物館の標本を撮影．イラストは Wikipedia のものを改変して引用．

サメ・エイ（板鰓類：ばんさいるい）を含んでいます．これらのうち，サメとエイは読者の方々にも馴染みが深いと思われますが，ギンザメの知名度はそれほど高くありません．しかしながら，ギンザメ類は怪獣めいたユニークな形をしています（図 2.5）．まだ見たことのない方は図鑑かインターネットでご覧になるとよいでしょう．ギンザメ類は軟骨魚類の中でも原始的な形質を有しているとされ，脊椎動物の進化を考える上で重要です．つい最近，ゾウギンザメのゲノムが解読され（Venkatesh *et al.*, 2014），その結果，ゾウギンザメ類は脊椎動物の中でも最も進化速度が遅いことがわかりました．また，ゾウギンザメ類独自の免疫システムの存在も示唆されています．ゾウギンザメを用いた研究によって，魚類の初期進化について今後さらにさまざまなことがわかってくるでしょう．

軟骨魚類のもう1つの系統である板鰓類は，シルル紀後期頃に出現して以

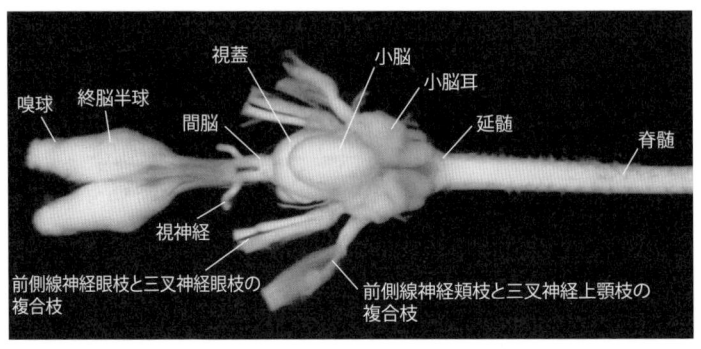

図 2.5　全頭類ゾウギンザメ
特異な形態を示すゾウギンザメ Callorhynchus は軟骨魚類の全頭類に属する（上のイラスト）．下はゾウギンザメの脳．前方にある嗅球や終脳がよく発達している（写真提供：川崎能彦氏，イラスト：佐々木苑朱氏）．

来，ずっと海洋の食物連鎖の頂点に君臨し続けてきたと考えられています．これは驚くべきことです．地球の歴史の中で真骨類や爬虫類や哺乳類など，より洗練されたシステムをもつ動物が次々と海洋に進出してきたにもかかわらず，それらに対して互角かそれ以上に渡り合ってきたわけです．これは，もともとの設計図が優れていた（海洋という環境によくマッチしていた）ということかもしれません．

　これら軟骨魚類は，顎をもつ動物の中では最も初期の形態を保持しているとこれまで考えられてきました．つまり，軟骨魚類と硬骨魚類の共通祖先の段階では，体のほとんどはまだ硬い組織（皮骨性の骨格：皮骨とは，動物の体表にみられる表皮，あるいは真皮中に生じる骨を指します．軟骨を経ずに骨化するという特徴があります）に覆われておらず，それら硬組織は硬骨魚類に至る系

統で確立されたとされていたのです．しかしながら，最近になってこれに疑問を投げかける報告がなされました．ジュウらの研究グループがエンテログナトゥス *Entelognathus* という板皮類の化石を調べた結果，皮膚の装甲などの皮骨性骨格をもつこの種には，硬骨魚類に見られる特徴が備わっていることがわかったのです（Zhu et al., 2013）．この考えに従えば，皮骨性骨格は軟骨魚類と硬骨魚類の共通祖先の段階で獲得されており，軟骨魚類はむしろ二次的にそれを退化させた派生グループという位置づけになります（図2.6）．

硬骨魚類

　魚類にはもう1つ硬骨魚類というグループがいます（図2.6）．ここで紹介した4つの魚のグループはすべてデボン紀の海に生息していたことが知られているため，デボン紀は「魚の時代」と呼ばれたりします．ただし，硬骨魚類という分類群はその名称を使う際に注意が必要です．硬骨魚類は硬い骨（リン酸カルシウムでできた硬骨）をもつ脊椎動物をすべて含む名称で，その定義に従うなら，我々ヒト（哺乳類）も硬骨をもっているので硬骨魚類の一種ということになります．したがって硬骨魚類という名称は，哺乳類や両生類といった分類群と同列に扱うことができません．ではどのように呼べばいいのでしょう？

　硬骨魚類は，大きく条鰭類（じょうきるい）と肉鰭類（にくきるい）に分けられます．硬骨魚類を「魚」という意味で使いたいなら，条鰭類という言い方がふさわしいでしょう．条鰭類は鰭にスジ，すなわち条（鰭条：きじょう）をもつ動物群で，一般的に魚として認識されている動物の多くがこれにあたります（図2.7）．条鰭類には古代魚として知られるポリプテルスやチョウザメ，アロワナなどがいますが，最大の派閥は真骨類（しんこつるい）と呼ばれるグループです．真骨類は脊椎動物の中でも最も種類数が多く，2万種あるいは3万種以上が世界中の海や河川に生息しています．形態の多様性という点では，真骨類は他の追随を許しません．チョウチンアンコウのように発光器を備えたもの（図2.3；発光器は脊椎動物では魚類にしか見られません）や，ヒラメやカレイのように目が片側に寄っているもの，怪物めいたリュウグウノツカイ，さらにはタツノオトシゴのように魚とは思えない形態をしているものなど，実

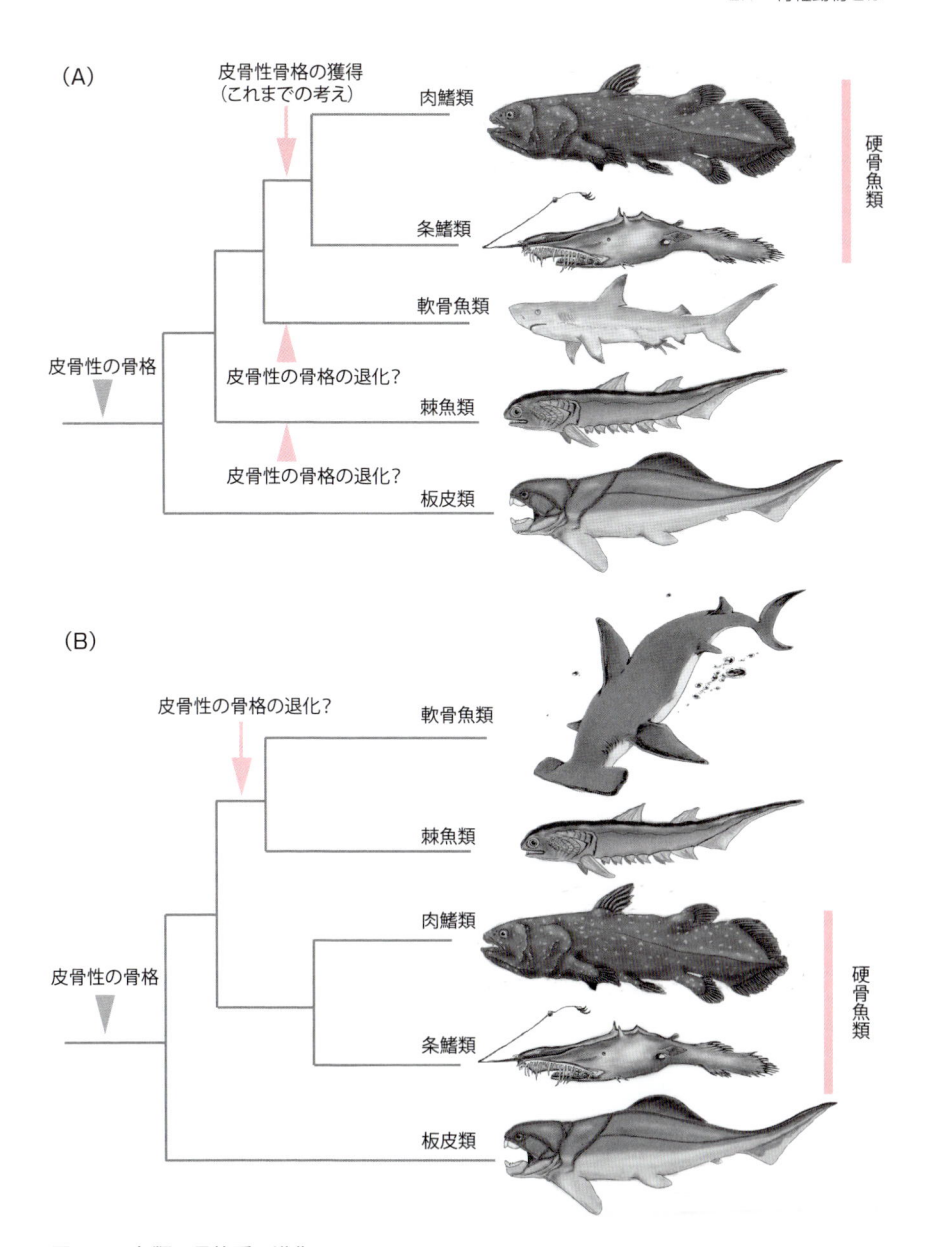

図 2.6　魚類の骨格系の進化

(A) これまでは硬組織（皮骨性骨格）は硬骨魚類の共通祖先の段階で獲得されたと考えられていたが，(B) 最近の研究により，それは顎口類の共通祖先の段階で獲得されていた可能性が提示されている．Zhu et al. (2013) を改変して引用．

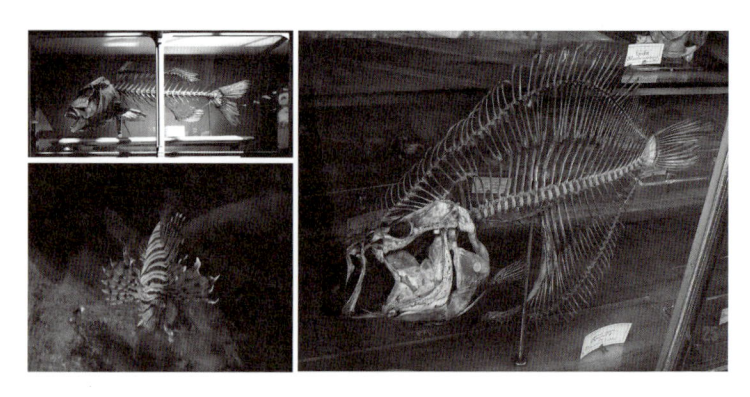

図2.7 条鰭類の形態と骨格
　　　胸鰭や尾鰭に多くの骨質の構造物（鰭条）がある．

図2.8 ハイギョ *Protopterus* とシーラカンス *Latimeria*
　　　ハイギョとシーラカンスは肉鰭類というグループに含まれ，ハイギョに近い系統から両生類が派生したと考えられている．両生類の写真はイボイモリ *Echinotriton andersoni* の幼生（写真提供：秋山繁治氏）．

にユニークなものがたくさんいます．真骨類でこのような形態多様性が生じたのは，真骨類に近い系統の条鰭類において全ゲノム重複（whole genome duplication：WGD）が生じ，形態形成にかかわる遺伝子の数が増えたためではないかと考えられています（column「全ゲノム重複」）．一方，肉鰭類は

肉質の鰭をもつグループで,ハイギョやシーラカンス(図 2.8),四足類(両生類,爬虫類,鳥類,哺乳類)が含まれます.これらの動物のうち,ハイギョ類とシーラカンス類は条鰭類と比べると種類数が極端に少なく,形態も地味ですが,彼らの同胞は脊椎動物の進化においてとんでもない偉業を成し遂げました.陸上への進出です.肉鰭類から,陸上を歩ける四肢を備えた系統(両生類)

全ゲノム重複 (whole genome duplication:WGD)

column

20世紀にDNAの構造が解明され,その知見をもとに分子遺伝学が発展していく過程で,ショウジョウバエとヒトが多くの遺伝子を共有していることがわかってきました.この事実は生物学の世界に大いなる影響を与えましたが,分子遺伝学が発展していく過程でさらに奇妙な結果が得られてきました.1つのショウジョウバエの遺伝子に対するヒトの遺伝子数を調べると,ヒトでは 2〜4個のオーソログ(相同な遺伝子)をもっている例が多く見つかってきたのです(Sidow, 1996; Miyata and Suga, 2001).これがゲノム重複,すなわちゲノムが丸ごと倍加したことを示唆する証拠となりました.特に,Hox遺伝子クラスターに関する解析から,ゲノム重複を示す証拠が数多く得られました.のちにナメクジウオやホヤを用いた研究から,遺伝子重複は脊椎動物の系統で起きたことが示され,最近までの大規模な比較ゲノム解析によって,ゲノム重複が少なくとも2回生じたことが強く示唆されています(Abi-Rached et al., 2002; McLysaght et al., 2002).こうして倍加したゲノムをもつことは,生物にとって有利なのでしょうか? ゲノム中に精算された重複遺伝子が効果的に既存の遺伝子制御ネットワークの中に組みこまれるなら,新規ネットワークの創出につながり,より精巧なゲノム制御システムの確立と,それに応じた表現形の進化につながる可能性があります.遺伝子重複説の提唱者である大野乾もこれに言及しています(Ohno, 1970).もちろん重複遺伝子がすべて有利にはたらくとは限らないので,ゲノム重複の影響を考える際にはより詳細な研究が必要となります.

脊椎動物の系統で2回のゲノム重複がどのタイミングで起こったのかは難しい問題です.1度めはおそらく,脊椎動物の共通祖先から円口類が分岐する前であろうと考えられています.ただし最近のヤツメウナギを用いたゲノム解析からは,残念ながら確固たる証拠は見つかっていません.2度めの重複が円口類の分岐前なのか後なのかも問題です(凶).これについては意見が分かれており,統一的な見解はまだありません.そして,3度めのゲノム重複が真骨類の放散前の段階で生じます.これが真骨類に見られる形態,生理,行動の多様性にかかわる可能性が指摘されています(Meyer and Van de Peer,

が出現したと考えられているのです．これにより，脊椎動物の生存圏は一気に拡大し，さらなる進化の可能性がひらけました．このように，両生類の出現は生物進化史における一大イベントと考えられるため，その起源について多くの研究者が注目してきました．両生類を生み出したとされる肉鰭類のうち，両生類に近いのはハイギョなのかシーラカンスなのか？ 20世紀初頭にアフリカ

2005)．最近になってゲノム重複が軟質類（チョウザメを含むグループ）の系統でも生じたことが示唆されています（Crow *et al.*, 2012）．

近年，円口類のゲノムを調べたところ，ヤツメウナギでは少なくとも6つのHoxクラスターが存在していることが示唆されました（Mehta *et al.*, 2013）．同じく円口類のヌタウナギでも，これとよく対応するように複数の遺伝子のオーソログが見い出されています．このことは，円口類の系統でも独自に遺伝子の重複が生じた可能性を示唆しています．今後，いろいろな動物群でゲノム情報が明らかになっていくにつれ，全ゲノム重複が脊椎動物の進化の過程でどのように生じ，そしてそれが進化においてどのように貢献してきたのかが明らかになってくるでしょう．

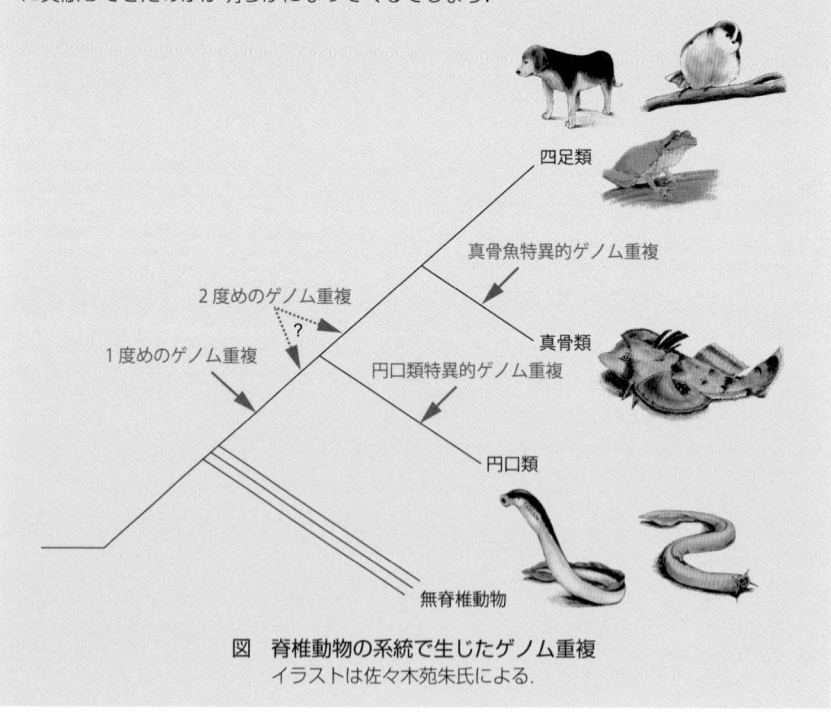

図　脊椎動物の系統で生じたゲノム重複
イラストは佐々木苑朱氏による．

のコモロ諸島近海で生きたシーラカンスが発見されたとき，動物学の世界に衝撃が走ったのにはこうした理由もあります．そして，現在では遺伝子を用いた解析や形態学的な観察（ハイギョには内鼻孔がある等）から，ハイギョのほうが両生類に近いことがわかっています．しかし，だからといってシーラカンスの学問的価値が低下したわけではなく，彼らが両生類に至る進化の謎を内包した極めて興味深い動物であることに変わりはありません．シーラカンスのゲノムを解析した研究によれば，シーラカンスは遺伝子の変化が他の四足動物よりも遅いようです（Amemiya et al., 2013）．つまり，シーラカンスには四足類の進化に至る遺伝子学的な痕跡が残されている可能性があり，たいへん興味深い動物であるといえます．

両生類

現生の両生類には，有尾類（サンショウウオ，イモリ：およそ545種），無尾類（カエル：およそ5086種），アシナシイモリ類（アシナシイモリ：無足類ともいう．およそ170種）がいます（図2.9）．これら両生類はその名のとおり，水中と陸上を生活圏とする種類が多く認められています．ただし，卵を水中に産む必要があるため，水のない場所では繁殖が困難です．また，最初の

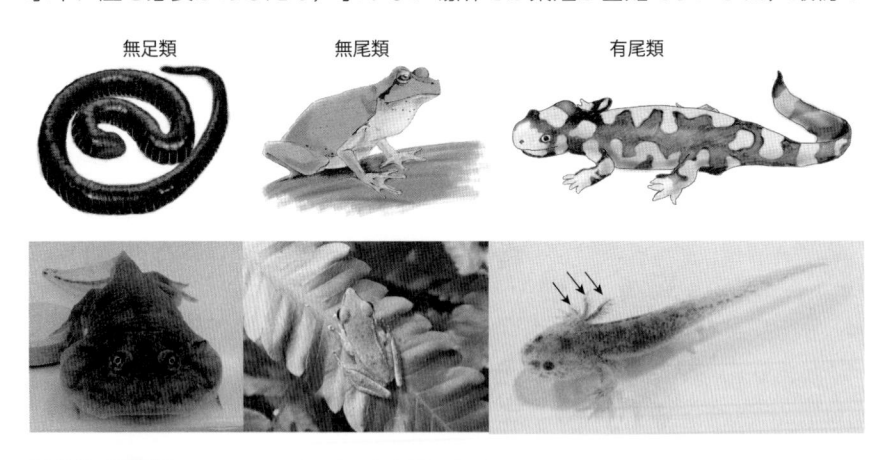

図2.9 両生類
無足類（アシナシイモリ），無尾類（カエルの仲間），有尾類（イモリ，サンショウウオ）の形態．無尾類と有尾類の多くの種には幼生の時期がある．右下の写真はサンショウウオの幼生（アホロートル）．左下の写真は変態中のタピオカガエル．水中で呼吸するための外鰓（矢印）が発達している（写真提供：福井眞生子氏・山上沙織氏．カエルのイラスト：佐々木苑朱氏）．

四足類が生息していたのは海の影響が及ぶ範囲だったのではないかといわれていますが（Clack, 2000），現生の両生類は海にはあまり進出していません．フランスの作家ジュール・ベルヌの傑作『海底二万里』では，日本近海の海底を徘徊するオオサンショウウオの描写がありますが，この巨大両生類は淡水にしか生息していません（ジュール・ベルヌを批判しているわけではありません．『海底二万里』，『神秘の島』などを子供時代に読み損ねてしまったという方はぜひ読んでみてください）．

　両生類は多様な形態をもちます．無尾類のオタマジャクシ幼生は，成体とは形態も食性も大きく異なっています．無尾類の成体（カエル）は他の脊椎動物の一般的な姿とはかけ離れた形をしています．生理や行動にも興味深いものが多く，イベリアトゲイモリ *Pleurodeles walti* は体側にイボ状の突起が並んでおり，つかまれたりすると肋骨が皮膚のイボを突き破って飛び出します（Nowak and Brodie, 1978）．このとき，ただ受動的に突き出すのではなく肋骨を前方に回転させて，ヤリのように鋭い先端部を皮膚にあるイボから突き出しているそうです．これにより相手を怯ませるとともに，皮膚のイボにあるとされる毒腺を突き破る際に刺激物質が相手に注入されるそうです．肋骨を防衛のための武器として使う例はたいへん珍しいといえます．

羊膜類

　羊膜類は，両生類の一部から派生したグループをおそらく祖先としています．その祖先動物は，地上で繁殖を行うことが可能になったため，それまで無脊椎動物しか進出していなかった陸上世界に適応放散していったのでしょう．陸上で繁殖できる秘訣となったのが，羊膜という構造です．胚（胚子：多細胞生物の個体発生における初期段階の個体のこと）を乾燥から守ることができる羊膜をもつことにより，脊椎動物は完全に水から離れ，地上の至るところで繁殖できるようになりました．そして，羊膜を獲得した系統は，それまで脊椎動物が住めなかった乾燥地帯や砂漠にまで生息範囲を拡大していきました．この羊膜をもつ動物，すなわち羊膜類の子孫が，現生の爬虫類・鳥類・哺乳類です（図2.10）．これら3つのグループはいずれも陸上でとてもよく繁栄しています．そして，その形態も多様であり，腕を翼に変えて飛翔するようになった鳥類や，

2.1 脊椎動物とは

カメ 主竜類   ワニ 主竜類

コウモリ 哺乳類   カモメ 主竜類（鳥類）

オオトカゲ 鱗竜類

図2.10 現生の羊膜類
　現在の地球にはカメ類（左上），ワニ類（右上），哺乳類（左中），鳥類（右中），有鱗類（トカゲ，ヘビ，ムカシトカゲ．下の写真はミズオオトカゲ）が生息している（写真提供：糸山達哉氏・福井眞生子氏）．

手足を失ったヘビ類など，さまざまなものがいます（column「ヘビの起源」）．

ヘビの起源

column

　ヘビは不思議な生き物です．羊膜類の中でも特異な形態をしています（図）．その異様さから，一部の人々には昔から忌み嫌われてきました．最近の研究から，霊長類の脳の視床枕という場所には，ヘビに対して強く素早い反応をするニューロンが存在することがわかりました（Van Le et al., 2013）．つまり霊長類にとってヘビは厄介な敵であり，その脅威に対応するため彼らを即座に見つけられるしくみを脳の中につくり上げたようです．その影響のためなのかどうかははっきりしませんが，ヘビの存在は人類の宗教や哲学に深く根を下ろしています．西洋ではキリスト教世界の中で人類を惑わす悪者となり，日本では出雲系の信仰や岩国のシロヘビ（アオダイショウの白化型）のように，神，あるいは神のつかいとしてあがめられている例も多く見られます．そのほかにもさまざまな怪獣のモデルとなったり，密林に分け入った探検隊を出迎えたり，クレオパトラの自害を手助けしたりと大忙しです．

　ヘビの最大の特徴は，何といっても手足（四肢）がないことでしょう．ただし，ヘビは四肢がない代わりに，腹部に腹板という特殊な構造を発達させ，それによって地上でも極めてスムーズに運動でき，木に登ったり，泳いだりすることができます．一部の種は体を扁平にして自らの全身を翼のように使い，滑空することもできます．いわばヘビは，手足をなくすことで全身を手足のように，ときには翼のようにも使えるようになったといえるでしょう．この進化は，脊椎動物のボディプランの変遷の中でも特筆すべきものといえます．さらに，ヘビの中には毒をもつものがいます．特殊化した毒牙や毒腺を装備し，ある種では毒を敵の目に向けて数メートルも射出することができるようになっています．また，ヘビは先が二股になった舌を出し入れしながら空気中の匂い分子を口の中に取りこみ，口蓋にある特殊な感覚器を使って匂いの情報を得ることもできます．こうしたことから，ヘビがどのような動物から進化してきたのかについては長らく研究者の興味を引いてきました．1つの説として，ヘビには耳（中耳，鼓膜，外耳孔）がなく，手足もないことから，地中性の種から進化してきたという考えがあります（Vidal and Hedges, 2004; Apesteguia and Zaher, 2006; Longlich et al., 2012）．地中生活には，手足のないミミズのような体型が有利にはたらいたことでしょう．また，空気の震動を耳で聞く必要がなくなり，主に顎の骨から地面の震動を拾って聞くようになって耳が退化したと考えられます（ちなみに顎の骨で音を聞くことは我々も行っています）．もう1つの説は，ヘビがモササウルス類など海棲のオオトカゲに近いグループから進化してきたというものです（Lee, 2005）．事実，現生のオオトカゲ類はヘビと同様に先

が二股に分かれた舌をもちます（この舌は鋤鼻器という感覚器で，匂いをキャッチするために特殊化したものです．おかげで空気中の匂い分子の受容能力は上がっていますが，カメレオンのように粘着質の舌で餌をとることはできなくなりました．いわゆるトレードオフというものです）．この説を支持する証拠として，パキラキス *Pachyrhachis* と呼ばれる水棲ヘビの化石が見つかっています．この種は前肢が退化し，後肢のみになっています．これは現生のニシキヘビに近い形態です．この説に従えば，水中生活をする過程で手足や耳がなくなったということになります．実際，哺乳類で水中生活をしているクジラ類では後肢が退化し，外耳も外見からはほとんど確認できません（イルカの頭部をかなり気合いを入れて探せば，点のようになった外耳をかろうじて見つけることができます）．これら2つの仮説のどちらが正しいのかについていろいろ議論されてきましたが，最近になって，陸の地層から祖先的な形質をもつヘビ類が見い出されました．それらのうち *Dinilysia* の耳の構造を詳しく調べると，ヘビに近い形質を備えていることがわかりました（Balter, 2013）．現時点では地上起源説が優勢のようです．

　モルルスニシキヘビ *Python molurus*（インドニシキヘビとも呼ばれる）とキングコブラ *Ophiophagus hannah* のゲノムが，ほぼときを同じくして解読されました（Castoe *et al.*, 2013; Vonk *et al.*, 2013V）．それらの比較によって多くの興味深いことが明らかになっています．たとえば，毒の産生にかかわる遺伝子システムは遺伝子の重複によってもたらされたらしいことや，キングコブラでは手足をつくる遺伝子の1つである Hox12 が失われていることがわかりました．このような情報をもとにして，ヘビのもつ遺伝子の独自性を解析していけば，ヘビという極めて魅力的な種がどのようにして地球上に生じたのかが明らかになると期待されます．

図　研究室の学生が飼っているコーンスネーク
名前は「くらちゃん」．

第2章 脊椎動物の系統と進化

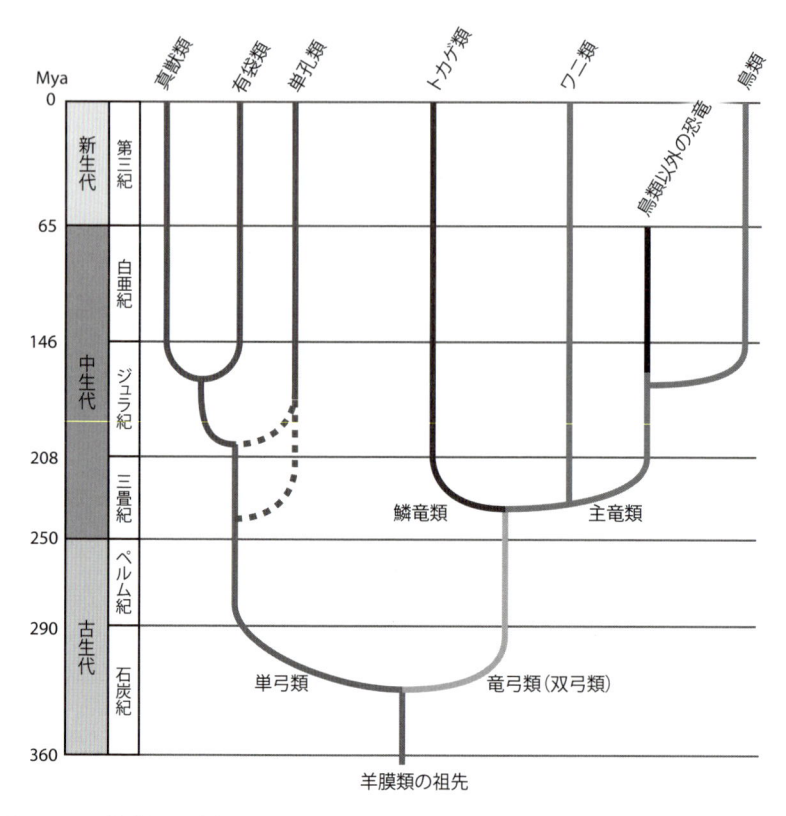

図2.11 羊膜類の系統進化
羊膜類のグループの出現の様子を示す．縦軸の目盛りは100万年（Mya）．Nomura et al.（2014）を改変して引用．

二畳紀末の大量絶滅と羊膜類の進化

column

　地球の歴史を紐解いてみると，過去に何度も劇的な変化があり，そのたびに多くの生物が絶滅していることがわかります．そして，地質年代は化石の記録（示準化石）によって決められているため，大量絶滅の時期が地質年代の境界となっています．たとえば，古生代は節足動物の三葉虫の存在によって特徴づけられ，中生代は軟体動物のアンモナイトの存在によって規定されています．これら過去に起こった大量絶滅事件の中で最も激しかったのは，二畳紀と三畳紀の境界，つまり古生代と中生代の

境界となった大量絶滅です．この時代に生まれてしまった生物たちは不幸としかいいようがありません．この大量絶滅事件により三葉虫は地球上から葬り去られ，実に地球上の95％の生物が死滅したとされています．では，この大量絶滅期に一体何が起こったのでしょうか？　それについてはいくつかの仮説がありますが，1つ確かなのは，地球規模で何らかの異変が生じた結果，この時期に地球上の酸素濃度が著しく低下していることです．二畳紀末の大量絶滅期に，酸素濃度が約30％から15％くらいにまで低下したらしいのです（Berner *et al.*, 2007）．おそらく，このことが生物の絶滅に関係あると考えられています．酸素が少なくなったこのとき，地球がどのような恐るべき状況になっていたのかは想像するしかありませんが，この厄災によって多くの動物が滅び，生態的地位があいた状況下は競争相手が少なく，さまざまなボディプランを試すことができる，いわば進化の実験場のような様相を呈していたのかもしれません．事実，大量絶滅の後には生物の種数が増加することが知られています．ただし，この低酸素の時代を生き延びるには，その環境に見合うような機能を前もって（たまたまでもいいので）備えていなければなりません．酸素濃度が極端に低い環境では，過去に存在していた巨大なトンボ（メガネウラ）などの節足動物は，それらがもつ呼吸システム（気管）では十分な酸素を体内に取りこめないので生存できません．低酸素の厳しい状況下を生き抜くために，空気中の酸素を効率よく取りこめるシステムが必要となります．この問題を克服し，新時代を生き延びたのは，羊膜類の哺乳類と竜弓類のグループでした．これらは祖先となる羊膜類から石炭紀頃に分岐したと考えられています（図2.11，2.12；Carroll, 1988; Falcon-Lang *et al.*, 2007; Ruta *et al.*, 2013）．

羊膜類の進化

　羊膜類のうち，哺乳類は単弓類というグループに属しています．単弓類は側頭窓と呼ばれる穴が頭骨に1つあいていることが特徴です．ちなみに，現在知られている最古の

図1　盤竜類ディメトロドン *Dimetrodon* の化石
命の旅博物館所蔵の標本を撮影．

単弓類はアーケオシリス *Archaeothyris* というトカゲのような姿をした動物で，石炭紀に生息していました（Falcon-Lang *et al.*, 2007）．二畳紀になると，哺乳類型爬虫類と呼ばれるグループが進化します．これらの動物には二畳紀に出現した盤竜類（背中に巨大な帆をもつディメトロドンやエダフォサウルスが有名；図1）や獣弓類がおり，獣弓類のキノドン類の一グループが哺乳類に進化したと考えられています（O'Leary *et al.*, 2013; Ruta *et al.*, 2013）．一方，竜弓類は現生の爬虫類と鳥類を含むグループで，側頭窓を2つもっていることから双弓類とも呼ばれます（Gauthier, 1988）．

哺乳類や竜弓類の動物は，低酸素環境で生き延びるための秘策を備えていました．その策とは呼吸のやり方です．これらの動物の呼吸システムにはそれぞれ特徴があります．哺乳類は横隔膜をもち，それを上下させることで体内の容積を拡大し，大量の空気を肺に取りこむことができます．ただしこの場合，肺への出入口は1つだけなので，呼気と吸気は同じ通り道を通らねばならず，ガス交換の効率低下の要因になります．一方，主竜類は気嚢と呼ばれる構造をもっています．これは肺の周囲にある気管にいくつかの袋状の構造があり，これに空気をためることで肺に一方向に空気を送り込むしくみです（図2）．これにより，まるでふいごで暖炉に空気を入れるような感じで，効率のよいガス交換が可能となります．この構造により鳥類の胚には一方向の空気の流れができ，哺乳類のそれよりも効率のよいシステムであるようにみえます．鳥類の一種は，人間ならば酸

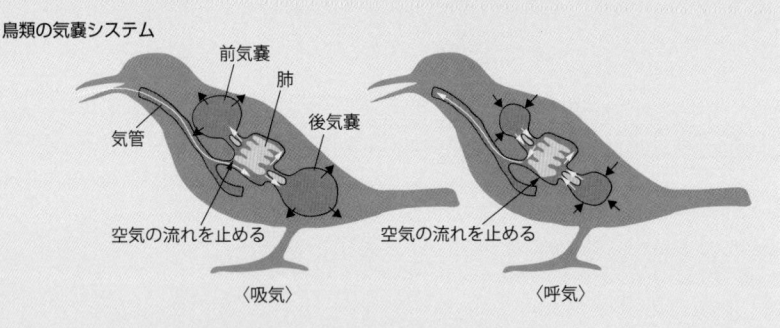

図2　鳥類と爬虫類の気嚢
上のイラストはWikipediaのものを改変して引用．下のイラストはSchaner *et al.*（2014）を改変して引用．

素マスクがなければ到達し得ないようなヒマラヤ山脈を悠々と渡り，越えて行くことができます．また，首が長く空気交換の難しそうな竜脚類のような恐竜が生存できたのは，この気嚢システムのおかげかもしれません．つい最近になって鱗竜類のオオトカゲも鳥類に似た一方向の空気道をもつ肺を備えていることがわかりました（図2；Schachner et al., 2014）．

　哺乳類の横隔膜や竜弓類の気嚢は，おそらく二畳紀の頃に生きていた祖先的な種が獲得したものであり，それらが大量絶滅後の低酸素の世界で生き抜くことができた**前適応**となったのではないかと考えられます．そして哺乳類と竜弓類という羊膜類の2大グループが，その後の地球で繁栄していくことになります．竜弓類の系統からは恐竜が進化し，ジュラ紀，白亜紀に地球上のすべての大陸に適応放散しました．そして恐竜の中の獣脚類から鳥類が出現し，世界中の空を自在に飛び回るようになりました（Paul, 2002）．一方の単弓類からは哺乳類が進化し，恐竜の繁栄の影で適応放散を続けていきました．このとき，夜行性へと適応していく過程で視覚系以外の感覚（聴覚系や嗅覚系）が発達したと考えられています．嗅覚系の発達は，その情報の受け入れ先である終脳の発達を促し，哺乳類での終脳の拡大の一因となった可能性が指摘されています（Rowe et al., 2011）．

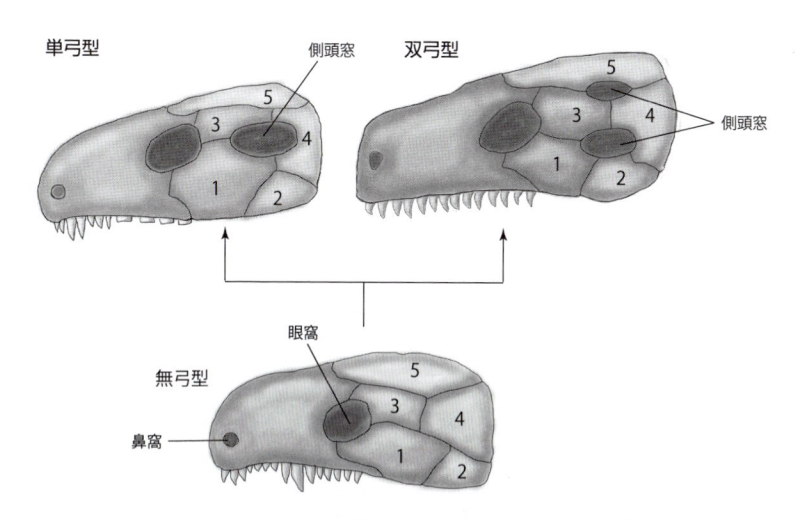

1：頬骨，2：方形頬骨，3：後眼骨，4：鱗状骨，5：頭頂骨．

図 2.12　羊膜類の頭骨の形態
　　羊膜類は側頭窓の数と位置によって，無弓型（祖先的な系統），単弓型（哺乳類に至る系統），双弓型（爬虫類，鳥類に至る系統）に分類される．Hildebrand（1995）を改変して引用．

単弓類と竜弓類（双弓類）

石炭紀の頃に出現した祖先的な羊膜類からは，哺乳類に続く系統（単弓類）と，爬虫類・鳥類に続く系統（竜弓類，双弓類とも呼ばれる）の2つが分かれてきたと考えられています（図2.11；column「二畳紀末の大量絶滅と羊膜類の進化」）．これらの動物は，頭骨の形により区別されます（図2.11）．眼窩の後方にあいた側頭窓という開口部（これは顎の筋肉が収縮して幅が広がった分を外に逃がすための構造です）が1つのものが単弓類で，2つあるものが竜弓類です（図2.12）．

竜弓類

前述のように，竜弓類には爬虫類と鳥類が含まれます．ただし，鳥類と爬虫類という分類は系統学的に見るとあまり正確ではありません．鳥という動物は，羽毛をもつという形質を共有することから独自の分類群とされてきました（図2.13）．羽毛は極めて緻密かつ精巧な構造体で，しかも発生のしかたが特殊なため，進化の過程で同じものが別系統の動物で2回独自に進化することはありえないと考えられたためです（ということは，天使は羽毛をもっているよう

図2.13 鳥類の一種ドードー *Raphus cucullatus*
マダガスカル沖のモーリシャス諸島に生息していた鳥類．ハト目に分類される．不思議の国のアリスに登場することで有名．パリの国立自然史博物館ならびにウィーンの自然史博物館にて撮影．

2.1 脊椎動物とは

鱗竜類:フトアゴヒゲトカゲ

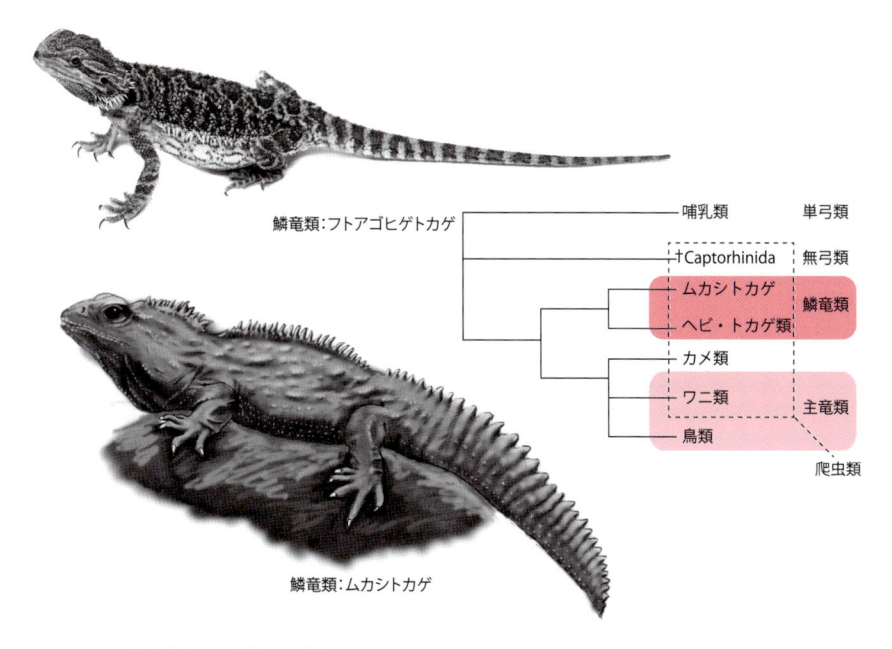

鱗竜類:ムカシトカゲ

図 2.14 鱗竜類と爬虫類の系統
鱗竜類の有鱗目のフトアゴヒゲトカゲ *Pogona vitticeps* とムカシトカゲ目のムカシトカゲ *Sphenodon punctatus*. 下の系統樹は爬虫類に近い系統群の関係を示す.

なので鳥類ということになります). しかし,比較形態学の研究からは,鳥は(羽毛をもっていない) 爬虫類に所属するとされます. 正確にいえば,爬虫類とされる動物は大きく鱗竜類 (りんりゅうるい:トカゲ, ヘビ, ムカシトカゲ) と主竜類 (しゅりゅうるい:ワニ, 鳥) そしてカメ類に分けられます (図 2.14). つまり鳥類は,現在の見解では主竜類の 1 グループに含まれています. 鳥類はワニなどの主竜類と似た特徴を多くもちますし,極めつけは主竜類の恐竜から羽毛をもつものが多数見つかっているからです. つまり,恐竜の中から羽毛を発生させたグループが現れ,それが鳥類へ進化したと考えられます (図 2.11). こういった事情から,鳥類抜きで「爬虫類」というと正しく系統を反映していないことになるので,爬虫類は「側系統」とされ,その名称は最近ではあまり使われなくなりました. できればこれからは鱗竜類と主竜類と呼ぶべきでしょう. しかし,旧来の爬虫類という名称は広く使われているので,本書

43

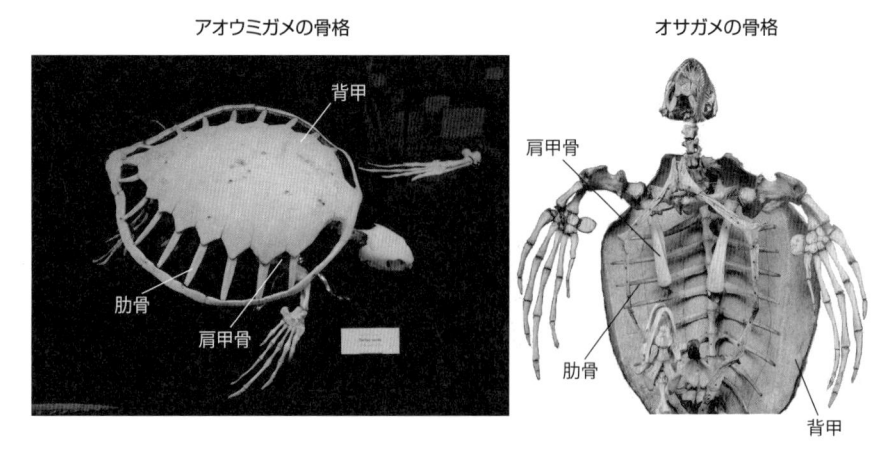

アオウミガメの骨格　　　　　　　　　　　　オサガメの骨格

図2.15　カメの骨格
　　　肋骨の内側に肩甲骨が位置している．パリ国立自然史博物館所蔵の標本を撮影．

では特に問題のない箇所ではこの名称を使いたいと思います．

爬虫類の多様性

　爬虫類にはいろいろなものがいますが，中でもヘビとカメは特異な形態をしています．ヘビについてはcolumnで触れたので，ここではカメについて簡単に述べましょう．カメを特徴づける甲羅と，その中に手足や頭を格納できる仕掛けは驚くべきものです．これは，全脊椎動物の中でカメのみが成し得た革新です（図2.15）．カメは三畳紀に出現して以来，この防御一辺倒の戦略によって生き延びてきました．興味深いことに最古のカメの一種オドントケリス *Odontochelys semitestacea* には腹甲のみで背甲がなく，まずは腹側の甲羅から進化したようです（Li et al., 2008）．カメが手を引っこませることができる秘密は，肋骨の内側にある肩甲骨（腕を動かすのにかかわる骨）です．通常は肩甲骨は肋骨の外側にあります（自分の肩甲骨で確かめてください）．カメはこの構造のため，肋骨でつくられた甲の中に手足を収納できるのです．カメはこうした奇抜な形態とユーモラスな動きなどにより昔から親しまれ，インド神話の中で世界を支えていたり，日本では回転しながら空を飛ぶ某怪獣のモデルになったりしています．カメはその頭骨の形態から，以前は原始的な爬

虫類のグループ（無弓類）の生き残りだと考えられていましたが，最近のゲノム情報を用いた研究から主竜類の姉妹群となる系統であることがわかってきました（Lu *et al.*, 2013; Field *et al.*, 2014）.

ところで，爬虫類の中でムカシトカゲという名を知っている人は少ないかもしれません（図 2.14）．この怪獣めいた興味深い動物はニュージーランドの近くにある島にしか生息していません．その祖先的な形態から，以前は喙頭目（かいとうもく）というグループに入れられていましたが，現在ではムカシトカゲ目という独自のグループに入れられています.

単弓類

単弓類の生き残りである哺乳類とは，いわゆる「けもの」，すなわち体毛をもつグループで，三畳紀にはすでに地球上に存在していたと考えられています（図 2.11；O'Leary *et al.*, 2013）．現生の哺乳類にはさまざまな目があり，砂漠から海洋まで地球上の至る所に生息しています（図 2.16）．哺乳類には他の動物には見られない独特の構造がいくつもあります（column「哺乳類の頭

図 2.16　哺乳類
　　　　左上：有袋類のワラビー，右上：霊長類のサル，下：貧歯類のアルマジロ．パリ国立自然史博物館所蔵の標本を撮影（写真提供：糸山達哉氏）．

部の進化」).哺乳類の本格的な適応放散が進んだのは中生代からで,新生代になるとさまざまな形態のものが生じました.それらには,カモノハシやハリモグラに代表される単孔目,オーストラリアに生息しているカンガルー,南米に棲んでいるオポッサムなどの有袋目,そして現在世界中のあらゆる場所に生息している有胎盤類（真獣類）がいます（図 2.11）.真獣類は,大きくアフリカ獣類,真主齧類,ローラシア獣類に分けられています（O'Leary et al., 2013）.私たちヒトは,真主齧類に属し,およそ 600 万年ほど前にアフ

哺乳類の頭部の進化

哺乳類はその進化の初期段階で顎の関節を変化させました.他の動物で顎関節を構成している骨が,耳の骨（耳小骨：じしょうこつ）へと変化しているのです.哺乳類以外の動物では耳小骨は1つしかありませんが,哺乳類では,つち骨,きぬた骨,あぶみ骨という3つの耳小骨があります.この3つの骨があることで,音の情報が増幅されて内耳へと伝わります.これら耳小骨のうち,つち骨ときぬた骨はもともと顎の骨だったものが変形してできたとする説がありました.このアイデアはライヘルト説と呼ばれ,その真偽について長らく議論されていましたが,最近では正しいことがわかっています（Rijli et al., 1993）.こうして,顎の骨から2つの耳小骨を誘導したことにより,中耳の音響装置としての性能が上がり,哺乳類における聴覚系の性能向上につながったと考えられます.ちなみに,鳥類でもフクロウ類は耳小骨を1つしかもちませんが,哺乳類に匹敵する聴覚をもっているようです.このグループはおそらく独自に聴覚を発達させたのでしょう.

哺乳類の多くの種で聴覚が鋭くなっているのは,上記のように耳小骨が3つになったことが一因として考えられます.より聴覚を鋭くするため,哺乳類では外耳も集音器官として発達しています.ウサギやサイの外耳（耳介）は指向性の集音装置として機能します.また,ヘラジカの雄の巨大な角も,集音器として使われているようです.このように発達した聴覚を駆使して,哺乳類は視覚の使えない漆黒の闇の中でも活動することができます.コウモリは超音波を駆使して洞窟の暗闇を飛び回ります.鳥類のヨタカ類も超音波によるエコーロケーションを行いますが,その周波数はコウモリ類に比べるとかなり低いようです（バークヘッド,2013）.またクジラ類もエコーロケーション能力が発達しています（ただしクジラ類では耳小骨が退化しており,下顎の骨を使って音を聞きます）.哺乳類に見られるこうした聴覚系の発達は,哺乳類で独自に生じた頭部骨格の変化が前適応となり,その後の進化をもたらしたのかもしれません.

哺乳類

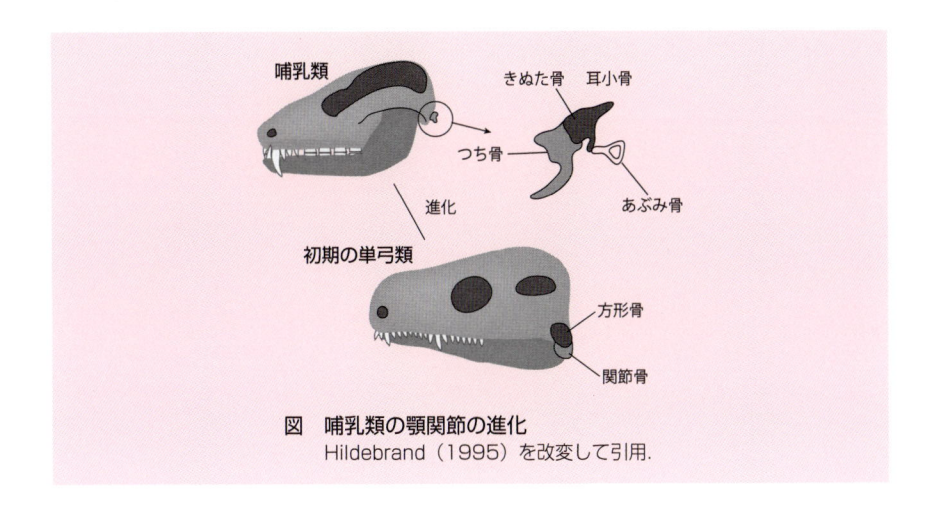

きぬた骨　耳小骨
つち骨
あぶみ骨

進化

初期の単弓類

方形骨
関節骨

図　哺乳類の顎関節の進化
Hildebrand（1995）を改変して引用．

リカで誕生したと考えられています．そしてそこからさまざまなヒトが分岐し，いくつかの種に分かれながら世界中に放散していくことになります．それらのうち，脳を特に大きく発達させた種が2つあります．1つは現生人類，もう1つはネアンデルタール人です．これらの種はそれぞれ独自に巨大な脳を進化させたと考えられています．近年解明されたネアンデルタール人のゲノムは，人類の変遷についてさまざまなことを語ってくれるでしょう（Prüfer et al., 2014）．

それでは次に，これら脊椎動物の進化の最初期に起こった出来事について，古生物学的な見地から見ていきましょう．

2.2　脊椎動物の起源：カンブリア爆発

化石の研究から，脊椎動物の起源はたいへん古いことがわかっています．中国雲南省の澄江（チェンジャン）では，カンブリア紀の地層からミロクンミンギア *Myllokunmingia fengjiaoa* や，ハイコウイクチス *Haikouichthys ercaicunensis* が見つかっており，カナダのバージェス頁岩累層からもメタスプリッギナ *Metaspriggina walcotti* という動物が発見されています（図2.17, 2.18；Shu et al., 2003; Morris and Caron, 2014）．これらの動物は，

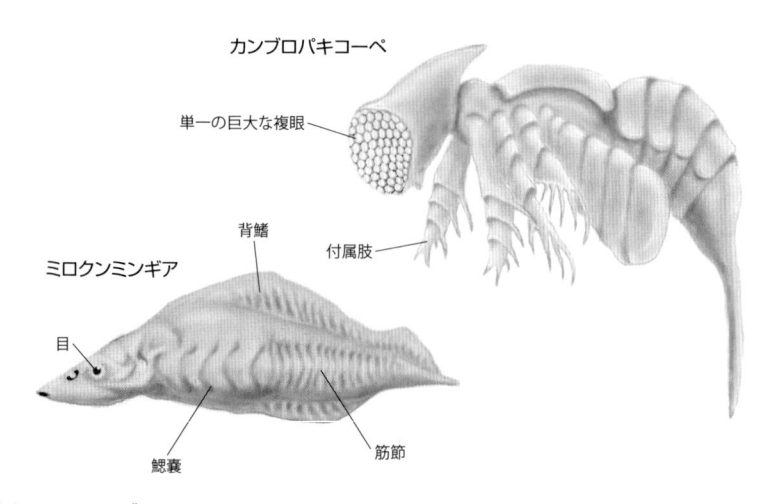

図2.17 カンブリア紀の奇妙な動物
左は最初期の無顎類とされるミロクンミンギア *Myllokunmingia*，右は甲殻類の一種カンブロパキコーペ *Cambropachycope*．土屋（2013）を改変して引用．

対になった目や鰓孔を備えていることなどから脊椎動物の無顎類に分類され，我々の祖先となった動物に最も近い形をしているのではないかと考えられています．特に，最近記載されたメタスプリッギナ属の無顎類は保存状態がよく，明瞭な対眼や筋節，そして鰓弓が確認できます（図2.18）．このことから脊椎動物はおよそ5億2400万前にはこの地球上に出現していたと考えられます．ちなみに，この時代は生命進化史上の一大イベントであるカンブリア爆発の時期とぴったり符合しています．この時期の地層から，それ以前の時代には見られなかった多種多様な生き物の化石が見つかるのです．その中には口がノズル状になったものや，全身をトゲトゲで覆われたもの，はたまた1つの巨大な複眼が体の真ん前についているものなど，実にさまざまな形態の生き物がいます（図2.17）．人は長い歴史の中で，いろいろな怪物を創造してきました．ギリシャ神話のサイクロプスやキメラ，『宇宙水爆戦』のメタルナミュータント，『エイリアン』の宇宙生物（H.R.ギーガーのもの），平成ガメラシリーズのレギオンなどです．しかし，カンブリア紀の怪物たちはこうした人間の想像力をたやすく凌駕しています．そうしたデザインを見ていると，生命のもつポテンシャルに深い感銘を受けずにはいられません．

2.2 脊椎動物の起源：カンブリア爆発

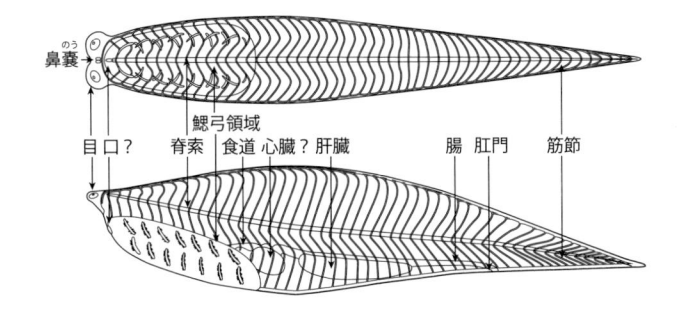

図 2.18 カンブリア紀の無顎類メタスプリッギナ *Metaspriggina walcotti*
Morris and Caron（2014）を改変して引用.

　カンブリア爆発について一般的に広く知られている考えでは，この時期に生物が爆発的に進化したとされています．しかし，実際のところは生物は爆発的に進化したのではなく，それ以前から徐々に種類数を増やしてきたのだという説が今では有力になっており，この時期に多くの化石が見つかっている原因についてはいくつかの説明がなされています（宇佐見，2008）．まず，この時期にカルシウム質の殻をもつ生物が増えたために，生物の形が化石に残りやすくなり，その結果として爆発的に種が増加したように見えるのだという説があります．さらに，この時期に目が進化し，光刺激を受容することができるようになったため効率よく餌を探すことが可能となり，その結果，捕食者と被食者の軍拡競争が激化して進化が加速されたとする説もあります．また，生物の形をつくる遺伝子（Hox遺伝子）などが進化したために，さまざまな設計図を描くことが可能となり，その結果として形態の多様性が生じたという説もあります．これらの説のどれが正しいのか，もしくは上記の要因が複合的に起こったのかについてはよくわかっていません．なお，この時期の節足動物アラルコメネウス *Alalcomenaeus* からは中枢神経系の痕跡が見つかっています（Tanaka *et al.*, 2013）．この痕跡は前から順に前大脳，中大脳，後大脳が並び，その後方に神経節が数珠状につながった構造をしており，現生の鋏角類（サソリやクモ）に近いものでした．つまり，現代の動物の脳につながる構造が，カンブリア紀の時点でできていたことになります．脳の進化を考える上でもカンブリア紀の生物群は極めて重要であるといえるでしょう．

2.3 脊椎動物の由来に関する謎：ホヤかナメクジウオか

では，脊椎動物はどのような動物から進化してきたのでしょうか？　別の言い方をするなら，脊椎動物の祖先となる動物についてはどのようなイメージが描けるのでしょうか？　それを知るためには，まず化石の情報を調べる方法があります．先程述べたように，カンブリア紀の地層からはたくさんの生物が見つかっています．それらの中に，我々の祖先となったものも含まれているかもしれません．その候補となる種がいくつか発見されています．

先に述べたように，中国雲南省の澄江やカナダのバージェスから，無顎類の化石が多く見つかっています（図2.17，2.18）．これらは疑いなく現在の脊椎動物の進化を探る鍵となるでしょう．しかしながら，化石の記録からだけでは得られる情報は限られてしまいます．そこで，脊椎動物の祖先についてより詳しいイメージを得るために，現代も生き残っている動物の中から脊椎動物と近縁なものを調べ，脊椎動物の進化の過程でどのような形質が派生したのかを

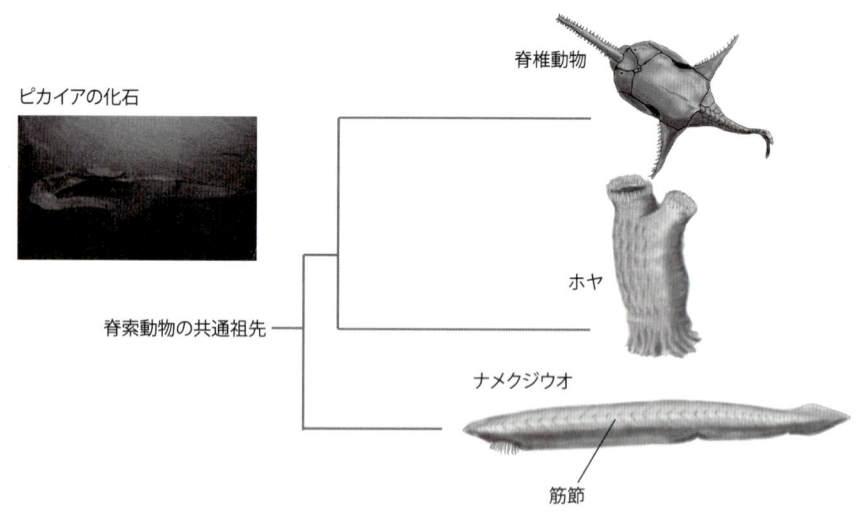

図 2.19　脊索動物
脊索動物の一種とされるピカイアの化石（カナダ，ロイヤルオンタリオ博物館所蔵）．右図は頭索類ナメクジウオと尾索類ホヤの系統関係．脊椎動物の一例としてドリアスピス *Doryaspis* を示す．ナメクジウオとホヤのイラストは，Todge C（2000）を改変して引用．

知る必要があります．

　系統学的には，脊椎動物は脊索動物門というグループに含まれます．脊索動物門の動物には頭索類，尾索類というグループがあり，そのどちらが脊椎動物と近縁なのかについて，長く議論されてきました．頭索類はナメクジウオを代表とする生物で，ナメクジを思わせる透明な体と，口のまわりにあるラヴクラフトの小説に出てくる怪物めいた触手，そして体軸に沿ってまっすぐ伸びた脊索と全身を覆う筋節が特徴です．ただし，ナメクジのような軟質かつ伸縮自在な体質ではなく，体は笹の葉のようにすっと伸びて硬質な感じがします（図2.19）．実際，実物をピンセットなどで触ると硬い感触が返ってきます．ナメクジウオは分布が限られ，その魅力的な系統や形態にもかかわらず生物学の材料としては扱いにくいとされてきました．しかし，近年になって日本近海（有明海や瀬戸内海など）で比較的多くの個体が生息していることが判明しました．さらに人工的に飼育する技術が進歩し，実験室の中で繁殖させることが可能になってきました．遺伝子導入の実験も行えるようになっているので，今後さらに研究が進むものと期待されています．

　一方，尾索類にはホヤがいます．この動物は被嚢に包まれた外観をもち，入水孔と出水孔が開いた樽，あるいはウルトラマン17話『無限へのパスポート』に登場する四次元怪獣ブルトンのような形をしており，一見するととても脊椎動物に近縁とは思えません．ただし，幼生期にはオタマジャクシに似た形をしており，長い尾を使って遊泳することができます．この尾の中に，脊索動物を特徴づける脊索があります．ただし，脊索は変態期に失われます．形態学的な特徴からはどう見ても頭索類（ナメクジウオ）が脊椎動物に近いように感じられ，実際長い間そのように考えられてきたのですが，最近になってゲノムの情報が知られるようになると，実はナメクジウオよりもホヤのほうが脊椎動物に近縁であることがわかりました（Dehal et al., 2002; Putnam et al., 2008）．すなわち，脊索動物から頭索類に至る系統が分岐した後に，尾索類と脊椎動物の共通祖先にあたる生物からそれぞれの系統が分岐したと考えられます．

　また，ゲノム情報の解明は，生物学の歴史において大いなる転換をもたらしました．それまでは，ある現象にかかわる分子について，「まだ見つかってい

ない未知の分子があって，何か面白いことをしているに違いない」という考えのもと，未知分子を探す宝探しのような仕事がたくさんありました．しかし，ヒトゲノムなどが明らかになると，もうこの中にあるものがすべて，ということになります．これはいわば大航海時代が終わり，世界から未知の秘境や魔境が失われたような感じに近いものでした．その意味で，宝探し的要素を失った生物学はつまらなくなったといえるかもしれません．しかし，現在ではゲノムのレベルでの比較が行われ，ビッグデータを用いた解析から今までは成し得なかった高度な比較研究が行われるようになってきました．ヒトとチンパンジーの脳の違いを生み出す要因は何か，といった疑問に答えられるようになってきたのです．これからはゲノム情報を基点として，さまざまなことがわかってくるでしょう．

　話が少し横道に逸れましたが，脊椎動物の系統とその進化の変遷がだいたいわかったところで，次はいよいよ脳と神経系について見ていきましょう．

▶▶▶ Q & A ◀◀◀

Q カメの肩甲骨が肋骨の内側にあるとのことですが，肋骨の内側の肺や心臓と肩甲骨の関係はどうなっているのですか．

A 肺や心臓は，他の羊膜類とよく似た位置にあります．ただし，カメは体幹を装甲として固めているため，胸筋や腹筋を使って肺に空気を取りこむことができず，首や手足の筋肉を収縮させて体腔の容積を変えて空気を取りこみます．スッポンなどの水棲種では鼻や口，咽頭の粘膜，総排泄口にある皮膚を使い，血管に酸素を取りこむことができます．

Q 二畳紀末の大量絶滅に関して，そんな大昔の酸素濃度を一体どうやって知ることができるのですか？

A あくまで推定ですが，大量絶滅と酸素の関係に言及している論文では炭素と硫黄の量を調べることで求めています．その時代の有機物中の炭素と黄鉄鋼の風化の具合や，埋蔵されている有機物の量を調べることで酸素の消耗の具合がわかるようです．

Q&A

Q 側頭窓の数によって単弓類と双弓類に分けられるとのことですが，側頭窓が1つであったことも哺乳類の脳の拡大の要因でしょうか．側頭窓の数が少ない哺乳類は顎が発達した双弓類と比べて弱い立場にあったことから夜行性となり，感覚を進化させたことで脳が進化したのですか．

A 面白い仮説ですが，そのような可能性を示唆する証拠は今のところないようです．今後の研究の進展に期待しましょう．

Q ウルトラマン17話など怪獣の話がよく出てきますが，怪獣が好きなのですか．比較生物学の専門家は怪獣好きが多いですか．

A 筆者の偏見ですが，ウルトラQや初期のウルトラマンのシリーズには魅力的な形態をもつ怪獣が多いと思います．比較生物学の専門家に怪獣好きが多いかどうかについてはよくわかりません．

Q 今の若い人たちの中には，怪獣よりもポケモンに親しみのある人が多いかもしれませんね．いずれにせよ，比較生物学とか博物学は，ゲーム産業やコンテンツ産業に隠れた影響を及ぼしている気がしてきました．収集癖を誘発するところも似ていませんか？

A ポケモンに出てくるキャラクターたちを比較形態学的に見ていけば興味深いと思います．そして，ゲーム産業はアイテムを集めさせるところなど，人間の収集癖を上手く利用していると思います．

3 脳の形態・発生・進化

3.1 脊椎動物におけるニューロンとグリア

　脳は，神経細胞（ニューロン）が集まった器官です．ヒトの大脳皮質では，およそ140億個のニューロンが存在するといわれています．ヒトの脳全体にはおよそ1000億ほどのニューロンがあるとする見解もあります（Azevedo et al., 2009）．ニューロンは細胞体と樹状突起，軸索を備えた特徴的な形をしており，樹状突起で情報を集め，その情報の種類によって出力するかどうかが細胞体で判断され，出力する場合は軸索に活動電位が生じ，シナプスのところで隣接する細胞に情報が伝えられます．こうしたニューロンのネットワークが，脳の活動の基盤となっています（図1.5参照）．

　脳には神経細胞がぎっしり詰まっていると思われがちです．たしかにそうなのですが，実は神経細胞と同じか，それよりも多くのグリア細胞が存在するとされています（図3.1；Azevedo et al., 2009）．これらのグリア細胞の存在は古くから知られ，近年まで神経をサポートする細胞と考えられていました．たとえば，新型の新幹線（ニューロン）を運用するためには，さまざまなサポート体制（グリア細胞）が必要になるというわけです．しかし，最近の知見から，グリア細胞は単に神経の支持をするだけでなく，多様な機能をもつことがわかっています．中には神経新生にかかわったり，あえて神経の再生を抑制するようにはたらく場合もあります（He and Koprivica, 2004）．

　次からは，これら神経細胞やグリア細胞によって構築される脳について見て

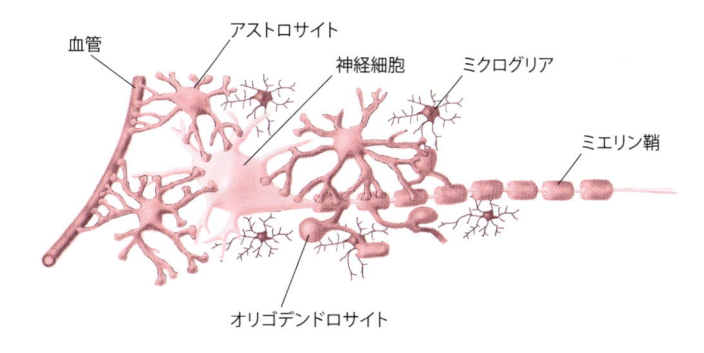

図 3.1 神経細胞とグリア細胞
神経細胞の周囲にはさまざまなタイプのグリア細胞があり，神経系の気嚢発現や維持，再生において重要な役割を担っている．Reece 他（2013）を改変して引用．

いきます．まずは，脳の形に関する研究が，動物形態学の歴史で重要な役割を果たした事例から紹介しましょう．

応用編：脊椎動物のグリア細胞に関する比較形態学

　グリア細胞には，シュワン細胞やオリゴデンドロサイト，アストロサイト，上衣細胞などさまざまな種類があります（column「ヒトの脳の概略」）．これらグリア細胞の起源を知るためには，脊椎動物の中で最も初期に分岐した円口類を見てみる必要があります．これまでの研究によると，円口類のヤツメウナギでは形態学的にグリア細胞と認識できる細胞が見い出されています（Nieuwenhuys and Nicholson, 1997）．これらの細胞は，大型で突起をさまざまな方向に伸ばすニューログリア（neuroglia）と，細胞体が脳室付近にあり表層に向けて突起を伸ばす上衣細胞（ependymal cell）に分けられています．ヤツメウナギの脳の中では，上衣細胞が圧倒的に多いようです．しかしながら，顎口類でグリア細胞の分子的な指標として使われるグリア線維酸性タンパク（GFAP）に陽性の細胞は，ヤツメウナギでは見つかっていません．ただし，同じ無顎類のヌタウナギでは，上衣細胞が GFAP 陽性であるという報告があります（Wicht et al., 1994）．また，ヤツメウナギもヌタウナギもミエリン鞘[次頁1)]は見い出されていません．無顎類は小型のものが多く，ミエリンを獲得していたであろう初期の顎口類に 10 メートル近いサイズのものがいた

ことを考えると，神経伝達のスピードを上げるミエリンの獲得は顎口類の進化的な成功にいろいろな方向から深くかかわっているのかもしれません．また Kalman のグループは，これまで GFAP を使ってさまざまな顎口類を染色し，GFAP 陽性細胞の分布を調べてきました．それによると，GFAP はサメ，エイ，ギンザメ等の軟骨魚類の終脳で上衣細胞にかなりしっかりと発現しています (Ari and Kalman, 2008)．すなわち，グリア細胞は神経系を構成するための重要な素材として，脊椎動物の進化のかなり初期の段階で獲得されたと考えられます．

　グリア細胞の中でも，アストロサイトはたいへん興味深い細胞です．鳥類と哺乳類ではアストロサイトが脳のグリアの主要成分となっていますが，爬虫類や他の脊椎動物では上衣細胞が GFAP 陽性で，これが脳のグリアの主要成分となります．アストロサイトは爬虫類のカメでは見い出されず，真骨類では見い出されないか，突起の貧弱なものがわずかに見い出されるのみなので，以前はこの細胞は鳥類と哺乳類の系統で独自に発達してきたと考えられてきました．ところが，Wasowicz らは，アストロサイトが軟骨魚類のシビレエイ *Torpedo marmorata* で豊富に存在していることを見い出しました (Wasowicz *et al.*, 1999)．軟骨魚類にも存在するのだとすれば，アストロサイトを大量につくるしくみは，エイ類，哺乳類，鳥類で独自に進化した可能性があり，どうしてこのようなことが生じたのか，その進化の変遷が気になります．しかしながら，エイ類のアストロサイトが羊膜類のそれと相同ではなく，収斂的に似たものが生じている可能性も残されており，今後さらなる研究が必要だと思われます．

3.2　アカデミー論争

　革命後の動乱の余韻が残る 1830 年のフランス，パリでは，形態学の歴史

---

1) ミエリン鞘とは髄鞘とも呼ばれ，軸索に巻きついて絶縁体としてはたらく構造です．絶縁性の髄鞘で軸索が覆われることにより神経パルスがミエリン鞘の間隙を跳躍的に伝わる（跳躍伝導する）ことで神経伝達が高速になります．ミエリン鞘は，末梢神経系の神経ではシュワン細胞，中枢神経系ではオリゴデンドロサイトから構成されます．

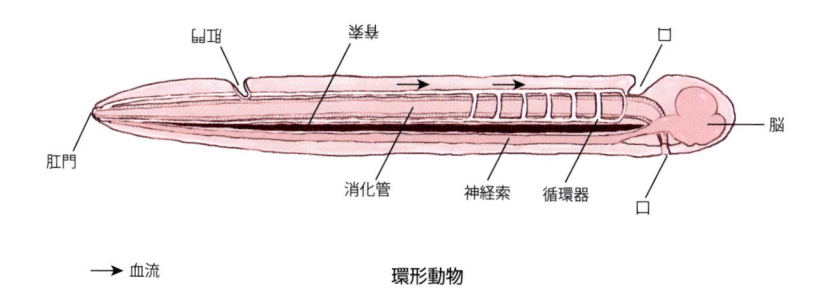

図 3.2 脊椎動物と無脊椎動物（環形動物）の体制
脊椎動物の背腹を逆転させると環形動物のボディプランになるように見える.
ローマー&パーソンズ（1983）を改変して引用.

に残る論争が行われていました．この時代，動物の形態についての理解が深まっていき，それがどのようにデザインされているのかをめぐる議論が白熱していく中で，脳の形が動物の形態を理解する上でたいへん重要な鍵と考えられました．フランスの研究者ジョルジュ・キュヴィエ（1769-1832）は，古生物学の先駆者として大きな足跡を残しました．彼はまた，動物の形態の謎を解く鍵として神経系に注目し，その形態をもとに，動物を4つのグループに分けました．放射動物（クラゲなどの放射相称の形態をもつグループ），関節動物（エビ，カニ，昆虫など），軟体動物（イカ，タコ，貝類など），そして脊椎動物です．放射動物は放射相称の神経系をもち，関節動物は腹側に中枢神経系があって，脊椎動物は背側に中枢神経系をもつといった具合です．キュヴィエは，これらの動物には類縁関係がなく，そもそも機能に基づいて創造されたと考えました．それぞれの動物の体は，その機能に結びついた構造をもつと考えたのです．彼の言葉を借りれば「もし，魚の形態と他のクラスに含まれる脊椎動物の間に類似性があるというのであれば，それは両者の間に機能の類似性が認められる場合だけである」ということになります．すなわち，機能が形態を決定する，と提唱したのです．これに対し，ジョフロワ・サンチレール（1772-1844）は，「基本形態は1つ」と考えました．すなわち，動物は単一の設計図をもち，それを変化させることで多彩な形態がつくられたというのです．言い換えれば

「1つの基本プランからの変異で多様性が生じる」ということです．彼の主張によれば，腹側に神経をもつ昆虫や環形動物のプランを背腹逆さまにすれば，脊椎動物のボディプランになるのです（図3.2）．この考えをめぐり，1830年に有名なアカデミー論争が展開されました．「進化」という概念がまだないこともあり，この論争はすっきりとした決着はつきませんでした．後になって両者の主張はダーウィンの進化論を基盤として統合されていくことになります．そして，節足動物の背腹が逆になったのが脊椎動物であるという奇想天外な説は，それからおよそ170年ほど後の今，背腹を決める遺伝子の発現が昆虫と脊椎動物では逆になっていることが発見されるに至り（De Robertis and Sasai, 1996），再び注目されています．

3.3 脊椎動物の脳形態

　脊椎動物の脳は体幹の背側に存在しています．そして，動物の外部形態の多様化にリンクするようにその形態や機能を進化させています（図3.3）．大きさもさまざまであり，哺乳類の中だけで見ても，小さいもの（マウス等）では0.5グラム程度，大きいもの（クジラ類）だと7000グラムほどもあります．また，その形態も進化の過程で多様に変化しています．興味深いことに，アフリカのタンガニーカ湖やヴィクトリア湖では，シクリッド類が著しい適応放散を遂げていることが知られていますが，その形態変化にともなって脳の形もさまざまに変化しています（Huber et al., 1997; Tsuboi et al., 2014）．そして，こうした変化は中枢神経系だけでなく，末梢神経系にもよく見られます．たとえば，腕が発達した動物ではそこに入る神経の数も多くなります．これはおそらく外部形態（たとえばコウモリの翼とか）が拡大したり縮小したりすると，神経系はそれを受けて拡大したり縮小したりするためではないかと思われます（Purves, 1988）．神経はあくまで保守的であり，受け身の存在というわけです．このようなしくみがもしなければ，形態変化のたびに神経を新しく配線しなければなりません．神経系が形態変化の「下流」にあることは，動物形態と神経制御システムをリンクさせる上で極めてよくできたしくみだと考えられます．分子的な背景を考えてみると，おそらく末梢部が拡大するとその発生

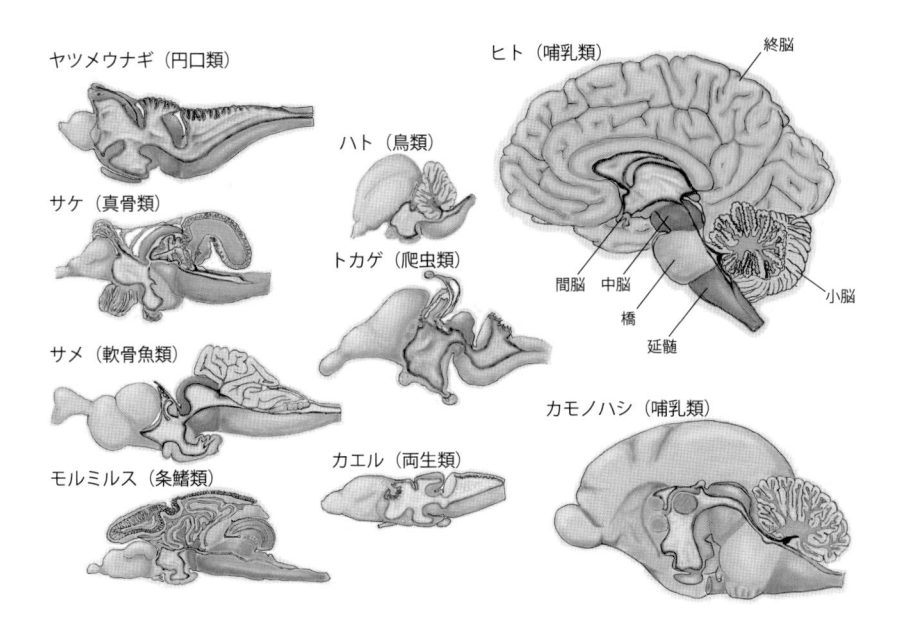

図 3.3 さまざまな脊椎動物の脳
脳の正中部分を縦割りにした断面図を示す．Gegenbaur（1898），Johston（1906），Nieuwenhuys（1967）を改変して引用．

原基から出される神経栄養因子の量も増え，発生期により多くの神経が生存できるようになって，神経支配領域が拡大すると思われます．

　本書では，脊椎動物の歴史の中で脳がどのように進化してきたのかを扱っていきますが，脳の進化をよりよく理解するためにはまず，脳の構造について知っておく必要があります．そこで，脳を理解するための指針として，脊椎動物の中でも最もよく知られているヒト *Homo sapience* の脳を column で簡単に説明しておきます．この本を読み進めていく間に，専門用語や領域の名前などで引っかかった場合にこの column を紐解いてみてください．

column ヒトの脳の概略

　ヒトの神経系は，中枢神経系と末梢神経系から構成されています．中枢神経系は脳と脊髄を含んでおり，脳は前方から終脳，間脳，中脳，小脳，橋，延髄に大別されます（図 3.3）．間脳，中脳，橋，延髄をあわせた領域は脳幹とも呼ばれます（間脳を除いた中脳，橋，延髄を脳幹と呼ぶ場合もあります）．末梢神経系は，12 対の脳神経，31 対の脊髄神経，交感神経，腸管神経からなります．これら神経系は，神経細胞とグリア細胞から構成されています．神経細胞はニューロンとも呼ばれ，樹状突起，細胞体，軸索からなります．ニューロンにはさまざまな形態があり，無極性，単極性，双極性，偽単極性，多極性などのタイプに分けられています．ニューロンはシナプスによって他の細胞と接触しており（近接していますが構造的につながってはいません），特定の神経伝達物質をその軸索末端から放出します．神経伝達物質は，大きくアミノ酸，アミン，ペプチドに分けられています．中枢神経系で使われている主要な神経伝達物質には，グルタミン酸，γ-アミノ酪酸（GABA），グリシン，ノルアドレナリン，ドーパミン，セロトニンなどがあります．個々のシナプスは長期増強や長期抑制などの可塑性を示し，高次の脳機能の発現にかかわります．グリア細胞には，シュワン細胞，オリゴデンドロサイト，ミクログリア，アストロサイトといった多様なタイプが存在します．これらのグリア細胞は，神経細胞に栄養を供給したり，軸索を包み込んで電気的に絶縁したりといった多彩な役割を果たします．ヒトの脳では，グリア細胞の数はニューロンの約 10 倍もあるとされ（ただし最近では異論もあります；Azevedo *et al.*, 2009；宮田・山本, 2013），これらのグリア細胞のうち，アストロサイトは脳室下帯や海馬の顆粒細胞層に存在していて，成体の脳で神経幹細胞として神経の新生に関与しています（Doetsch *et al.*, 1999; Seri *et al.*, 2001）．

脳の構造

　一般的に脳の外にあるニューロンの塊を神経節，脳の中にあるものを神経核と呼びます．また，ニューロンが層状に配置した構造を層構造と呼び，塊状になった構造をドメイン構造と呼びます．

延髄

　延髄は下方（後方）で脊髄に，上方（前方）で橋につながっています．延髄には神経根と呼ばれる構造から多くの感覚性神経が入力し，頭部領域を支配する多くの運動神経が出力しています．延髄の背側は翼板と呼ばれ，感覚性の神経核が存在し，腹側の基板には運動性の神経核が存在します．また，延髄から橋，中脳にかけて網様体が存在し，運動，睡眠，覚醒，呼吸などの生命維持活動にかかわっています．ただし，橋と延髄の

境界は多くの脊椎動物で不明瞭ため，哺乳類以外の動物では橋と延髄を含む領域は菱脳（場合によっては後脳）と呼ばれます（第6章参照）．
橋
　前後を中脳と延髄に挟まれた領域で，腹側部と背部に分けられます．腹側部には橋核があり，ここから小脳への投射が起こります．背部には三叉神経主知覚核などの感覚性脳神経核や，三叉神経運動核などの運動性脳神経核，ノルアドレナリン作動性ニューロンが集まった青班核があります．
小脳
　小脳は，正中の虫部（vermis）と左右の小脳半球に分けられます．小脳の灰白質は小脳皮質と呼ばれ，そこには分子層，プルキンエ細胞層，顆粒細胞層が存在しています．小脳の髄質（白質）には4つの小脳核があります．小脳は上・中・下の3つの小脳脚によってそれぞれ中脳・橋・菱脳と連絡しています．これらの神経回路によって小脳は前庭感覚や筋肉の深部感覚を統合し，体の平衡や精密な運動の制御にかかわっています．
中脳
　中脳は，その脳室領域である中脳水道より背側を中脳蓋といい，視覚系の入力を受ける上丘と，聴覚系の入力を受ける下丘をあわせて四丘体と呼びます．中脳水道より腹側には被蓋があります．中脳には網様体の一部である赤核や，大脳基底核と密接に関係する黒質が存在します．
峡
　峡（isthmus）は中脳と菱脳に挟まれた狭い部分で，縫線核群の一部や青班核，脚間核などが含まれます．一般的には中脳の一部とされていますが，後脳に含める場合もあります．
間脳
　間脳は視蓋前域，視床，視床前部，視床下部に分けられています（ただし，視床下部を間脳とは独立した領域として扱う場合もあります）．視床の背側には松果体と手綱核があります．視床（背側視床）には数多くの神経核が密集し，巨大な中継基地のような様相を呈しています．ここには嗅覚系以外の感覚情報（視覚，聴覚，味覚，体性感覚など）や，終脳からの情報が集められます．間脳の背側からは松果体（上生体）が，腹側からは網膜といった光感覚器が発生します．間脳の視床下部は内分泌系と密接に関係しており，自律神経機能，摂食，生物の生存に必須な機能を担っています．一例として，哺乳類の視交叉上核は，日周期リズムの中枢としてはたらいています．また，視床下部の腹側から下垂体後葉が形成されます．
終脳
　終脳は脳の最前端にあり，ヒトでは脳の他の部分を覆うほどに発達しています．終脳

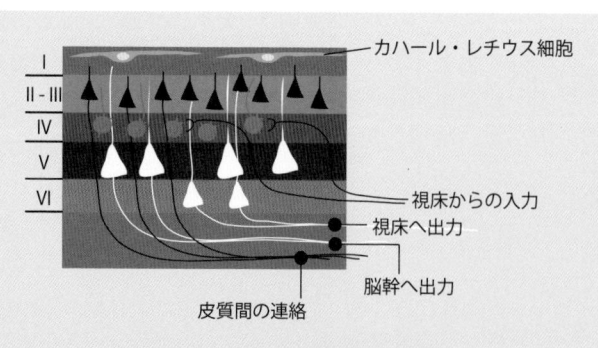

図　一般的な哺乳類の新皮質

は嗅球と大脳半球から構成されていますが，嗅神経が入力する嗅球はヒトではあまり発達していません．大脳半球は，大きく外套と外套下部に分けられています．外套の背側（背側外套）に大脳新皮質があり，整然とした層構造によって特徴づけられています（図）．新皮質は基本的に6層構造（I～VI層）からなり，I層にはカハール・レチウス細胞と呼ばれる特殊な細胞があって，発生期に層構造の構築に重要な役割を果たしています．II～III層のニューロンは，他の大脳皮質の領域に連合線維を出します．左右の大脳半球をつなぐ脳梁は，これらの線維の束によって構成されます．第IV層のニューロンは，視床からの入力を受けとります．V層のニューロンは主に脊髄に出力し，VI層のニューロンは視床に出力しています．また，大脳皮質には視覚野，聴覚野，体性感覚野，運動野といった領野構造が存在します．これらのうち，体性感覚野には末梢の感覚受容器の空間分布と対応した体性感覚地図（somatotopic map）が見られます．視覚野には，左右の目からの入力を受けとる眼優位円柱（ocular dominance column）が存在します．6層構造をとらない大脳皮質は不等皮質と呼ばれ，古皮質と原皮質（旧皮質）という名称が広く用いられてきました．古皮質は外側，あるいは腹側外套に属する領域で，主には嗅覚情報処理を行っています．また，原皮質は内側外套に属し，そこに発生する海馬は記憶の形成に重要であると考えられています．また，ラットの海馬では成体になっても新しいニューロンが産生されます．大脳半球の内側面とそれに連絡する皮質下核からなる大脳辺縁系は，本能行動や情動の発現に関与しています．

終脳の腹側部（外套下部）には，大脳基底核と呼ばれる領域があり，扁桃体（ただしその一部は外套に由来します），淡蒼球，線条体（被殻，尾状核を含む）から構成されます．大脳基底核は，機能的に，内分泌や本能行動に関与する扁桃体と，体性運動に関与する淡蒼球，線条体に分けることができます．大脳基底核の障害によりパーキンソン病やハンチントン病といった疾患が生じ，どちらも不随意運動をきたします．

神経軸索の再生

　ニューロンの軸索が切断されると，一般的に末梢神経では再生が起こりますが，中枢神経では再生は起こりません．これは，中枢神経系では Nogo-A や MAG などの遺伝子が軸索再生を抑制しているためと考えられています（He and Koprivica, 2004）．

主な神経回路

　運動路としてよく知られる皮質脊髄路は，大脳皮質第Ⅴ層より起こり脊髄に終わる伝導路で，この経路は菱脳の腹側にある錐体を通ることから，錐体路とも呼ばれます．感覚路のうち，嗅覚系には主嗅覚系と副嗅覚系があり，主嗅覚系は嗅上皮から主嗅球に，副嗅覚系は鋤鼻器官から副嗅球に伝わります．これら2つの経路は，大脳の外套のそれぞれ異なった領域に伝えられます．視覚系は網膜から起こり，視床を経由して大脳皮質の視覚野につながっています．体性感覚系（触覚）は皮膚内の感覚器などから起こり，頭部以外の感覚は後索・内側毛体系によって，頭部の感覚は三叉神経毛体系によって伝えられ，菱脳，視床を経由して大脳皮質の体性感覚野に伝えられます．聴覚系は内耳からはじまり，菱脳，中脳，間脳を経由する複雑な経路によって大脳皮質の聴覚野に伝えられます．平衡覚系も内耳から始まり，菱脳を経て小脳へと伝えられます．味覚は味蕾からの情報が菱脳の孤束核に伝わり，その後視床を経由して大脳皮質の味覚野に伝えられます．

3.4　脊椎動物の脳の起源：化石を調べてみよう

　脊椎動物の進化的起源に迫る方法の1つは，祖先となった動物の脳を直接観察することです．すなわち，化石の記録を探るのです．以前は化石を調べることが動物の進化を探る有力な方法でしたが，現在は分子生物学による系統解析が主流になってきています．しかし，古生物学は分子生物学では絶対に得られない情報を与えてくれます．それは「こんな生き物が過去に実在した」という情報です．古生物の中には，人間の（少なくとも筆者の）想像を超えるような形態をもつものが少なからずいます．たとえばカナダのバージェスで見つかった生物などがそうです（図2.17, 3.4）．このような発見をできるという意味において，古生物学は宝探しにも似たたいへんエキサイティングな学問分野といえるかもしれません．ただし，古生物学者になるには生物学のみならず岩石学や地質学の深遠な知識が必要ですので，それらを習得する覚悟ができたなら，大学の理学部の門を叩いてみるとよいでしょう．化石には，ときおりとん

でもなく想像力をかき立ててくれるものがあります．モンゴルで発見された，ヴェロキラプトルとプロトケラトプスが対決している化石や，ジュラ紀の地層から産出した，翼竜にガブッと噛みついた魚の化石などです．これらの決定的瞬間をそのまま凍結したかのような化石（実際には彼らはそのときに死んでいる）がどのようにしてできたのか？　まるで推理小説の謎解きのようです．ただ推理小説と違い，探偵（古生物学者）がどんな名推理を披露したとしても，過ぎ去った時空の遙か彼方にいる犯人（真相）は，永遠にわかりません．

最古の脊椎動物の脳

このように化石の記録は，過去に地球上に存在した生物について，たいへん貴重な情報を与えてくれます．化石動物の脳を調べることができれば，脳の進化について貴重な情報が得られることは間違いありません．こうした化石の情報は最古の脳の様子，すなわち脳の起源を探る場合にも有効です．先ほども述

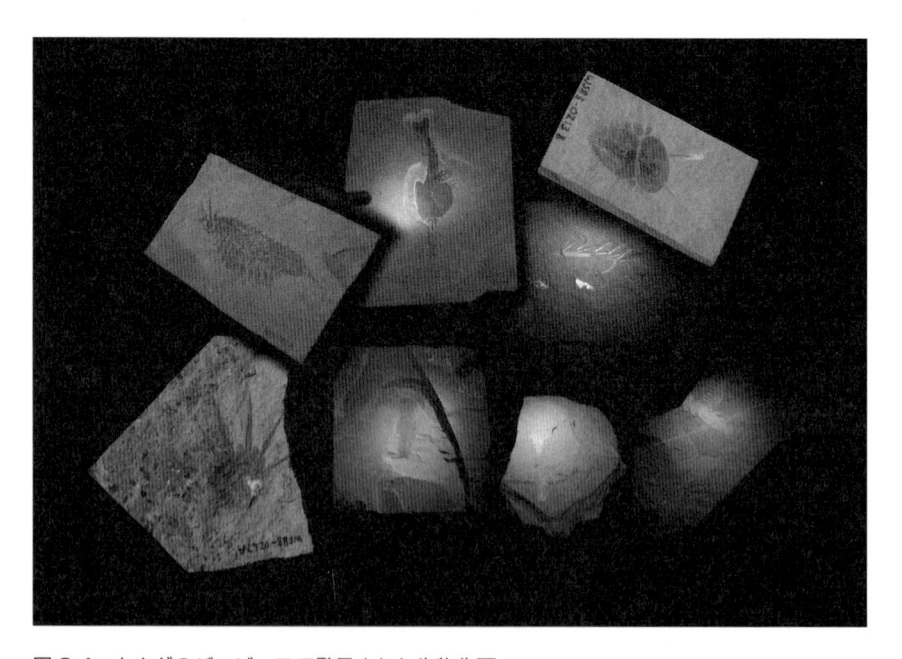

図 3.4　カナダのバージェスで発見された生物化石
さまざまな形をした生物がきめの細かい石に刻み込まれている．カナダのロイヤルオンタリオ博物館所蔵．

べたようにカンブリア紀の無顎類ミロクンミンギアやハイコウイクチスは，脊椎動物によく似た鰓弓，対になった目，耳胞や鼻孔らしきものももっています (Butler and Hodos, 2005)．鰓弓があることから，後述する神経堤細胞の存在が推測できます．それならば，同じく神経堤細胞によってつくられる末梢神経系の神経節なども存在していたでしょう．また，目や鼻の存在は，感覚細胞や感覚神経をつくるプラコード（第 3.5.4 項）が存在していたことを示唆します．つまり，脳を構成する要素の多くが，この時点で存在していたと推測できるのです．しかし，こうして外から眺めているだけでは，実際に脳がどのような形をしていたのかを知ることはできません．脳のような軟組織は化石には残らないため，その情報ははるか昔に失われているのです[2]．しかし，あきらめるのはまだ早いかもしれません．化石から脳の形態を知る唯一の手段があります．それは，化石化した頭蓋骨の内部にある空洞から脳の形を類推する方法です．しかし，これも至難のわざです．脳の形が見えるほどに保存状態のよい化石はそう簡単には見つかりません．しかしながら，ごくまれに見つかる保存状態のよい化石，たとえばノルウェー領のスッピツベルゲンで，デボン紀の地層から出土した骨甲類ノルセラスピス *Norselaspis* のようなものであれば，脳形態がほぼ完全に保存されていて，化石のスライスをつくったり，それを精密に加工することで，脳の形を知ることができます．そうした研究から脳の形や性質についてかなり詳しい情報が得られています（図 3.5；Janvier, 2002）．これらの化石魚類では中枢神経系のおおまかな形態が認められ，特筆すべきは，末梢神経の形態が極めてよく保存されている点です．その中には三叉神経や視神経など，現代の脊椎動物に見られる神経もありますが，頭部に放射状に広がる不可解な神経枝も観察されています．このクモの巣のような神経は，神経節らしきものが見られないために感覚神経ではなく，何らかの電気的な活動にかかわる「発電神経」，もしくは液体の詰まった管状の感覚器官ではないかと考

---

[2] ただし，生物が化石化するとき，神経があった部分に鉄などの金属が沈着する場合があります．このような標本を蛍光 X 線分析装置にかけると，脳であった部分を可視化することができます．先述のアラルコメネウスの脳はこうして見い出されました．さらに最近では，エネルギー分散 X 線分析という方法を使って，カンブリア紀のアノマロカリス類の脳形態も記載され，その結果は節足動物の頭部進化を解明する上でたいへん貴重な情報を提供しています（Cong *et al.*, 2014）．今後こうした手法が発展していけば，太古の動物の脳に関して画期的な知見が得られるかもしれません．

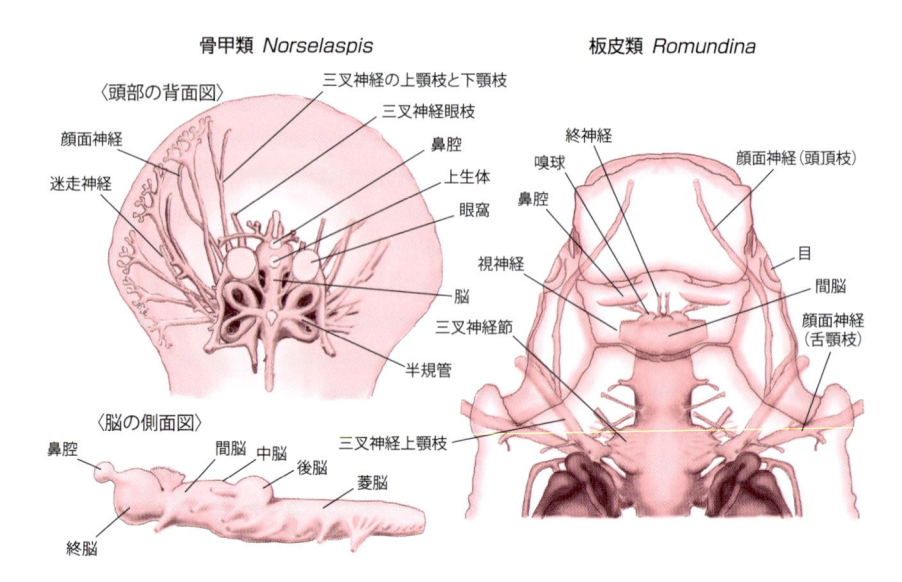

図 3.5　骨甲類ノルセラスピス *Norselaspis* と板皮類ロムンディナ *Romundina* の頭部神経系
化石記録をもとにして神経系を復元したもの．いずれの種でもよく発達した末梢神経系が見られる．中枢神経系を見ると，ロムンディナでは終脳の発達が悪い．Janvier（1998），Dupret et al.（2014）を改変して引用．

えられています（図 3.5）．

最新の手法による脳の再現

　しかしながら，いくつかの革新的な結果は得られているものの，化石になった動物の脳を観察することは，現時点ではたいへん困難です．しかし近年，画期的な手法が発展してきました．医学でよく用いられる CT スキャンの装置を使う技術です．CT を使って化石動物の頭骨の内部構造を調べ，そこにある空隙などの情報から，筋肉や神経などの軟組織の情報を得るのです．この方法により，さまざまな古生物の脳の形態が（頭骨の内腔から予想した間接的なものではありますが），明らかになってきています．化石魚類に関しても詳しいことがわかってきました．最初期の顎口類に属するガレアスピス *Galeaspis* の脳形態などは，かなり詳細に記載されています（Gai et al., 2011）．こうした研究から，顎をもっていない魚類において，いろいろと重要な進化が進んで

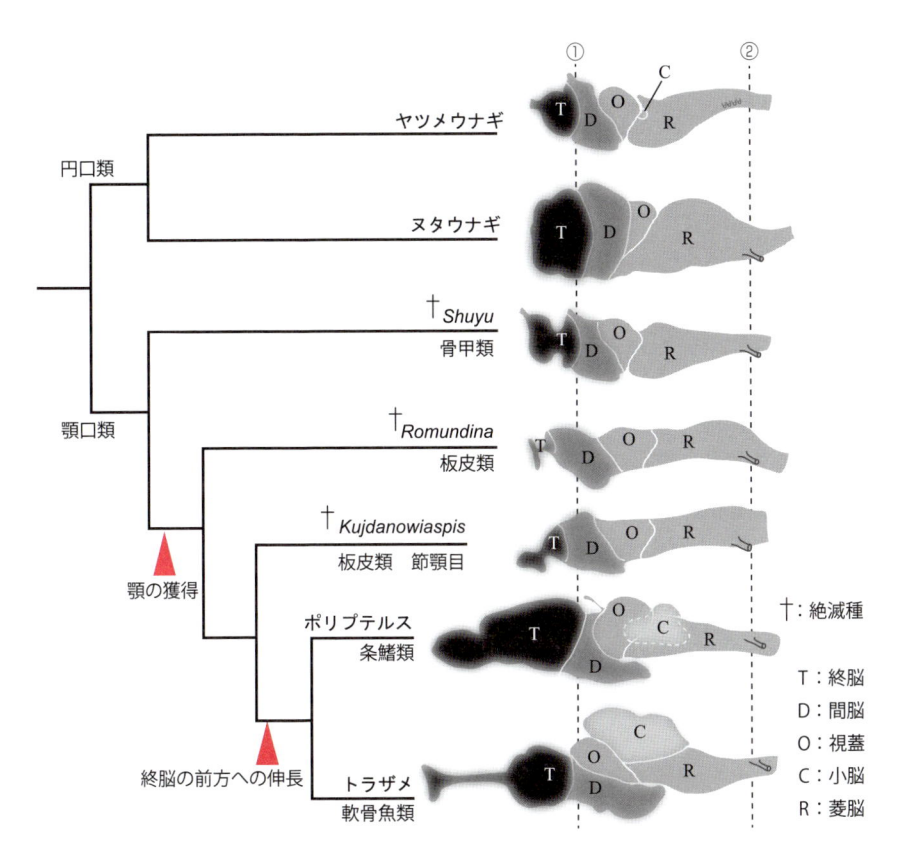

3.4 脊椎動物の脳の起源：化石を調べてみよう

図 3.6 初期の脊椎動物における脳の進化
無顎類（円口類，骨甲類）と顎口類（板皮類，条鰭類，軟骨魚類）の脳形態を示す．顎の獲得の後，条鰭類と軟骨魚類の祖先の段階で終脳が前方へと拡大している．①，②はそれぞれ視神経と逆走神経の出口を示す．Dupret et al. (2014) を改変して引用．

いたことがわかっています．最近になって Ahlberg らの研究グループにより，原始的な板皮類の脳形態の進化の様子が報告されました（図 3.6）．それによると，顎口類の系統では脳の形態が大きく変わってきた（前後軸方向への拡大が生じた）ことが示唆されています．特に終脳は，前方に大きく伸長してきているようです．おそらく，顎口類の祖先の段階において，頭部を形成していく外胚葉や内胚葉の発生機構に変化が生じ，それまでは脳の前方に存在していた鼻腔の位置がずれたり，下垂体原基の位置が変わるなどして「前方が開けた」ため，終脳を形成するスペースに余裕ができ，その形態進化が起きたようです

(Dupret *et al.*, 2014).

　顎をもたない顎口類の段階でも，終脳から菱脳まで脳の領域はちゃんと存在しています（図3.6）．つまり，顎口類が分岐した時点で脳の基本形態はできあがっていたと思われます．その後は，脊椎動物の脳はその基本形態を高度に保存し続けているようです．動物の形態はヘビのように手足を失ったり，コウモリのように手が翼に変化したりとさまざまな変化を生じていますが，脳の形態は，各領域に多様な修飾が生じるものの，基本形態は強い選択圧のもとで維持されてきたことがわかります．

脳進化の調べ方

　化石を用いた解析から，有名な恐竜ティラノサウルスの脳や翼竜アンハングエラの脳構造について，また，初期の哺乳類で脳がどのように大型化していったのかについてもよくわかってきました．それらに関しては後で詳しく述べたいと思います．現在はこうした最新機器を駆使し，新たな知見がどんどん蓄積しています．そのような方法によって脳の外形がわかれば，対象とする動物がどのような生理機能を発達させていたのかを推理することが可能になります．たとえば，嗅球のサイズを見ることで，その動物が嗅覚に頼る生態をもっていたかどうかがわかります．ただし，この方法をもってしても脳の内部を見ることはできません．脳の中でどのように神経が配線されていたのかを知ることは，化石の情報からは今のところ不可能です．したがって，神経回路も含めて脳の進化を知るには，現生しているさまざまな系統の動物の脳を調べて比較し，その情報をもとに脳の進化の様子を再構築することがとても重要になります．そのような場合，当然ですが成体の脳が多く用いられます．一般的には，成体の脳を比較する研究が数多くなされてきました．本書でも各所で成体脳の比較に基づく結果を紹介していきます．ただし，脳の進化を知るためには，成体の脳を見ることに加え，発生学的な視点が極めて重要になります．脳ができてくる過程を詳細に観察すれば，複雑に発達した成体の脳を見るだけでは得られなかった本質的な要素が見つかると考えられるからです．そういった発生過程を種間で比較すれば，脳の発生機構のどこまでが共通でどこからが異なるのかが明らかになり，その手がかりをもとに脳の進化過程を再構築することが可能とな

ります．進化とは，動物個体の形態形成機構が世代交代の過程で変化していく現象として捉えることができるからです[3]．さらに，最近の分子生物学の進歩によって「脳をつくる遺伝子」がたくさん同定されてきました．これらの遺伝子を調べれば，脳の進化の様子がより明確にわかるかもしれません．そして，脳をつくる遺伝子は，当たり前ですが発生期に脳の原基で発現していますので，調べたい動物の胚を入手して調べなければなりません．

こうした脳をつくる遺伝子の発現の組み合わせが，脳の進化を知る極めて重要な鍵となります．脳の進化とはすなわち，遺伝子の発現の組み合わせパターンの確立と，その局所的な変化というように置き換えてもいいかもしれません．

そこで，脳の進化を発生学的側面から理解するため，まず基本情報として発生期の脳について見ていきましょう．

3.5 脊椎動物の脳発生

3.5.1 神経管

現在知られているすべての脊椎動物では，脳は，発生期の胚の表皮外胚葉が陥入してチューブ状になった神経管から発生します（図3.7）．この竹輪のような神経管の壁の部分が脳の組織になり，空洞部分には液体（脳脊髄液）が満たされて脳室となるのです（column「脳室と脳脊髄液」）．つまり，この神経管をもとにした神経発生システムが，脊椎動物の脳が備える基本プランであるといえるでしょう．神経管の形成は，表皮外胚葉が神経板になることからはじまります（図3.8）．このとき，脊索から分泌されるコーディン（chordin）やノギン（noggin），ヘッジホッグ（hedgehog）などのさまざまな分子が背側外胚葉に作用し，骨形成タンパク質4（BMP4）というタンパク質が不活性化されて表皮外胚葉から神経板が分化してきます（Echevarria *et al.*,

---

[3] ドイツの比較形態学者エルンスト・ヘッケルは，さまざまな脊椎動物の発生過程を比較し，「個体発生は系統発生を繰り返す」という有名な概念を提唱しました．「ヘッケルの反復説」として知られる彼の見解では，新しい進化段階が祖先型の進化段階の最終に付加される，と考えられています．この考えについてはその正否をめぐって長らく議論されてきました．現在は否定的な意見が多いですが，議論の詳細についてここで述べることは控えておきます．興味のある方は勉強してみてください．

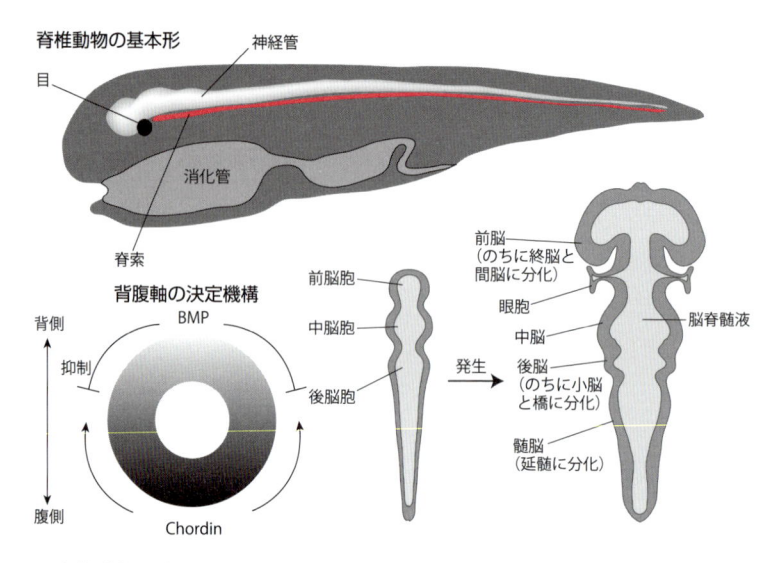

図 3.7 脊椎動物の神経発生
脊椎動物では神経管が消化管の背側にある（上のイラスト）．神経管の腹側には脊索が存在する．下のイラストは脊椎動物の脳の発生．神経管の前後軸に沿って特定の脳領域が分化する．

2003)．同時に，神経板の中では底板（フロアプレート）が誘導されます．そして，神経板の両端が盛り上がりながら中央が落ち込んで，チューブ状になることで神経管が形成されます（Suzuki et al., 2012)．こうしてできる神経管はホヤやナメクジウオなどの脊索動物にも見られるため，神経管に基づく神経発生機構の起源は脊索動物の共通祖先の段階まで遡る可能性があります（column「ナメクジウオとホヤの脳」）．このような神経管の形態が，進化上どのように有利だったのかについては想像するしかありませんが，脊椎動物の神経管の形態にそのヒントが隠されているかもしれません．すなわち神経管は，発生の進行とともにいくつかの部分がふくらんでいき，脳胞と呼ばれる領域が生じます．それらのうち，菱脳胞からは後脳胞と髄脳胞が，中脳胞からは中脳が，前脳胞からは間脳と終脳が発生します（図 3.7)．その後，後脳胞はさらに橋と小脳に分化し，髄脳胞は延髄に分化します．このように，チューブ状の神経管の一部を，風船をふくらませるように拡大させるという発生の進行のしかたは，他の脳システムには見られない，神経管に特徴的なものといえるかもしれません．これが進化的に有利にはたらいたかどうか確証はありませんが，

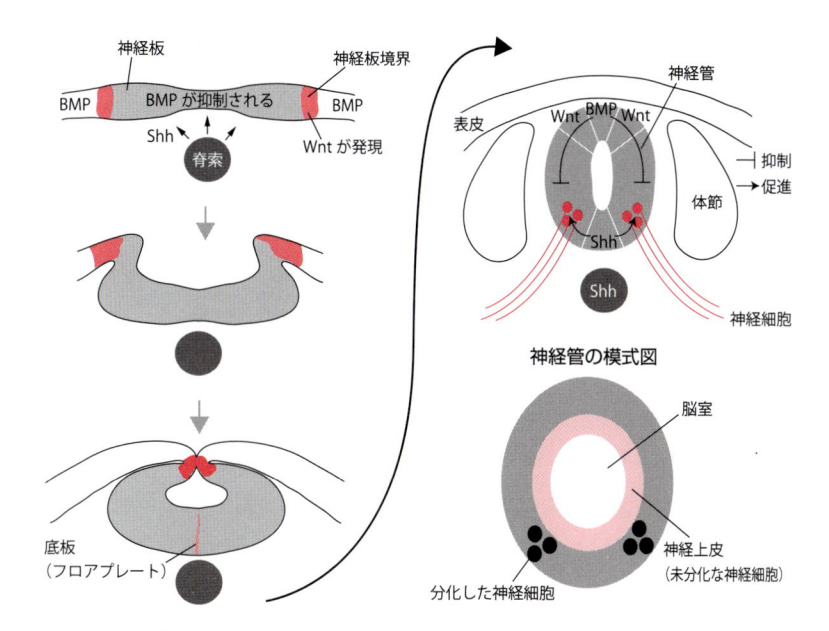

図 3.8 神経管の発生
表皮外胚葉が脊索からのシグナルを受けて神経板に分化し，さらに陥入して神経管となる．神経管の脳室側には神経上皮細胞層があり，神経細胞を産生する．分化した神経細胞は神経管の表層に近い側に位置するようになる．

　脊椎動物の脳発生においてたいへん重要な役割を果たす脳分節（第 3.5.5 項）が，神経管の壁が前後軸に沿って分節的にふくらんでいくことでできることは特筆に値するでしょう．また，神経管の内部にある空洞（脳室）は，後にも述べますが脳脊髄液という特殊な液体に満たされ，血液との物質交換を行うことで脳のはたらきに重要な役割を担います．

　こうして神経管が肥大してできた脳の配置（終脳から菱脳にかけての並び）は，脊椎動物の系統で高度に保存されています．では，何故このような類似が見られるのでしょうか？　これについての１つの答えは，発生期の脳に見ることができます．上に述べた脳の発生様式は，魚から哺乳類まであらゆる脊椎動物の間でたいへんよく似ているのです[次頁4)]．つまり，脳の形をつくるしくみが進化の過程で高度に保存されてきたと考えられます．こうした進化発生学的背景は，脊椎動物の脳形態が極めて保守的であることの裏づけになっていると考えられます．

脊椎動物で見られるこのようなパターンの起源を知るために，脊索動物のナメクジウオにおける神経管の発生が詳しく調べられてきました．それによると，ナメクジウオでも前脳と後脳に相同と思われる領域は分化してきますが，中脳胞に相当する領域などは観察されません（Suzuki *et al.*, 2015）．やはり，神経管の前後軸の領域化は脊索動物の段階で進行していたようですが，脊椎動物の段階になってから小脳，中脳，終脳が新規な形質として確立されたと考えられます．

応用編：神経管のパターニング

脊椎動物の神経管を輪切りにすると，背側の翼板と腹側の基板に分かれています．翼板からは感覚性の神経が発生し，基板からは運動神経が発生します．神経管の中央上部には蓋板（ルーフプレート）があり，中央下部には底板（フロアプレート）があります．脊索や底板からのヘッジホッグシグナルや神経管背側からの BMP シグナルの濃度勾配によって，神経管の背側軸に沿った領域化がなされていきます（Yamada *et al.*, 1991; Echelard *et al.*, 1993; Roelink *et al.*, 1995）．ヘッジホッグシグナルのうち主要なものはソニックヘッジホッグ（SHH）がかかわるもので，多くの遺伝子が SHH によってその発現の調節を受けています．

脳の形成

さらに発生が進んでくると，脊椎動物の体の形には多様性が生じてきます．今さらいうまでもありませんが，脊椎動物の外部形態はたいへん可変的です．たとえば，ある動物（ヘビやアシナシトカゲ）では手足がなくなり，ある動物（サンショウウオ類の一部）では肺がなくなります．カモノハシは哺乳類のくせに鳥類のようなクチバシが発生します．しかし，神経管に由来する構造は概

---

4) こうしたパターンは，胚発生において咽頭胚と呼ばれる時期に特に顕著に見られます．これはドイツの有名な比較発生学者カール・エルネスト・フォン・ベーア（1791-1876）が指摘した「*動物のより一般的な特徴は，（より特殊化した特徴よりも）発生の初期に現れる*」という考えによく合っています．すなわち，この時期（ファイロティピック段階）の胚はいずれの動物種でも互いによく似ていて，言い換えればどの動物もこの時期には共通した発生機構をもっているため，似たような形態となっているという考えです．この説は遺伝子の発現プロファイルを用いた研究からも支持されています（Irie and Kuratani, 2011）．

して保守的な傾向が見られます．たとえば，手足や背骨がない脊椎動物は存在しますが，脳や脊髄をもたない脊椎動物は見つかっていません（胴体が極端に短いマンボウは，脊髄が頭蓋骨の中に収まっていて脊椎のところに出てきていないという話はありますが；Nieuwenhuys, 1964）．そして，脳の中身もたいへん保守的で，終脳がない動物は見つかっていません（図3.3；ただし，小脳は円口類のヌタウナギでは見られません．これは希有な例外といえるでしょう）．つまり，脳の発生には他の器官よりも強力な拘束（発生拘束）がかかっており，その形態や機能が，進化の過程で何億年もの間ずっと保存されてきたと考えられます．発生拘束や，それが世代を超えて生じる進化拘束は，動物の進化を考える上でたいへん重要な概念です．動物の形態形成には「これはどうしてもできない」という壁のようなものがいくつもあるのです．たとえば，現生の四足類の指の数は5本を超えないとか（たまに遺伝子の突然変異で6本指の人が現れたりはしますが），網膜の細胞配置を見ると光受容細胞が最も深くにあり，光は神経節細胞やアマクリン細胞など多くの細胞を通り抜けなければ光受容体に届かず，明らかに光学的におかしい等です．ちなみに，昆虫やイカの目では，レンズを通った光は真っ先に光受容細胞に入るようになっています．こうした拘束性を生み出す要素の1つは，おそらく脳をパターニングする遺伝子の発現や機能が，種を越えて保存されていることでしょう（図3.9）．それら脳をつくる遺伝子は，動物の体をつくる遺伝子とよく似たものであり，ツールキット遺伝子という名で呼ばれることもあります（column「ツールキット遺伝子」）．

　ただし，脳の外観は発生期といえども動物ごとに違いが見られます．発生期の脳では脳屈と呼ばれる屈曲が各所に生じます．これら脳屈のうち，中脳の腹側部分の屈曲は魚類などではあまり顕著ではありません．羊膜類ではここの曲がりがたいへん大きくなります．これはおそらく，脊椎動物の脳では背側に感覚情報処理にかかわる領域が存在しているため，外部の情報を集める感覚系の進化的発展にともない，背側領域が腹側に比べて大きく肥大したためではないかと考えられます．

第 3 章　脳の形態・発生・進化

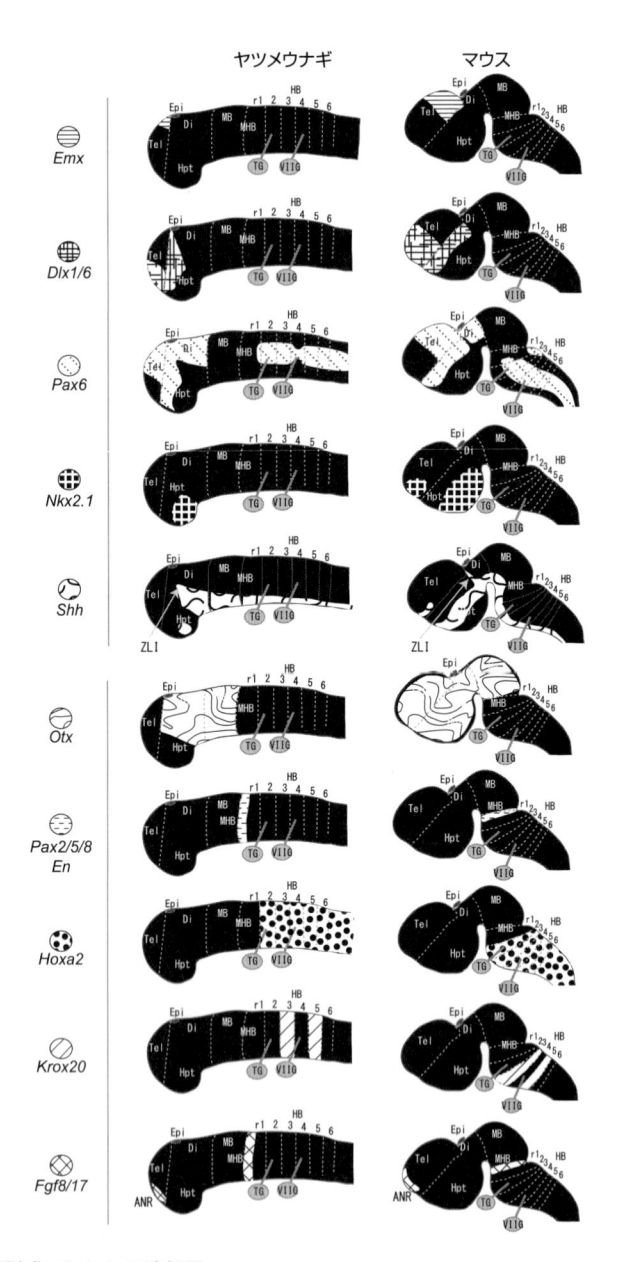

図 3.9　脳形成にかかわる遺伝子
ヤツメウナギとマウスの胚において，脳形成にかかわる遺伝子の発現パターンは互いによく似ている．Murakami and Watanabe (2009) を改変して引用．

脳室と脳脊髄液

column

　脳室には脳脊髄液と呼ばれる特殊な液体が満たされています．脳室は，終脳では左右の大脳半球の中に側脳室があり，間脳の中央で第3脳室となり，中脳では急に細くなって中脳水道と呼ばれ，菱脳のところで広がって第4脳室となります．ただし，このパターンは動物ごとに異なっており，ヌタウナギでは発生にともなって側脳室が狭くなっていき，成体では痕跡的なものになって，第4脳室も他の脊椎動物と異なる形態になります（図）．脳室の周囲には神経上皮細胞（成体では上衣細胞）があって，発生期に神経細胞を産生します（Jacobson, 1991）．中脳水道の周囲には，セロトニンを神経伝達物質とする縫線核があります．脳室の周囲は壁のように神経上皮細胞と呼ばれる細胞で囲まれていますが，2カ所だけ背側部で薄くなっている箇所があります．1つは大脳半球と間脳との接合部で，もう1つは菱脳の背側（第4脳室）です．これらの場所にはそれぞれ脈絡叢が発達しており，この脈絡叢を通して血管と脳脊髄液の間で物質の交換が行われています．このように，神経の発生や生存を助ける役割を担う脳室系はおそらく脊索動物の特徴であり，脊椎動物で脳が高度に進化していく過程で重要な役割を担ってきたと考えられます．

図　哺乳類カモノハシと円口類ヌタウナギの脳室
Wicht and Nothcutt (1992) を改変して引用．

ツールキット遺伝子

column

20世紀には，動物の体をつくる遺伝子についての理解がとても深まりました．それまではただ不思議としか思えなかったさまざまな発生現象が，少数の遺伝子によって劇的に制御されていることがわかったのです．しかも，そうした遺伝子は，系統を越えて保存されていたのです．これら遺伝子の発見はショウジョウバエの研究成果によるところが大きいといえます．脊椎動物で見い出された遺伝子の多くは，ショウジョウバエのミュータントから得られた遺伝子のオーソログ（共通の祖先遺伝子に由来する遺伝子．つまり種が分岐する際には同じ遺伝子だったもの）をクローニングしたものです．

これらの遺伝子には，体の前後軸に沿った形態をつくるために重要なHox遺伝子や，目をつくるのに本質的な役割をするPax6遺伝子などがあります．このように，形態形成過程の上流ではたらき，その構造の形成において本質的な役割を果たす遺伝子をマスター制御遺伝子と呼びます（Carrol *et al.*, 2004）．

形態形成を司る遺伝子には上記のような転写調節因子のほかにも，細胞外に分泌されることで作用を及ぼす遺伝子があります．このような遺伝子はシグナル分子と呼ばれ，WntやBmp，Shhなどがあります．これらの遺伝子は分泌された後，標的となる細胞に局在している特異的な受容体タンパク質と結合することでその機能を果たしています．BmpとShhは，動物の体の背腹軸を形成する際に重要なはたらきをします．脳の形成においても同様のしくみではたらいていることが知られています．また，脳の形成の過程ではFgf遺伝子が重要なはたらきをしており，特にFgf8は終脳や後脳などの発生においてたいへん重要です（第8，10章参照）．

これらの遺伝子は特定の場所に限局して発現するため，位置マーカーとして使えますが，それ以上にこれらの遺伝子は特定の領域の形成を制御する司令官としてはたらくことから，特定の領域の形成を司る発生機構の道標となります．たとえば，Pax6が発現している場所は目をつくる発生プログラムをもち，Otxが発現していれば，そこは前脳をつくるための発生システムを備えていると考えられるのです．つまり，その発現を動物間で比較することで，発生機構のどこが共通でどこが異なるのかを知ることができます．このような理由から，これらの遺伝子の発現が進化発生学の分野では注目され，相同性を探る鍵として使われるようになりました．

column

ナメクジウオとホヤの脳

　本文中で述べますが，後脳と間脳は脊索動物にも類似のものがあり，終脳，中脳，小脳は，脊索動物ではその存在の有無が不明です．ナメクジウオの中枢神経系は，脳胞と神経索から構成されます（Nieuwenhuys and Nicholson, 1998）．脳胞の前方領域には前方眼や層板細胞などの光受容器があり，平衡器のような形態をもつ繊毛細胞が見られます．脳胞の後方には運動ニューロンが存在しています（図）．一方，ホヤ（の幼生）の中枢神経系は前方から感覚胞，頸部，運動神経節，そして神経索から構成されています．感覚胞には2個の色素細胞があり，前方にあるのが平衡胞，後方のものが眼点と呼ばれています（日下部，2009）．感覚胞は平衡感覚や光感覚などの感覚刺激の受容を行っていると考えられています．運動神経節には尾部の運動を制御する運動ニューロンがあり，神経索に軸索を伸ばしています．頸部は感覚胞と運動神経節の間にあるくびれた部分を指します．ナメクジウオとホヤの脳を比較すると，前方の感覚領域（脳胞前部・感覚胞）と後方の運動制御領域（脳胞後部・運動神経節），それに続く神経索という共通の構造をもっています．

　脳をパターニングする遺伝子について見てみると，ナメクジウオとホヤの感覚領域にはOtxとPax6が発現し，運動制御領域より後方ではHox遺伝子が発現しています（Beccari et al., 2013; Holland, 2013）．さらに，ホヤでは頸部にPax2/5/8が発現しています．これは次項（3.5.2）で述べるオーガナイザー領域の1つ，中脳後脳境界部（mid-hindbrain boundary：MHB）での発現に相当する可能性があります．また，脊椎動物のMHBはOtxとGbxの発現境界によって規定されますが，ナメクジウオでも同様のパターンが見られるため，この動物にもMHBのもととなる構造はあるようです．このことから考えると，脊椎動物において，本当の意味で新規に確立された構造とは何なのか疑問になってきます．ただ，実際の脳形態を脊椎動物と脊索動物で比較すると，歴然たる違いがあります．ナメクジウオやホヤが中脳後脳境界という領域があるからといって「中脳」をもっているというわけではありません．中脳の項（第8章）で述べますが，中脳は脊椎動物の系統で確立された可能性があります．つまり，脊椎動物の段階で，それまで脊索動物がもっていた発生機構に何らかの改変が生じ，脊椎動物のシステムを下地とした新たな機構が発展したと考えられるでしょう．これの要因としては，全ゲノム重複によって遺伝子のコピー数が大幅に増え，それが既存の発生プログラムに組みこまれていく過程で新たな形態形成機構が派生したことが考えられます．また，ホヤではゲノム上で欠失している遺伝子も多くあり，Hox遺伝子クラスターが崩壊しているという報告もあります（Passamaneck and Gregorio, 2005）．したがって，ホヤの神経系は二次的に退化した要素も多いと考えられます．

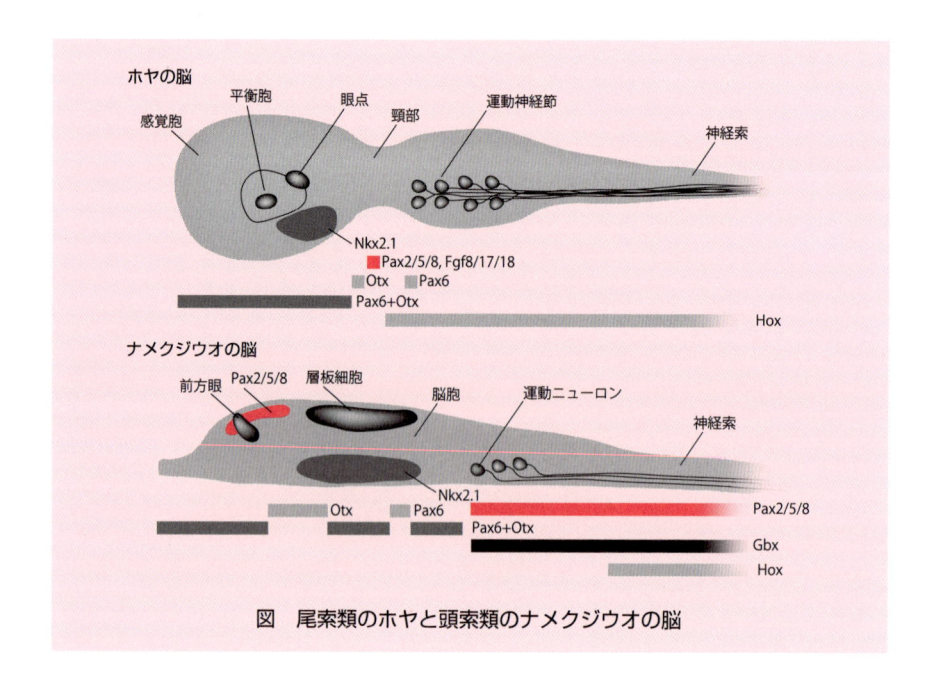

図　尾索類のホヤと頭索類のナメクジウオの脳

3.5.2　オーガナイザー領域

　映画にせよコンサートなどのイベントにせよ，大勢の人間がかかわって1つのものをつくり上げようとするときには，中心的な役割をする者が必要になります．映画の場合は監督です．こうした役割をもつ存在の優劣に応じて，できあがるものの価値も決まってきます．動物の発生においても，多くの細胞が協調して特別な構造をつくる際には，特定の箇所が発生イベントの責任者（オーガナイザー：形成中心）としてはたらく場合があります．初期胚で原腸陥入にはたらく原口背唇部や，手を発生させるため肢芽に生ずる外胚葉性頂堤（apical ectodermal ridge：AER）などがそれにあたります．発生中の脳にもそのような箇所がいくつか存在し，脳の形態形成において中心的な役割を担います．つまり，脳の原基には重要な領域が特異点のように分布しているのです．そうした領域はオーガナイザー領域と呼ばれています．そして今のところ，脊椎動物では3つのオーガナイザー領域が認められています（図3.10）．ま

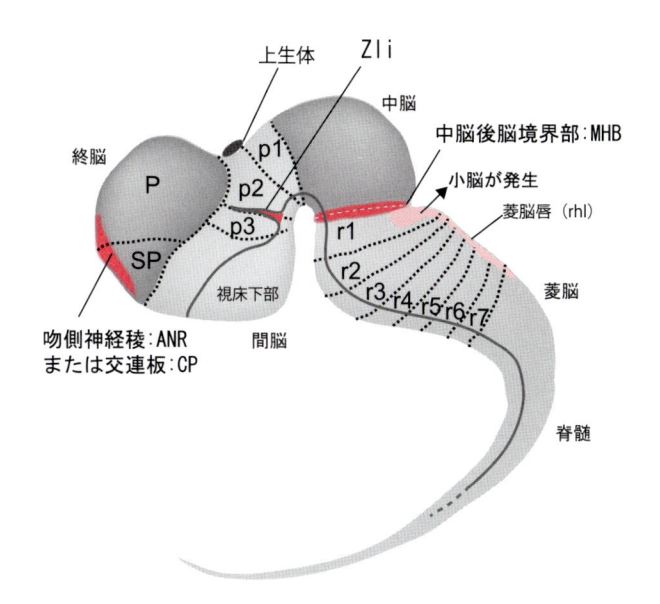

図 3.10　発生期の哺乳類の脳とオーガナイザー領域
発生期には ANR，Zli，MHB という領域が脳形成において中心的な役割を担う．ANR：anterior neural ridge, CP：commissural plate, MHB：mid-hindbrain boundary, P：外套（pallium）, p1-3：プロソメア（prosomeres）, rhl：rhombic lip, r1-7：ロンボメア（rhombomeres）, SP：外套下部（subpalium）, Zli：zona limitans intrathalamica.

ず1つめは，中脳後脳境界部（mid-hindbrain boundary：MHB）です．この領域はその名のとおり，中脳と後脳の境界部に位置しており，峡部（峡オーガナイザー）とも呼ばれます．2つめは Zli（zona limitans intrathalamica）と呼ばれる領域で，間脳にあり，後に述べるプロソメア2（視床）とプロソメア3（視床前域）との境界となっています．そして3つめが吻側神経稜（anterior neural ridge：ANR）です（図 3.9，3.10）．これは終脳の前端部にあり，発生が進むと交連板（commissural plate：CP）と呼ばれるようになります．

　ANR と MHB に隣接する場所では，特に脳が発達することがわかります．すなわち ANR に接する箇所が肥大したのが終脳で，MHB の前方が発達したところが視蓋，そして MHB の後方に小脳が生じます（図 3.10）．また，これらのオーガナイザーには Fgf8 などの遺伝子が発現しますが（図 3.11），それら遺伝子の相同物の発現は，脊椎動物の中で最も初期に分岐した無顎類の一系

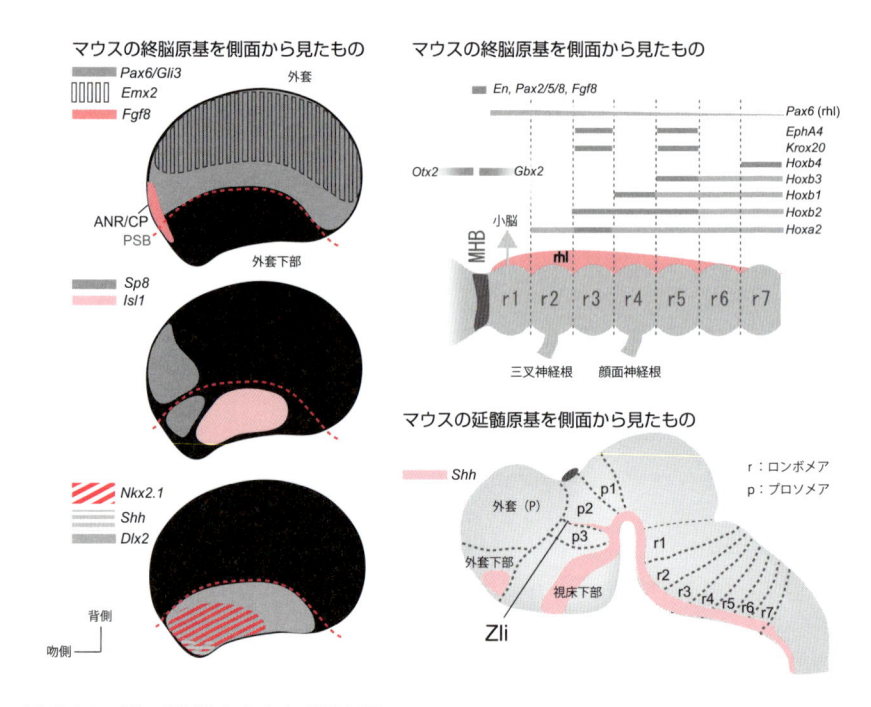

図3.11 脳の領域化にかかわる遺伝子
ANR：anterior neural ridge, CP：commissural plate, MHB：mid-hindbrain boundary, P：外套（pallium）, p1-3：プロソメア（prosomeres）, PSB：外套-外套下部境界（pallium-subpallium boundary）, rhl：rhombic lip, r1-7：ロンボメア（rhombomeres）, SP：外套下部（subpalium）, Zli：zona limitans intrathalamica. 宮田・山本（2013）の図を改変して引用.

統である円口類ヤツメウナギの胚においてマウス等と同様のパターンが見られるため，ANRもMHBも脊椎動物の進化の最初期の段階ですでに確立されていたと考えられます．ただし，ヤツメウナギでは小脳があまり発達しないので（第7章参照），MHBのはたらきに関して，小脳の分化にかかわる経路には円口類と顎口類の系統で何らかの違いがあるのかもしれません．さらに，ANRに相当する領域（Fgf8の発現領域）は，哺乳類では他の動物よりも広くなっています．このことは，哺乳類で顕著な終脳の肥大化と関係あるのかもしれません．

応用編：オーガナイザーではたらく遺伝子

顎口類では，Zli に発現する Shh が間脳のパターニングに重要であると考えられ，ANR と MHB では Fgf8 などのシグナル分子が発現し，脳領域のパターニングに深くかかわります（図 3.11）．MHB は Otx2 と Gbx2 の発現境界に形成され，そこから分泌される FGF8 が Pax2/5/8，En1/2，Wnt1 の発現を上昇させます（Broccoli et al., 1999; Millet et al., 1991; Katahira et al., 2000; Matsunaga et al., 2002）．

3.5.3 オーガナイザー領域の起源

これまで見てきたように，オーガナイザー領域は脳の形成において鍵となる重要なはたらきをしています．したがって，脊椎動物の脳の起源について探るには，これらの領域が脊椎動物に近縁な動物群に存在しているかどうかを見極める必要があります．

前述のように，脊椎動物は脊索動物門に属し，その中には脊椎動物以外に頭索類のナメクジウオと尾索類のホヤがいます．これらの動物にはオーガナイザー領域は存在しているのでしょうか？　たとえば，MHB を特徴づける遺伝子発現の組み合わせには，①Otx 遺伝子と Pax2/5/8 遺伝子の発現ドメインが接していて Pax2/5/8 は MHB に限局する，あるいは，②Otx 遺伝子と Gbx 遺伝子の発現ドメインが接している，という特徴がありますが，①についてはホヤでは観察できますが，ナメクジウオには見られません．そして②についてはナメクジウオでは観察できますが，ホヤには見られません（ホヤは進化の過程で Gbx 遺伝子を失ったようです；Passamaneck and DiGregorio, 2005; Holland, 2013；column「ナメクジウオとホヤの脳」）．何とも悩ましい状況です．系統学的にはナメクジウオよりもホヤのほうが脊椎動物に近い関係にあり，プラコードや神経堤細胞の相同物も発生期のホヤで見い出されています（図 3.12；Jeffery et al., 2004; Mazet et al., 2005）．ただし，ホヤの成体はその形態が著しい特殊化を遂げるため，脳進化の過程を探るためにナメクジウオの重要性は依然として高いでしょう．そのほかにもこれらの動物では，脳形成にかかわる遺伝子の発現パターンは脊椎動物と類似のものが多く見られます．今のところは，MHB は脊索動物の祖先の段階で確立した可能性が高く，ANR

第3章　脳の形態・発生・進化

図中ラベル：
- 胚の形態／脳の形態／脳の形態／脳の形態／脳の形態
- 半索動物／頭索類／尾索類／脊椎動物
- ANR, Zli, MHB の退化
- ANR, Zli の退化
- ANR, Zli, 神経分節, 終脳などが確立
- 神経分節, 終脳などが確立
- MHBの確立
- ANR, Zli, MHB の確立
- 脊索動物から脊椎動物への進化の過程で脳の基本システムが確立されたとする説
- 半索動物で脳形成にかかわる遺伝子発現の組み合わせが（外胚葉パターニングとして）確立されていたとする説

図 3.12　オーガナイザーの起源

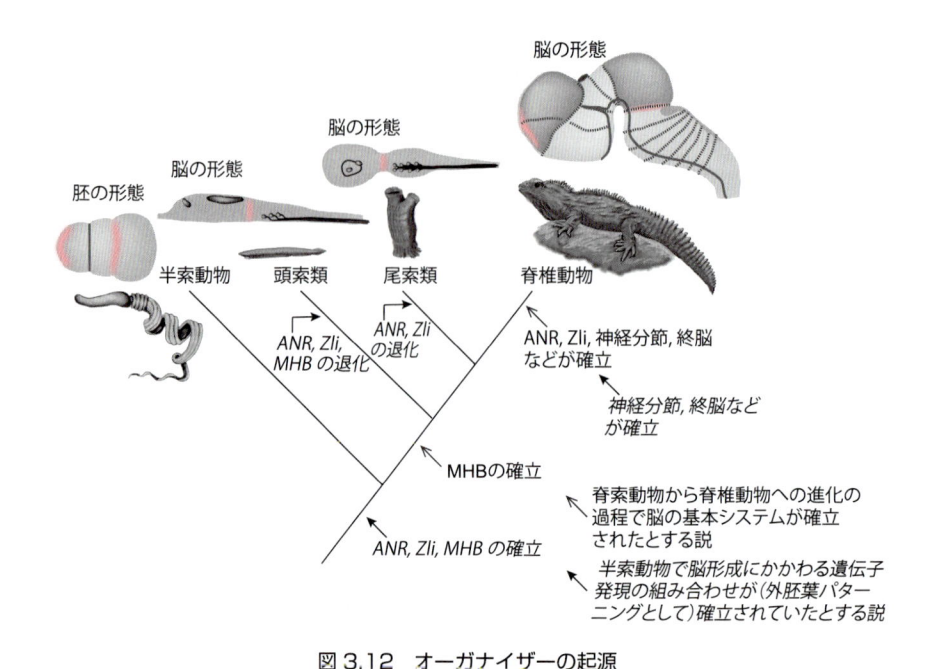

や Zli は脊椎動物の系統で獲得されたとまとめておくべきでしょうか．しかし後に述べるように，半索動物のギボシムシを用いた研究からは異なる仮説が提唱されています．

ギボシムシの謎

　ギボシムシ．聞き慣れない名前ですが，この動物を含む腸鰓類は，カナダのバージェスのカンブリア紀の地層から見つかっている極めて由来の古い動物群です（Caron et al., 2013）．ギボシムシは一見するとミミズにしか見えず，これのどこに我々脊椎動物に近い要素があるのかと疑ってしまいます．しかしじっくり見ると，この動物は脊椎動物とよく似たタイプの鰓を備えていることがわかります．ギボシムシの体は，前体，中体，後体という3つのパーツから構成されています．前体は吻と呼ばれる構造があり，中体には襟という構造があって，この中に後述する管状の神経索があります．そして後体が長く伸びています．最近になって，半索動物のギボシムシの遺伝子発現パターンと脊椎

動物の遺伝子発現パターンを比較した研究が発表されました（Pani et al., 2012）．この論文によると，驚くべきことに脊椎動物の脳形成におけるオーガナイザー領域で発現する遺伝子が，ギボシムシの胚でも同様のパターンで発現していると報告されています．この結果が正しいとすれば，半索動物と脊椎動物が分岐する前の段階で，脳形成にかかわる主要な発生機構が（少なくとも外胚葉をパターニングする機構として）確立され，それが脳の発生システムに転用されたことになります．もしそうならば，頭索類や尾索類では ANR や MHB などのオーガナイザー領域が二次的に退化していることになります（図3.12）．しかし，ギボシムシの脳形態は脊椎動物のそれとは大きく異なっており，神経管も見られません（ただし襟部には管状になった神経索があり，ここに発現する遺伝子のパターンは脊椎動物の神経管のそれと似ています；Miyamoto and Wada, 2013）．そして脳神経も見い出されていません．こうした動物に，果たして脊椎動物と同じ脳形成プランがあるといえるのかどうかについては，今後さらなる検証が必要であると考えられます．

3.5.4 プラコードと神経堤細胞

頭部プラコード

　脊椎動物の脳の発生，その中でも特に，末梢神経系の発生にとってなくてはならないものとして，頭部プラコード（感覚器プラコード）と神経堤細胞があります（図3.13, 3.14）．頭部プラコードは表皮が肥厚した部分のことで，脳を囲む表皮の特定の位置に形成されます．この領域からは感覚細胞やそれを支持する細胞，そして神経細胞がつくられます．脊椎動物の頭部には，鼻プラコード，下垂体プラコード，三叉神経プラコード，そして上鰓プラコードなどがあります（図3.14, 3.15）．英語をそのままカタカナ表記にした「プラコード」に日本語の「鼻」をくっつけるといささか違和感がありますが（たとえば黒猫をブラック猫とかいうとおかしい），生物学の世界ではこの言い方が一般的です．

神経堤細胞

　神経堤細胞（神経冠細胞とも呼ばれます）は極めて興味深い細胞です．神経

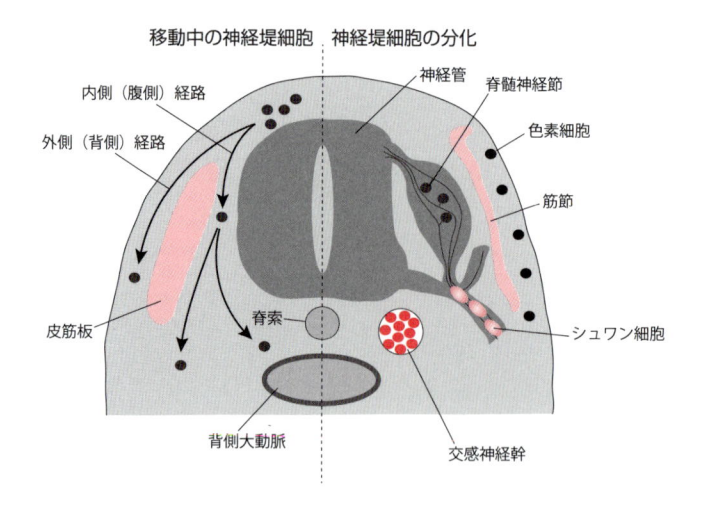

図 3.13　神経堤細胞の移動と分化の様式
　　　　宮田・山本（2013）を改変して引用．

堤細胞は，発生期に表皮と神経板の境界付近から発生してきます．そして，体のあちこちに移動します（図 3.13）．末梢神経系の多くの細胞は神経堤細胞に由来しており，交感神経としてはたらく交感神経幹や，腸の自立的運動にかかわる腸管神経なども神経堤細胞からつくられます．また，神経堤細胞は神経細胞以外にも色素細胞，そして骨などに分化します．脊椎動物の鰓弓（鰓やその派生物である顎など）を構成する骨格要素や頭骨の多くは，神経堤細胞からつくられたものです．我々ヒトの顔の骨の多くも，神経堤細胞に由来しています．これらから，神経堤細胞が脊椎動物の進化において果たしてきた役割はたいへん大きかったといえるでしょう．神経堤細胞は神経にも筋肉にも分化することができます．通常，神経細胞は外胚葉性の細胞から生じ，骨は中胚葉性の細胞から生じますが，神経堤細胞はどちらの細胞にも分化できるので，第 4 の胚葉と呼ばれることもあります．神経堤細胞については，その興味深い性質から多くの研究が精力的になされてきました．その結果，その分化や移動に関して分子的な知見が多く得られています．

3.5 脊椎動物の脳発生

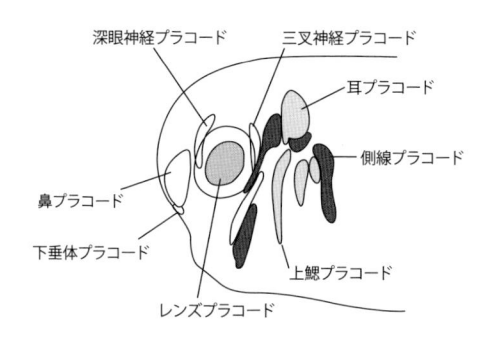

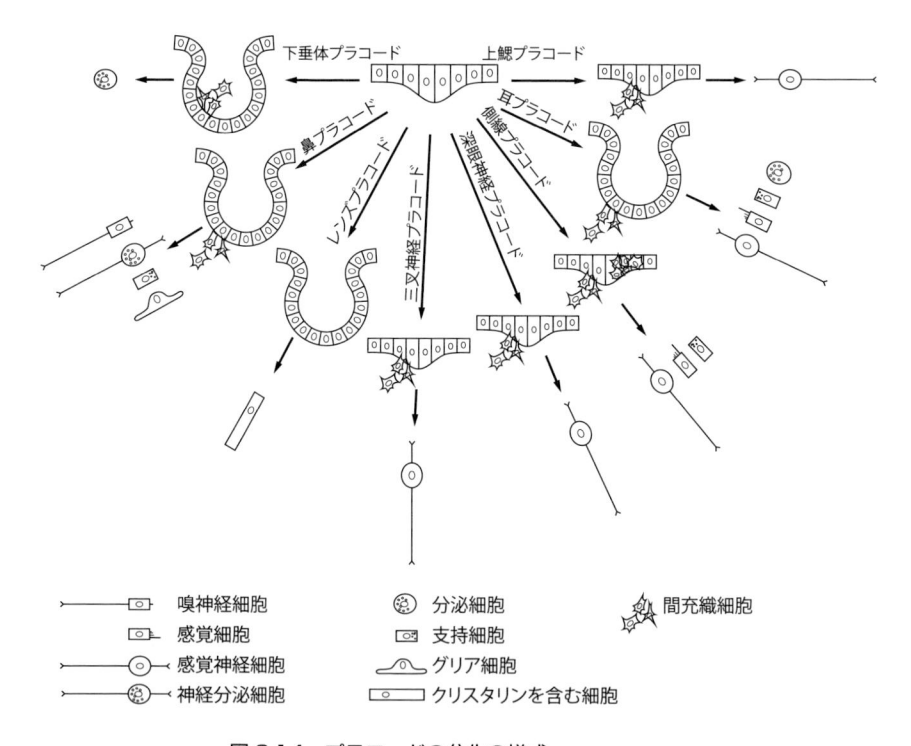

図 3.14 プラコードの分化の様式
Schlosser（2006）の図を改変して引用.

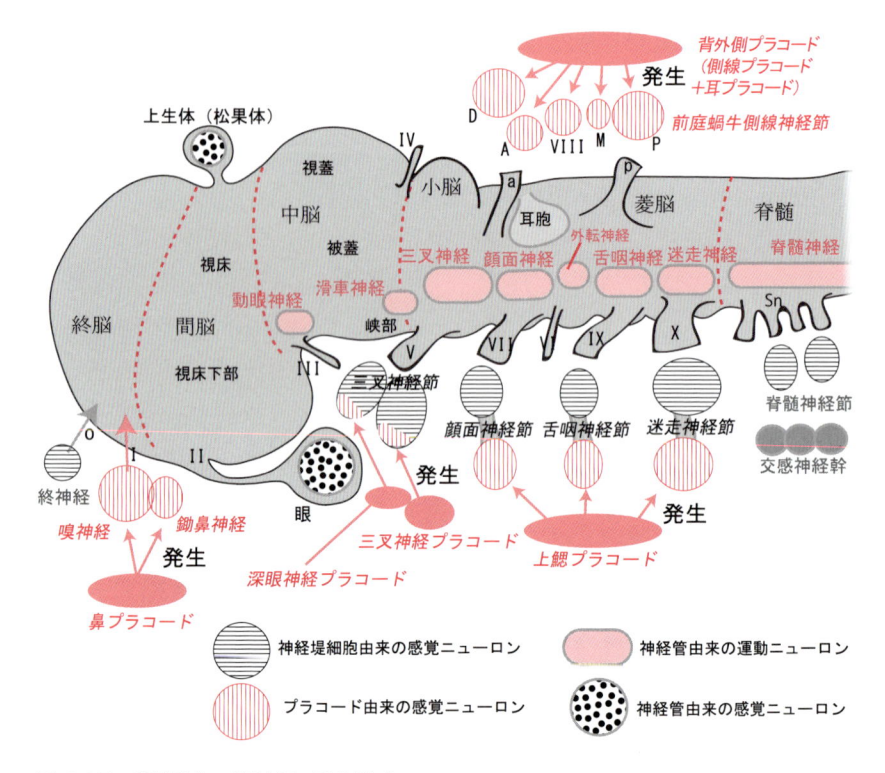

図 3.15　脊椎動物の脳神経の発生様式
脳神経をつくるニューロンは，神経堤細胞・プラコード・神経管に由来するものに分類されている．ローマ数字は脳神経の番号（第 4 章参照）．a：前側線神経，A：前側線神経節，D：背側側線神経節，M：中側線神経節，p：後側線神経，P：後側線神経節，Sn：脊髄神経．

ローハン-ベアード細胞と感覚細胞の進化

　魚類や両生類では，幼生期に脊髄の背側にローハン-ベアード細胞（RB 細胞）と呼ばれる感覚ニューロンが発生します．RB 細胞は細胞体が脊髄の内部にあり，その軸索を脊髄の外に出しています．このタイプのニューロンはナメクジウオの脊髄でも見つかっています．魚類や両生類では発生にともない，RB 細胞がアポトーシスによって減っていき，代わりに神経堤細胞に由来し，細胞体を脊髄の外側にもつ脊髄神経節が主な感覚ニューロンとして機能します．つまり，最初は脊髄内に存在するニューロンが感覚の受容を担い，後で脊髄外に存在するニューロンにとって代わられるわけです．羊膜類になると，脊

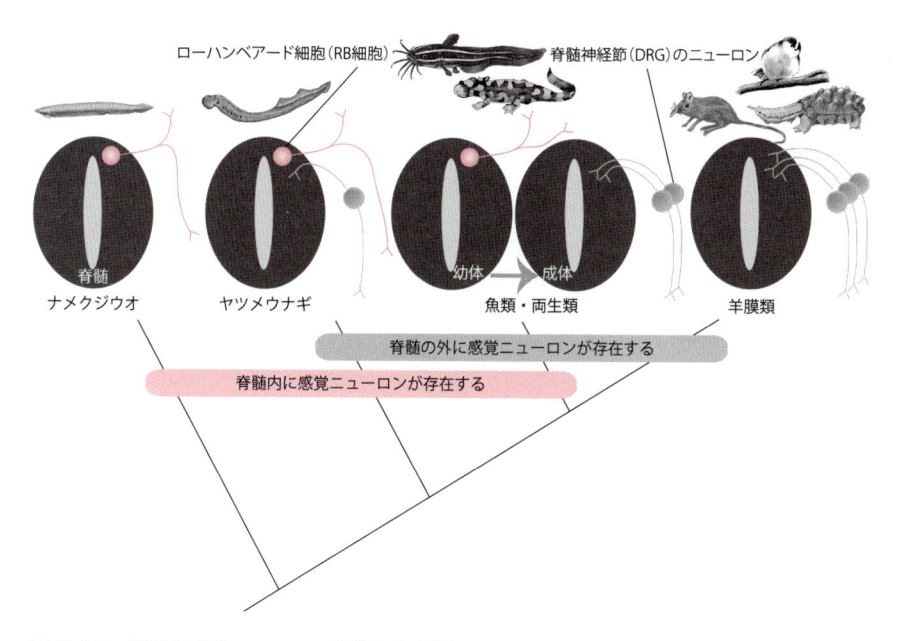

図 3.16　脊髄の感覚ニューロンの進化的変遷
　　　　脊索動物のナメクジウオでは，脊髄内に感覚ニューロンが存在する．脊椎動物になると脊髄内の感覚ニューロン（ローハンベアード細胞）に加えて脊髄の外にも感覚ニューロン（脊髄神経節）が生じる．両生類や魚類は，幼生の段階では脊髄内ニューロンがあり，成体になる過程で脊髄外ニューロンへのスイッチングが起こる．羊膜類になると脊髄内の感覚ニューロンは見られなくなる．Yajima et al.（2014）を改変して引用，ゴンズイのイラストは管理者の許可を得て，スーの串本図鑑 http://tsk723leon.wix.com/zukanmokuzi#!zukanmokuzi/c1v6c より改変．

髄には内部に細胞体をもつニューロンは最初からつくられなくなり，感覚ニューロンは脊髄神経節のみになります．つまり，脊索動物の進化にともない，脊髄の感覚ニューロンは最初（脊索動物）は脊髄内にのみ存在し，魚類・両生類で脊髄内から脊髄外へのスイッチングが起こり，羊膜類で脊髄外にのみ存在するようになったのです（図 3.16）．この興味深い変遷はかねてより比較神経学者の注目を集めてきましたが，近年になって Six1 というタンパク質が両生類における RB 細胞と脊髄神経節のスイッチングに関与していることがわかりました（Yajima et al., 2014）．

プラコードと神経堤細胞の起源

前述のように最古の無顎類として知られるハイコウイクチスやメタスプリッギナには鰓弓や対になった感覚器が見られるため，鰓弓を形成する素材となる神経堤細胞や感覚細胞を生み出す頭部プラコードが存在していた可能性があります（図 2.17, 2.18 参照）．もしそうであれば，これらの細胞の起源はたいそう古く，およそ 5 億 2000 万年ほど前にまで遡ることになります．

ホヤやナメクジウオなど，脊椎動物に近縁な無脊椎動物においては，頭部プラコードや神経堤細胞に相同な構造，またそれらの形成にかかわる遺伝子のいくつかが見つかっており，これらの細胞の起源が脊索動物まで遡るらしいことがわかっています（Holland, 2013）．ただし，脊索動物の神経堤細胞やプラコードは脊椎動物のものと比べるとそれほど発達していません．つまり，これらのシステムは脊椎動物の系統で発展したと考えられます．脊椎動物の系統で生じたゲノム重複により遺伝子素材が増えたことが，神経堤細胞や頭部プラコードの発展と関係があるのかもしれません．

応用編：神経堤細胞の分化と移動にかかわる遺伝子

頭部プラコードや神経堤細胞の分化には，多くの遺伝子が関与しています．頭部プラコードは発生期に神経管の周囲に形成される汎プラコード領域 (PPR) に由来し，そこには Six1, Six4, Eya4 が発現します．その後さまざまな遺伝子がさらに関与することで，特定のプラコードが形成されます（Schlosser, 2006）．神経堤細胞の分化には Sox9, Snail2, Foxd3 などの遺伝子が関与します（Betancur *et al.*, 2010; Milet and Monsolo-Burg, 2012）．そしてその移動には，神経ガイド分子として知られるエフリンやセマフォリンが関与していることがわかっています．また，神経堤細胞が交感神経幹をつくる過程では，セマフォリン 3A とそのレセプターであるニューロピリン 1 が関与しています（Theveneau and Mayer, 2012）．

3.5.5　脳分節

次に，中枢神経系を形づくる要素である神経管の発生を見ていきましょう．先ほど，神経管は発生が進むとともにいくつかの脳胞に分かれていくと述べま

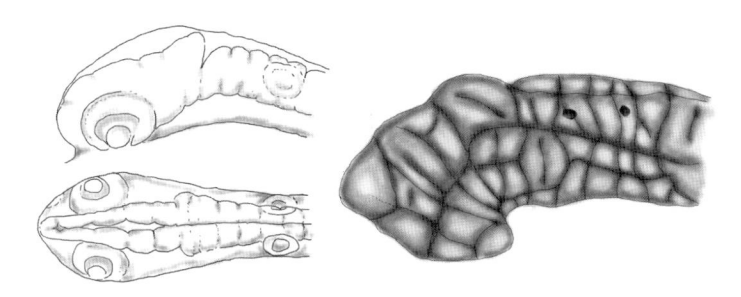

図 3.17　脊椎動物の発生期に見られる脳の分節
脊椎動物の胚の脳には明瞭な分節構造が見られる．この分節は基底領域とも呼ばれる．右は Hill が描いたもの．左は Bergquist の図を改変して引用．

したが，それら脳胞が発生している時期の脊椎動物の脳の様子は，成体のそれとはかなり違います．その形は一見するとまるでカブトムシの幼虫のように見えます．これは，発生期の脳にはふくらみとくびれが連続していて，ボコボコした体節のような分節構造になっているためです（図 3.17）．このような奇妙な分節は現在知られているすべての脊椎動物で見い出されています．円口類のヌタウナギにも 6 つの分節が見られます（Oishi et al., 2013）両生類などでは，成体の菱脳でもこの分節を観察することができます（Straka et al., 2002）．これは一体何なのでしょうか．これまでの研究から，各々の分節の内部には，それぞれ独自の神経が発生することがわかってきました．つまりこれらの分節は単なるくびれではなく，特定のニューロンを生み出すユニットとしてはたらくと考えられます．したがって，この分節は脊椎動物の脳形成と脳機能の発現において，極めて重要な要素であるといえるでしょう．この分節を最初にニワトリ胚で観察し報告したのは，フォン・ベーアです．さらに Bergquist らは，このふくらみを Grundgebiete と呼びました（図 3.17）．「基底領域」という意味です．すなわち，彼らはこの構造を単なるふくらみではなく，脳の機能を規定する重要な部分だと考えていたことがわかります．これらの分節は現在では脳分節（神経分節）と呼ばれており，発生期の後脳・髄脳に存在するものはロンボメア，発生期の間脳（前脳のうち将来間脳になる部分）にあるものはプロソメアと呼ばれています（図 3.11；Wullimann and Puelles, 1999; Diaz-Regueira and Anadon, 2000; Redies et al., 2000;

Milan and Puelles, 2000; Puelles and Rubenstein, 1993; Shimamura et al., 1995; Puelles and Rubenstein, 2003). 脳分節が脳機能にとって重要であるというBergquistらの指摘は，この分節がHox遺伝子の発現境界とぴったり対応し，特定のニューロンの産生にかかわっていることから裏づけられました（図3.11；Wilkinson et al., 1989; Schneider-Maunoury et al., 1997; Hunt et al., 1991; Krumlauf et al., 1993; Rijli et al., 1998; Schilling and Knight, 2001）．Hox遺伝子は動物の形態形成において極めて重要な役割を担っています．そしてそれによって規定されるこの分節も，特定のニューロンを生み出すユニットとして極めて重要な役割をもっているのです．

　こうした分節が前後軸に沿って並んでいることで，同じようなユニットを縦に複数並べたような構造が生じます．これはよく似たタイプのニューロン（系列相同物）が前後に並んで発生することを可能にします．系列相同ニューロンとしてよく知られているのは，菱脳から脊髄にかけて分布する網様体脊髄路ニューロンです（図3.18；Metcalfe et al., 1986; Mendelson, 1986; Kimmel et al., 1988; Hanneman et al., 1988; Lee et al., 1993; Clarke and Lumsden, 1993）．これらのニューロンは，感覚神経から入力を受けてその情報を運動神経に伝えることで情報の伝達を担っており，こうした神経は介在神経と呼ばれています．いくつかの網様体脊髄路ニューロンは著しく巨大な細胞体をもち，それらが分節ごとに決まったパターンで発生します．たとえば，多くの水生動物において逃避行動にかかわるマウトナーニューロン（column「マウトナーニューロン」）は，4番めの分節（ロンボメア4）から発生してきます（Metcalfe et al., 1986）．そして，多くの真骨類や円口類のヤツメウナギでは，そのすぐ後ろの分節（ロンボメア5）に，このマウトナーニューロンとたいへんよく似たニューロンが発生します（Murakami, et al., 2004）．こうした系列相同構造が脳のモジュール化を可能にしているのでしょう．モジュール構造をもっていれば，1つの分節が損傷しても，他の分節がその機能を（ある程度は）補填することができます．このようなしくみは，体節をもつ環形動物や節足動物のボディプランと似ており，機能的な観点から比較して考えると極めて興味深いものです．またこの構造は，生物のみならず，

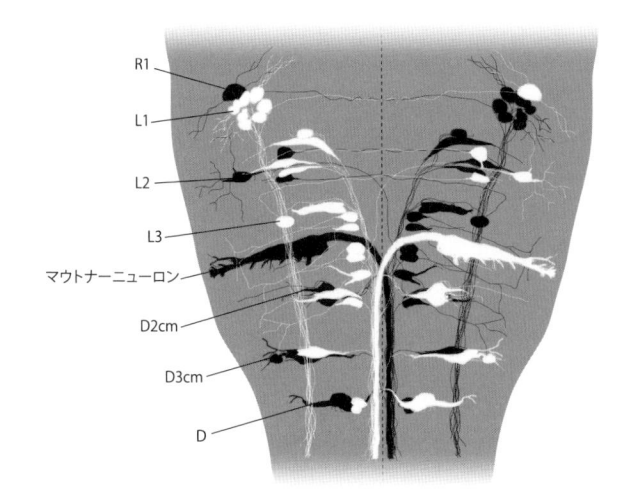

図 3.18 ゼブラフィッシュの網様体脊髄路神経
黒は脊髄の左側，白は右側に軸索を伸ばしている神経を示している．特徴的なニューロンには名前がつけられており，特にマウトナーニューロンは巨大な細胞体をもち，軸索を反対側の脊髄に伸長させている．Metcalfe（1981）を改変して引用．

人工のシステムを構築する上でもたいへん重要です（column「システムズバイオロジー」）．

それでは，このように便利な分節構造はどのようにしてつくられたのでしょうか？　発生期の後脳を見ると，脳分節に対応するようにいくつかの遺伝子が発現します．それらの中には，細胞の増殖や移動にかかわっているものがあります（図 3.11）．こうした遺伝子のはたらきにより，細胞系譜を同じくする細胞集団が他の分節に移ることが制限され，特定の領域でまとまって増殖することで，ロンボメアというユニットが形成されると考えられます．（第6章参照；Cooke *et al.*, 2001）

脳分節と鰓弓神経

脳分節からは，網様体神経のほかにも特定のニューロンが発生します．よく知られているのは，鰓弓を支配する運動ニューロンです．ほぼすべての脊椎動物では，発生期の菱脳において三叉神経運動核，顔面神経運動核，舌咽神経運動核，迷走神経運動核が前後軸に沿って並んでいます（図 3.15；Neal,

1896；Lumsden and Keynes, 1989；Noden, 1991；Gilland and Baker, 1993)．これらのうち，三叉神経の運動核は多くの動物でロンボメア1-3の位置に形成されます（例外的にヤツメウナギではロンボメア4の半ばまでずれこみます；図3.19；Murakami *et al.*, 2004)．顔面神経の運動ニューロンは，ロンボメア4，5で発生しますが，哺乳類や魚類では発生の進行とともに後方に移動します (Ashwell and Watson, 1983; Auclair *et al.*, 1996; Studer *et al.*, 1996; Garel *et al.*, 2000)．

　また，運動ニューロン以外にも，感覚ニューロンもロンボメアに対応して発生します (Marin and Puelles, 1995)．聴覚の情報処理にかかわる蝸牛神経核や，小脳に関連してはたらく前小脳システムの神経核にも，ロンボメアに対応したニューロンの局在が見られます (Farago *et al.*, 2006；図3.20)．さらに，脳神経の出入口である神経根の位置もロンボメアに対応しています．例外はありますが，一般的に三叉神経根はロンボメア2に付属し，顔面神経根はロンボメア4にあります（図3.11)．このように，脳分節は脊椎動物の脳を特徴づける極めて重要な要素であることは疑いようがありません．

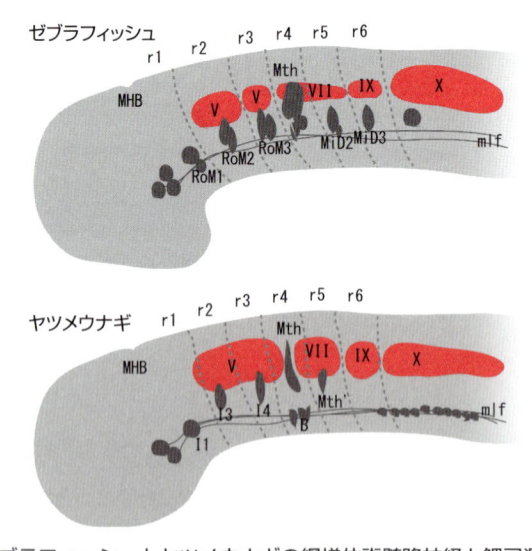

図3.19　ゼブラフィッシュとヤツメウナギの網様体脊髄路神経と鰓弓運動神経
　　　　いずれの種でも神経が脳分節に対応して規則的に発生している．ローマ数字は脳神経の番号（第4章参照)．MHB：中脳後脳境界，mlf：内側縦束，Mth：マウトナーニューロン．

3.5 脊椎動物の脳発生

聴覚系神経核をつくる菱脳唇　　前小脳システムをつくる菱脳唇

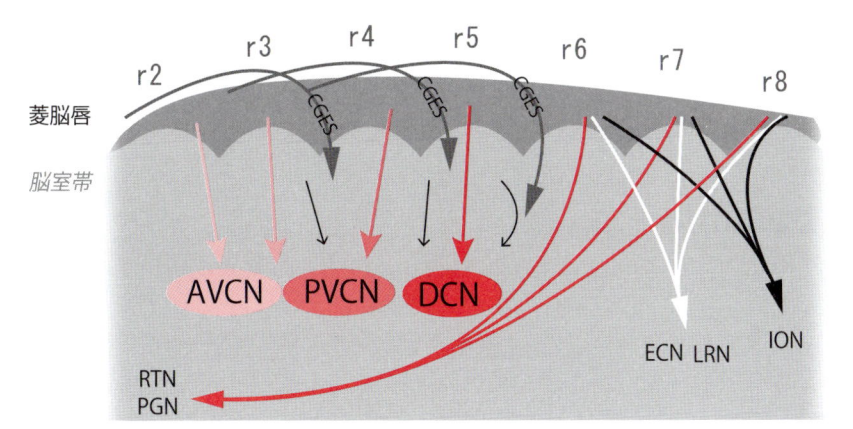

RTN：被蓋網様核　AVCN：前腹側蝸牛神経核　ECN：外楔状束核　ION：下オリーブ核
PGN：橋核　　　　PVCN：後腹側蝸牛神経核　LRN：外側網様核
　　　　　　　　　DCN：背側蝸牛神経核
CGES：蝸牛神経核の顆粒細胞をつくる細胞の移動経路

図 3.20　**菱脳唇に由来する神経発生**
聴覚系にかかわる蝸牛神経核や，小脳に関連する前小脳システムの神経核は菱脳唇の前後軸に沿った特定の場所に由来している．Farago et al.（2006）を改変して引用．

　前に少し述べたように，これらの脳分節は，現在知られているすべての脊椎動物で見られます．脊椎動物の系統の中で最も早い時期に分岐した円口類のヤツメウナギとヌタウナギにも見られるので，脳分節は脊椎動物の脳形態にとても重要なシステムとして，脊椎動物の共通の祖先の段階で確立されたと考えることができます．そして興味深いことに，脳分節は今のところ脊椎動物にしか見い出されていません．ホヤやナメクジウオでは，分節的に発生するように見える神経や，それに特異的に発現している遺伝子がありますが，脊椎動物に見られるような脳の分節化は観察されません（図 3.12，column「ナメクジウオとホヤの脳」）．つまり，脳分節は脊椎動物の系統で独自に獲得されたと推察できます．もしかしたら，こうしたモジュール構造をもつことが，脊椎動物の脳が他の動物に見られないほど高度に発達した要因の 1 つなのかもしれません．興味深いことに，こうした分節からつくられる神経はすべての脊椎動物で全く同じというわけではありません．後で述べますが，この分節を基盤としつ

つも，脊椎動物の系統ごとに独自の神経システムが形成されています．つまり，この分節は前脊椎動物の脳，特に菱脳を形づくる基本的な主題となっています

マウトナーニューロン（mauthner neuron）

　水棲無羊膜類の菱脳にある巨大なニューロンです（図 3.18）．網様体脊髄路ニューロンに分類される介在神経の一種で，他に類を見ないほど大きな細胞体をもち，その軸索は正中で交叉し，後方に向け伸びて脊髄の運動ニューロンとシナプスをつくっています．このニューロンの樹状突起には視覚や聴覚の線維が連絡していて，その情報が入ると反対側の体幹部の運動ニューロンが活動し，その部分の筋肉が収縮するので，動物は刺激の方向とは逆の方向に体を曲げます（Nakajima and Kohno, 1978）．水槽を覗きこむとメダカなどがサッと身を翻すのはこのニューロンによる反射行動です．マウトナーニューロンは円口類のヤツメウナギに見られるので，脊椎動物の共通祖先の段階で確立されたと考えられます．このニューロンは陸生の動物では見られなくなります．ただし，例外的に無尾類（カエルの仲間）の多くの種では，変態後にも失われずに残っているようです（Will, 1991）．池の畔にいるウシガエルが，人の気配を察するとゥゲッと鳴いて飛びこむ反射にはこれがかかわっているのかもしれません．そうだとすれば，松尾芭蕉の名句「古池やかはず飛び込む水の音」はマウトナーニューロンの作用を芸術的に説明しているといえるのかもしれません．

システムズバイオロジー

　システムズバイオロジーとは，生命をシステムとして理解するというコンセプトのもとで発展してきた分野です．現代社会を生きる我々のまわりには，複雑なシステムがあふれています．たとえばコンピュータや航空機，あるいはそれを運用するしくみなどがそうです．生命もその 1 つです．生命はその複雑なシステムをいかに外部からのかく乱に対して強くするかという点について，進化という方法で試行錯誤を続けてきました．システムが外部の刺激をうまく受け流し，かく乱されてもリカバリーが容易にできる性質をロバストネス（日本語に訳すと頑健性という意味ですが，実際はより柔らかいイメージで捉えるべきでしょう）と呼んでいます（Kitano and Takeuchi, 2007）．ロバストネスに関しては，これまでにいくつか重要な概念が提唱されてきました．たとえばフィードバック，モジュール，トレードオフといったもので

す．これらはロバストネスを備えたシステムをつくり上げる上で重要な概念です．そして生物は，多くの点でこれらの構造を備えていることがわかっています．特に神経系は自然がつくり出したコンピュータのようなものなので，ロバストネスの原理にうまくあてはまる例が多く見受けられます．言い換えれば，脳も人工知能も，より高性能に発達していく過程で同じような選択圧がかかり，同じような問題に直面しつつ，同じような解決法をとりながら進化してきたと考えられます．実際，タコのような頭足類の神経ネットワークは，人工知能のそれとの類似点が多く存在しているようです（Shigeno and Ragsdale, 2015）．

が，その変奏によって動物グループごとの個性が奏でられていると考えられます．

3.5.6 基本的神経回路

脊椎動物の発生期には，いくつかの特徴的な神経回路が形成されることが知られています（Anderson and Key, 1999; Chitnis and Kuwada, 1990; Dold'an et al., 2000; Easter et al., 1993; Ishikawa et al., 2004; Ross et al., 1992）．これらの回路は，後になって発生してくる神経路の足場としてはたらきます．昆虫類のバッタを用いた古典的な研究から，神経発生の過程でパイオニアニューロンと呼ばれる特殊なニューロンがまず最初に軸索を伸ばし，その後を辿るように他のニューロンの軸索が伸びてきて神経回路がつくられることが知られています（Jacobs and Goodman, 1989）．脊椎動物においてもよく似たしくみがはたらいていると考えられます．面白いことに，脊椎動物の発生期につくられるこれら基本的神経回路（early neuronal scaffold, 基本的神経路ともいう）の形態は昆虫の梯子状神経に似ているようにも見えます．また基本的神経回路は，脊椎動物の種間でたいへんよく似ていることがわかっています（図3.21；Barreiro-Iglesias et al., 2008）．これらの神経路には，長軸方向に伸びるもの（梯子でいえば縦木）と，左右の脳を結ぶもの（梯子でいえば横木）があります．左右を結ぶ神経線維は「交連」と呼ばれています．交連には前交連や手綱交連，後交連があり，これらは調べられている限りではほとんどの脊椎動物に存在しています．前交連は左右の大脳半球を結んでいる

ヤツメウナギの基本的神経回路

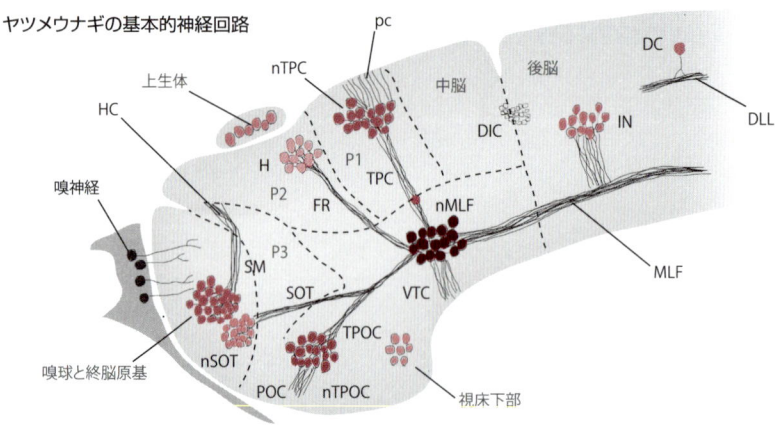

ヒラメの基本的神経回路

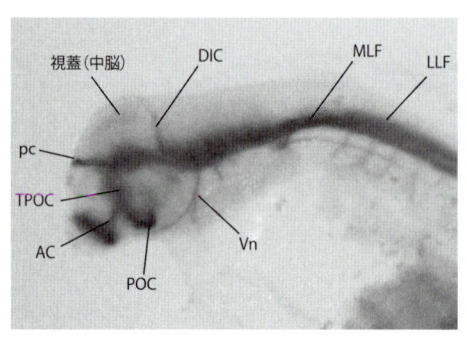

図 3.21 脊椎動物の基本的神経回路
上図：生後5日目のヤツメウナギの脳．下図：ヒラメ胚の中枢神経系．基本的神経回路を構成する神経核と神経路が観察できる．AC：anterior commissure（前交連），DC：dorsal cell, DIC：dorsal isthmicommissure（背側峡交連），DLL：dorsolateral longitudinal fascicle（背外側縦束），FR：fasciculus retroflexus（反屈束），H：havenula（手綱核），HC：havenular commissure（手綱交連），IN：isthmic nucleus（峡核），LLF：lateral longitudinal fascicle（外側縦束），MLF：medial longitudinal fascicle（内側縦束），nMLF：nucleus of the medial longitudinal fascicle（内側縦束核），nSOT：nucleus of the supraoptic tract（視索上束核），nTPC：nucleus of the tract of the posterior commissure（後交連核），nTPOC：nucleus of the tract of the postoptic commissure（後視索交連束の核），pc：posterior commissure（後交連），POC：postoptic commissure（後視索交連路），P1-3：prosomeres（プロソメア），SM：stria medullaris（髄条），SOT：supraoptic tract（視索上束），TPC：tract of the posterior commissure（後交連束），TPOC：tract of the postoptic commissure（後視索交連束），Vn：三叉神経，VTC：ventral tegmental commissure（腹側被蓋交連）．Barreiro-Iglesias et al. (2008) を改変して引用．

交連ですが，円口類ではこの発達がそれほど見られず，代わりに interbulber commissure（coib）と呼ばれる交連が発達します（Wicht and Northcutt, 1992）．これは，顎口類の終脳に見られる海馬交連（左右の海馬領域を結ぶ交連）に相同ではないかと思われます．顎口類では嗅覚系の線維が前交連に入りますが，円口類では coib に入ります．このことから，嗅覚系の神経ガイダンス機構に円口類と顎口類で違いが生じ，それぞれ異なる交連に入るように進化してきたと考えられます．

また，脊椎動物の成体で脳内神経回路を比較すると，細かいところは異なりますが，そういうところに目をつぶって全体として見れば，よく似た神経回路が構築されている場合が多く見られます．特に，菱脳から中脳，間脳を経て終脳に至る情報の流れなどはたいへん高度に保存されています．このことはつまり，どの脊椎動物でも発生の初期には似たような形態の基本的神経回路ができ，それが後の回路の足場になるために，脊椎動物種間で多くの神経回路が共通したものとなると考えることができます．

基本的神経回路を構成する神経束は，その形態が脊椎動物間で高度に保存されているため，古来から脳領域の位置を規定する物差しのように使われてきました．たとえば，手綱交連は視床前域（プロソメア3）の背側にできるので，この交連がある場所はどの脊椎動物でもプロソメア3だと思われます（図3.21）．同様に，後交連は視蓋前域（プロソメア1）の後端に発生するので，これがある場所がプロソメアの後端，すなわち間脳と中脳の境界部だと考えられます．このように種間で同じような経路が形成されるということは，その背景には変更しがたい強固な発生プログラムが控えていると推察されます．そして最近の研究から，これらの神経路は特定の転写調節因子の発現とよく対応していることがわかってきました．すなわち，脳の発生を司る遺伝子の発現境界が，神経路の位置を規定していると考えられます．基本的神経回路は脳発生で上位に位置する遺伝子の制御下にあるため，その形態が種を越えて保存されていると考えられるのです．言い換えれば，転写調節因子は，脳領域を規定するばかりではなく，直接的あるいは間接的に，神経路の位置も決めていると思われます．

では，実際に軸索が伸びて回路が配線されるときには，どのようなしくみが

はたらいているのでしょうか？　これまでの神経発生学的研究から，神経路が形成される際には「神経ガイド因子」が重要なはたらきをすることがわかっています．発生初期に形成される交連形成にはネトリン（netrin）やスリット（Slit）が関与していると考えられています（Plump *et al.*, 2000; Shu *et al.*, 2001; Shu *et al.*, 2003; López-Bendito *et al.*, 2007; Devine *et al.*, 2008; Hocking *et al.*, 2010; Ricaño-Cornejo *et al.*, 2011）．神経ガイド因子は，脳の発生と進化を探っていく上で極めて重要ですので，ここで少し紹介しておきましょう．

3.5.7　神経ガイド分子

　私たちの脳には，たいへん複雑な神経回路があります．まるで電気回路のように精巧に配線されており，そのおかげで私たちはものを見たり聞いたりすることができます．さらには自意識が生じ，デカルトのように「我思う，故に我有り」などといってみたりします．このような意識は，最新のスーパーコンピュータをもってしても実現できない驚くべき能力です．考えてみれば不思議なことですが，このような複雑な神経回路は，ひとりでに（自動的に）できあがってくるのです．つまり，高性能のパソコンのCPUの基盤の上で電気回路が勝手にできてくるような感じです．この摩訶不思議な現象は研究者の興味を大いに引いたため，これまでに神経回路形成にかかわる研究が精力的に進められてきました．

神経回路形成の機構

　神経回路形成の研究を進めるにあたっては，神経回路形成のしくみを説明するための論理的基盤として，いくつかの仮説が提唱されてきました．神経科学の歴史に燦然と輝く巨人ラモニ・カハール（1852-1934）は，1890年に「発生中の軸索はそれらの標的から分泌される拡散性の分子によって誘引される」とするchemotropic theoryを提唱しました．さらに，ロジャー・スペリー（1913-1994）は網膜と視蓋との神経連絡の研究を行い，1963年に「神経接続は細胞化学的な標識によってなされる」とする化学親和説（chemoaffinity theory）を提唱しました．その後，これらの仮説を検証するためにさまざ

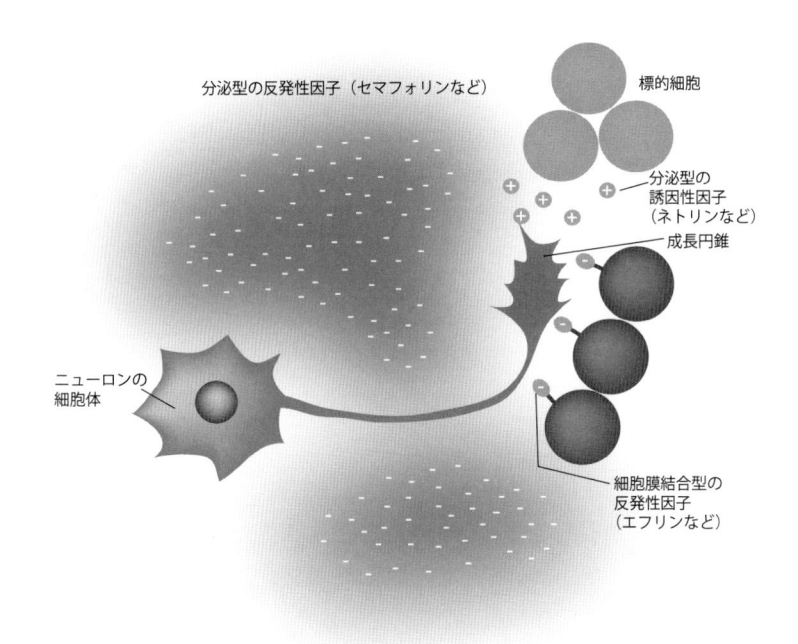

図 3.22 神経ガイダンスにかかわる機構
発生中の神経は，成長円錐と呼ばれる突起を伸ばし，それが標的に辿り着くことで神経接続が形成される．成長円錐が正確に標的に辿り着くためには，いくつかの神経ガイド因子が必要であることがわかっている．これらの因子には誘因性にはたらくものと抑制性にはたらくものとがある．

な研究がなされ，主に1990年代に神経回路形成にまつわる多くの謎が解明されていきました．その結果，神経細胞は標的組織や，軸索の通り道に存在する神経ガイド分子のはたらきによって，正しい目的地に到達することが明らかとなりました（図3.22）．化学親和説を裏づけるように，神経軸索の誘因にかかわる遺伝子が見つかりました．フロアプレート（図3.8）から分泌され，交連性軸索の誘導にかかわるネトリンなどがその例です（Kennedy *et al.*, 1994; Serafini *et al.*, 1994）．そして重要なことに，これらガイド分子のうち多くのものは神経の軸索を「反発」させる作用があることがわかってきました．つまり，「ここに来てはいけない」というマイナスの情報を提供するのです．

その結果，伸長中の軸索は反発性因子の存在しない所を通ることになり，正しい神経回路が形成されるのです．

応用編：神経ガイドにかかわる分子

これら反発性相互作用にかかわるものにはセマフォリン（semaphorin）やエフリン（ephrin）などがあります（Dickson, 2002）．また，誘導性の作用をもつ分子も，そのレセプターが違ったり細胞内の条件が異なれば，反発性の作用に変化することもわかりました（Song et al., 1998）．こうした神経ガイド分子には，ショウジョウバエを用いた研究から明らかになってきたものが多くあります．つまり，進化的に見ると，これらの遺伝子は動物の進化の初期の段階で生じていたと考えられます．脊椎動物はそうした分子を使い回しながら，神経回路を構築してきたと推測できますが，注意すべきことは，形態学的には節足動物の脳と脊椎動物の脳は別物（相同ではない）とされていることです．何故相同でないにもかかわらず，その形成に同じ分子が使われているのでしょうか？　これについて，少し説明を加えておきたいと思います．

3.5.8　深い相同性（deep homology）

進化発生学

生物学における20世紀最大の発見とは何かと問われたとき，「生きたシーラカンスの発見」と答える人はまれで，多くの人は「DNAの二重らせん構造の発見」と答えるでしょう．1953年にNature誌に発表された，DNAの二重らせん構造に関するワトソンとクリックの論文は，生物学のみならずあらゆる科学分野に衝撃をもたらし，その知見をもとに，生命現象を分子レベルで解析する分子生物学は凄まじいスピードで発展してきました．アリストテレスの時代から続いてきた生物学の長い歴史を鑑みれば，20世紀は分子生物学の時代だったといえるかもしれません．これによって地球上のすべての生き物は4種類の塩基配列に基づく遺伝システムをもち，それら塩基の並びがタンパク質を構成するアミノ酸をコードしていることが明らかになりました．このことはつまり，現生の生物は塩基配列という共通の物差しで理解することができることを示しています．こうした遺伝子配列を基盤とした分子生物学の概念や手法

は発生学の分野にも広がり，生物の発生現象に関する理解が飛躍的に進みました．この研究分野は分子発生学と呼ばれます．

　分子発生学が進んでいく過程で，動物の形づくりにかかわる多くの遺伝子が同定され，その機能が解析されてきました．ショウジョウバエやマウス等の実験動物（モデル動物）を用いて確立された遺伝子の解析方法は，その後，手法がさまざまな動物に応用されるようになり，結果，いわゆる「非モデル動物」の発生のしくみがわかってきました．こうした背景のもとで動物ごとの発生過程を比較して，その変遷の過程，つまり進化について考察しようという流れが生じました．これが現代の進化発生学です．この分野は evolution and development を略してエボ・デボと呼ばれています．進化を発生学の観点から考察する試みは，「個体発生は系統発生を繰り返す」のフレーズで有名なドイツの形態学者エルンスト・ヘッケルの時代から行われてきましたが，遺伝子の情報が扱えるようになった現代において進化発生学は新たな進展を見せています．

相同性についての新たな概念

　進化発生学の研究では，たいへん興味深いことが次々と明らかになってきています．古典的な形態学では，脊椎動物の哺乳類と節足動物の昆虫は全く異なる生物であり，互いに異なる発生プログラムをもつと考えられていました．また，脊椎動物の手足と昆虫の手足は，その形態や機能は似ているがそれぞれ異なる由来をもつ「相似」器官であると考えられてきました．しかしながら，脊椎動物と昆虫の体をつくる遺伝子を調べると，たいへんよく似ていることがわかってきました．これは脳の発生においても同様です．脊椎動物の脳はチューブ状の神経管の一部がふくらむことで形成されます．一方，昆虫の脳は外胚葉が肥厚したプラコード様の組織からつくられます．また，脊椎動物の神経系は消化管の背側にありますが，無脊椎動物の多くでは神経系は消化管の腹側にあります（この違いは脊椎動物の系統で背腹軸が反転しているためかもしれません；図 3.23；第 1 章 column「無脊椎動物の脳」）．このようなことから，両者の脳は由来を同じくする「相同」なものではないといわれてきました．しかしながら，脳をつくる過程ではたらく転写調節因子は，ハエとマウスでたいへ

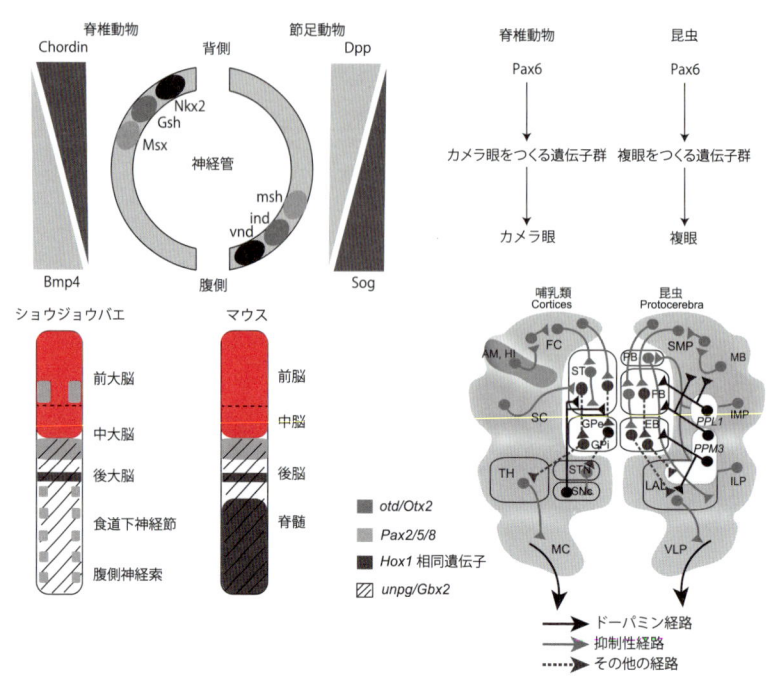

図 3.23 脊椎動物と無脊椎動物に見られる深い相同性
 左上：脊椎動物と節足動物では，背腹をつくる遺伝子の発現様式が逆転している．左下：マウスとハエで脳をつくる遺伝子の組み合わせがよく似ている（Lichtneckert and Reichert, 2005 を改変して引用）．右上：脊椎動物と昆虫では目の形態が全く異なるが，どちらも Pax6 の制御下でつくられる．右下：哺乳類と昆虫の脳の高次中枢における神経ネットワークのパターンはたいへんよく似ている．AM：扁桃体，EB：楕円体，FB：扇状体，FC：前頭皮質，GP：淡蒼球，HI：海馬，IMP：中間前大脳，ILD：内外側前大脳，LAL：側副葉，MC：運動皮質，MB：キノコ体，PB：前大脳橋，PPL：PPL ドメイン，PPM：PPM ドメイン，SC：体性感覚皮質，SMP：前大脳上内側部，SNc：黒質，ST：線条体，TH：視床，VLP：前大脳腹外側部（Strausfeld and Hirth, 2013 を改変して引用）．

んよく似ていることがわかってきました．たとえば，目の形成にはハエでもマウスでも Pax6 という遺伝子がはたらいています．驚くべきことに，脊椎動物の Pax6 をハエで異所的に発現させると，そこに目ができてくるのです．しかもそれは脊椎動物のカメラ眼ではなく，ハエの複眼なのでした（Gehring, 1996）．このことは，カメラ眼と複眼という全く「相同でない」目の形成には，Pax6 という「相同」遺伝子が関与していることを示しています．マウスでは Pax6 の制御下でカメラ眼ができ，ハエでは Pax6 の制御下で複眼ができる，

つまり Pax6 の下流の働き手が異なるけれども，基本的なしくみは共有していることになります．このしくみは前口動物と後口動物の共通祖先の段階で確立されたのでしょう（Carroll, 2008; Shubin *et al.*, 1997）．さらに，Otx などの脳形成遺伝子の発現パターンも脊椎動物と昆虫でたいへんよく似ています（図 3.21）．そして，脳内につくられる神経回路の配線についても，哺乳類の終脳，視床，大脳基底核における神経回路とよく似たものが昆虫の中心複合体 central complex に存在していることがわかりました（図 3.20；Strausfeld and Hirth, 2013）．このように，従来の「相同性」の概念にはあてはまらないけれども，遺伝子レベルで見ると保存性が見られる現象を「深い相同性（deep homology）」と呼んでいます．深い相同性は脳の発生プログラムの各所に見い出されるため，脳の進化を遺伝子のレベルで探る場合には，この概念は極めて重要です．

▶▶▶ Q & A ◀◀◀

Q グリア細胞は多種多様なものがあるようですが，グリア細胞の特徴は何ですか．

A グリア細胞は神経膠細胞（しんけいこうさいぼう）とも呼ばれます．神経系を構成する細胞のうち，神経細胞ではない細胞をまとめてグリア細胞と呼びます．

Q 中枢神経では軸索再生が制御されているとありますが，制御されなかったとしたらどうなりますか．

A 軸索再生が至るところで無制御に起こったとしたら，複雑かつ精緻な神経回路網にとっては都合が悪いのではないでしょうか．

Q 化石化するとき神経があった箇所に鉄などの金属が付着するとありますが，これはなぜですか．同じような現象は体内の他の箇所でも起こるのですか．

A この動物の化石では，繊細な神経解剖学的構造が，化石についた茶色の鉄を含む色素の凝集として保存されていることがわかっていますが，何故そうなるのかについてはわかりません．

Q 引用されている文献の年次を見ますと，遺伝子発現パターンの研究が最近どんどん進んでいるように見受けられます．今後もこの勢いは続きそうですか．

A 遺伝子発現パターンを単純に調べる研究は前世紀の終わり頃から盛んに行われています．今後は次世代シーケンサーなどを用いてゲノム情報を調べ，その結果をもとにした解析が進むものと思われます．

Q ローハン-ベアード細胞についてですが，両生類では，オタマジャクシから成体に変わるときに，スイッチングが起こるのでしょうか．また，神経の結合が変わって混乱しないのですか．

A そのように考えられています．変態期には大規模な形態変化があり，このときに神経系も再編されるようですが（たとえばヤツメウナギの変態期には目が発達して視覚中枢の視蓋の形態も大きく変わる），当の生物たちが混乱しているようには見えません．

4 末梢神経系

4.1 末梢神経系とは

脳神経

　ヒトとしてこの世に生まれ落ちたからには，長い人生の間に1回くらいは脊椎動物の脳を出してみようという気になるかもしれません．そういう気分になったとき困らないように，簡単にできる脳出しの方法をcolumnで紹介しておきます（column「脊椎動物の脳出し」）．

　脊椎動物の脳を実際に取り出してみるとわかりますが，頭蓋骨を開いて脳を露出させ，それを持ち上げようとしても何かに引っかかってうまく取り出せません．よくよく見ると，脳の斜め下くらいの所からたくさんの根のようなものが伸び出ているのがわかります．脳はこれらの「根」によって頭蓋に係留されているのです．これらは脳から出入りする神経で，体の各所に張りめぐらされていることから末梢神経系と呼ばれています（図4.1）．

　末梢神経のうち，脳に出入りするものを脳神経，脊髄に出入りするものを脊髄神経と呼んでいます．ヒトでは，12対の脳神経と31対の脊髄神経が知られています．ただし，脊椎動物全般では，ヒトで見られるものとは異なる場合も多くあります．たとえば，多くの脊椎動物では終神経という0番めの脳神経があります．これはサメで最初に見い出され，その後多くの動物が備えていることが明らかになりました（Locy, 1905; Butler and Hodos, 2005）．脊椎動物の脳神経の一般的特徴については，column「脳神経」に示します．こ

第4章　末梢神経系

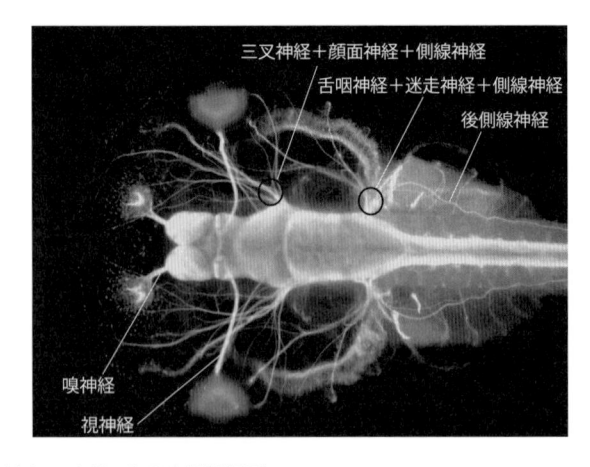

図 4.1　アフリカツメガエルの末梢神経系
アフリカツメガエルのオタマジャクシの神経系を抗アセチル化チューブリン抗体によって染色したもの．脳から多くの末梢神経が伸び出ている．

こではトカゲの一種ヒョウモントカゲモドキ *Eublepharis macularius* の胚に見られる末梢神経系を紹介しておきます（図 4.2）．これらの脳神経の多くは脊椎動物の各系統で見られますが，いくつかの脳神経の様子は動物によって異なります．たとえば，魚類では副神経が明瞭ではありません（ローマー&パーソンズ，1983）．魚類で副神経に相当する神経は，迷走神経の一部となっています．また，魚類では舌下神経に相同とされる神経は後頭神経と呼ばれています（Bass and Baker, 1991）．ヘビ類には副神経が見い出されません（Kardong, 2006）．副神経は，僧帽筋という肩甲骨につく筋肉を神経支配している脳神経なので，手足がない（つまり肩がない）ヘビにこの神経がないのは当然ともいえます．また，ヌタウナギでは外眼筋に付随する脳神経が見られません．これは，この動物における目の退化に付随して二次的に失われた可能性が高いと考えられます．

　脳神経は，その名称や機能が一見すると大変煩雑です．厄介なのは，番号と機能が対応していないことです．そのため，これら脳神経にどのような決まりがあるのかについて，古来から比較形態学者の関心を引いてきました．

　現在では，末梢神経のパターンは，脊椎動物の頭部形態と密接に関係することがわかっており，進化について述べる上での物差しとして極めて重要なもの

4.1 末梢神経系とは

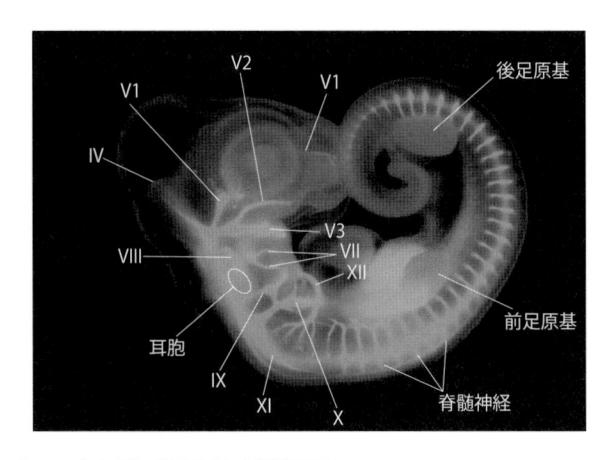

図 4.2　ヒョウモントカゲモドキ胚の末梢神経系
　動眼神経など一部の神経はこの写真では見えていない．V1：三叉神経眼枝，V2：三叉神経上顎枝，V3：三叉神経下顎枝，Ⅳ：滑車神経，Ⅶ：顔面神経，Ⅷ：内耳神経，Ⅸ：舌咽神経，Ⅹ：迷走神経，Ⅺ：副神経，Ⅻ：舌下神経．

となっています．

　脳神経は3つのグループに分けて考えると理解しやすいでしょう．まず1つめは，頭部の感覚器すなわち鼻・目・耳を支配する神経で，特殊感覚神経と呼ばれています．嗅神経，視神経，内耳神経，側線神経がこれにあたります．ただし，これらのうち嗅神経と視神経は column で述べているように，真の末梢神経とは言い難い面があります．

　2つめは，鰓弓神経と呼ばれるものです．これらは鰓弓（鰓やその派生物を生じる構造）に由来する領域を支配している神経で，発生期に現れる鰓弓に対応して発生します．三叉神経，顔面神経，舌咽神経，迷走神経がこれに含まれます．

　3つめは体性運動神経と呼ばれるもので，運動性の線維のみを含み，筋肉を支配しています．動眼神経，滑車神経，外転神経，舌下神経がこれにあたります．

　脳神経の形態は，その動物の生理機能とよく対応しています．たとえば，赤外線を感知することができるヘビ（ボア類やクサリヘビ類）では，それにかかわる三叉神経がよく発達します（Molenaar, 1974）．目が退化して口部のヒ

第4章 末梢神経系

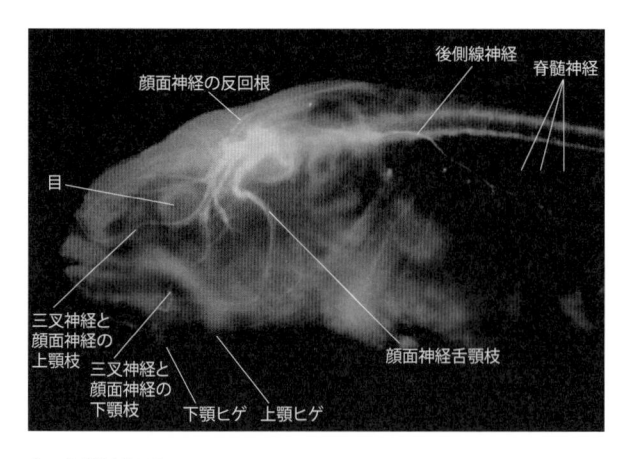

図4.3 ナマズの末梢神経系
マナマズ *Silurus asotus* の仔魚の神経系を抗アセチル化チューブリン抗体によって染色したもの．顔面神経が発達しており，一部は反回根を形成して体幹部へと伸びている．

ゲの感覚が鋭くなったヌタウナギでも，三叉神経系の著しい発達が見られます（Nishizawa *et al.*, 1988）．

また，全身に味蕾をもち，味覚がたいへんよく発達しているナマズ類では，味覚を感知する顔面神経の一部が背側に伸び（反回根と呼ばれる），そのまま体幹の背側部を体の後方まで伸長させて，全身に散らばる味蕾の情報を受容しています（図4.3；Kiyohara and Caprio, 1996）．すなわち，ナマズでは全身で味を感知することができるのです．魚類学の中でしばしば「swimming tongue：泳ぐ舌」といわれる所以です．ナマズがどのような感覚世界に生きているのかは，極めて興味深い疑問です．

末梢神経の発生は神経堤細胞とプラコードのところで述べましたので，ここでは発生してくる位置について少し触れておきます．前述のように，鰓弓神経は鰓弓の分節に対応してそれぞれよく似た形態で発生してきます．発生期の胚でこれらを見分けるには耳胞が目安となります．三叉神経と顔面神経は耳胞の前方に発生し，耳胞の後方に舌咽神経と迷走神経が発生してきます．耳胞のほかにも，脊椎動物の頭部では発生期の鼻や目の位置がその動物の形態プランを知る上でとても重要なランドマークになります．

側線神経

　多くの魚類・両生類には，ヒトには見られない神経があります．それは側線神経と呼ばれ，水流を感知する側線器から情報を受けとります．側線器は体表のあちこちに存在していて，周囲の環境の様子をモニターすることができます．この側線器と側線神経があるおかげで，魚は群れていても互いにぶつからずに泳ぐことができます．イワシの群が互いに接触することなく一斉に向きを変える姿をテレビや水族館でご覧になった方もいるでしょう．これら側線器は発生の過程で頭部にある側線プラコードから発生します（Piotrowski and Baker, 2014）．また，側線神経は水中の電気も感知することができます．ナマズ類などの電気を感じることのできる動物では電気感覚器が体表に分布し，それらの形態は側線の感覚器と形がよく似ており，発生も側線プラコードに由来するようです．サメ類の頭部にはロレンチーニ瓶（ロレンチーニ器官）という感覚器があって，電気受容にかかわっています（Modrell *et al.*, 2011）．テレビやインターネットでホホジロザメを見る機会があれば，上顎のちょっと前のほうを見てください．小さな孔がたくさんあいているのがわかります．これがロレンチーニ器官です．また，ある種の魚類は電気を使ってコミュニケーションを行います（第7章 column「電気で交信する魚たち」）．これら電気を感知する神経は側線神経とたいへんよく似ており，進化的な起源は共通していると考えられます．ただし，電気を検出する神経は，脳の中で機械受容にかかわる側線神経とは異なる場所に入力します（Smeets, 1998）．このことから，電気を感じる魚にとっては，側線器による機械受容と電気受容は異なる感覚として認識されていると考えられます．

　側線神経は円口類のヤツメウナギにあり，ヌタウナギにも痕跡的ではありますが存在しているため，脊椎動物の進化の黎明期に出現したと考えられます．これらの動物では，側線神経の枝が配線されている場所が三叉神経や顔面神経とは離れています（図4.4；Wicht and Northcutt, 1995）．顎口類になると，側線神経は三叉神経や顔面神経と重なるように配置される傾向が見られます．軟骨魚類のサメになるとほぼ同じ位置を走行するようになり，進化した魚類や両生類では，これらの神経がほぼ重なっています（図4.4；Murakami and Watanabe, 2009）．おそらく顎が進化していく過程で，一般体性感覚と特殊

第 4 章　末梢神経系

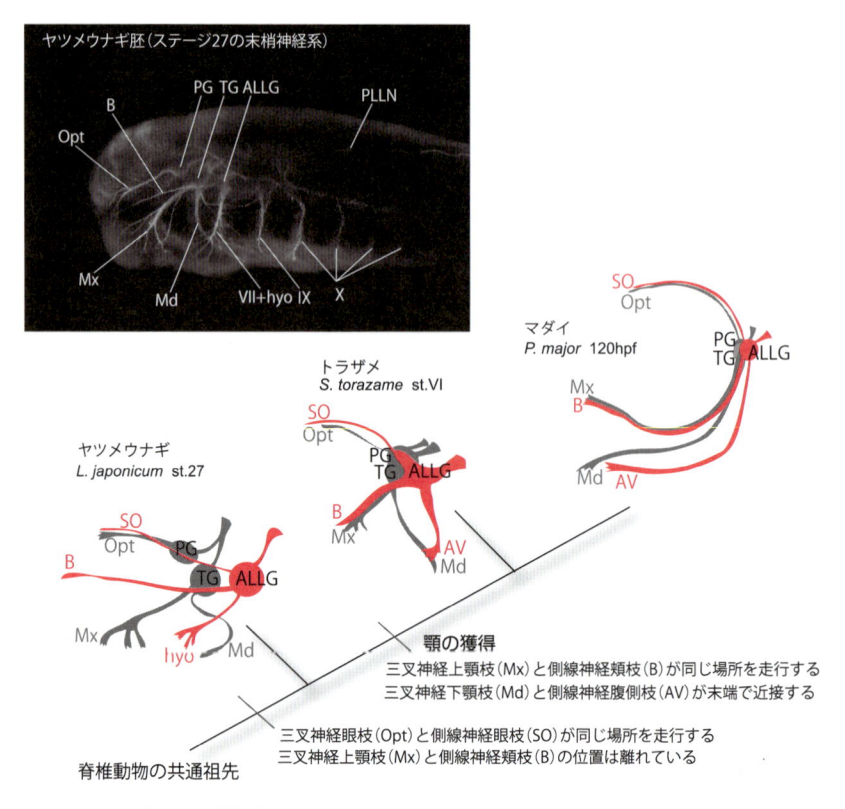

図 4.4　三叉神経と側線神経の進化的変遷
2 つの神経系は，顎のない円口類では分離しているが，顎をもつ系統では重なり合う傾向がある．顎の進化とともに 2 つの神経系がオーバーラップするように進化したのかもしれない．ALLG：前側線神経節，PG：深眼神経節，PLLN：後側線神経，TG：三叉神経節，hyo：側線神経舌顎枝．脳神経の略号は図 4.2 を参照．Murakami and Watanabe (2009) を改変して引用．

体性感覚の受容領域を重ねることで情報をより効率よく受容し，処理できるようになったと考えられます．発生学的な視点で考えれば，側線神経と三叉神経を同所的に分布させるような発生メカニズムが存在していることになります（図 4.4）．

応用編：末梢神経のパターン形成にかかわる遺伝子

　これら脳神経のうち，鰓弓神経が標的組織を支配する過程では，セマフォリ

ンと呼ばれるタンパク質が重要なはたらきを担うことがわかっています．セマフォリンは細胞外に分泌されるタイプ（分泌型）と細胞膜に結合されているタイプ（膜結合型）の 2 型があり，それらの受容体であるニューロピリンとプレキシンによって受容されます．マウスではセマフォリン 3A（Sema3A）とニューロピリン 1 が鰓弓神経や脊髄神経の神経支配において重要な役割を担っていることが知られています．これらの遺伝子のノックアウトマウスでは，三叉神経や脊髄神経の走行が乱れ，軸索が神経束を形成できなくなります（Taniguchi et al., 1997; Huber et al., 2005）．また，マウスの三叉神経が正しい場所に到達する過程では，BMP4 が関与することも知られています（Hodge et al., 2007）．これらの末梢神経形態を決める遺伝子は，独特の神経形態をもつ動物ではどのようになっているのでしょうか？　たとえば先ほど述べたナマズでは，顔面神経が頭部のみならず胴体にまで伸び，全身に分布する味蕾を支配していますが，もしかしたらナマズでは神経ガイド分子の発現領域に変化が生じ，他の動物ではいかない（いけない）場所に顔面神経がいけるようになっているのかもしれません．

脊椎動物の脳出し

column

「百聞は一見に如かず」ということわざがあります．シャーロック・ホームズも「観察することは重要だ」と述べています．とにかく実際に脳を見てみると，この本では説明できていない多くのことがわかるでしょう．そうはいっても，ヒトの脳は医学部の実習を受けるような機会がなければ解剖することはできませんし，哺乳類の脳を見るにしても，それらを入手するのはたいへんです．脊椎動物の脳を観察する最も簡単な方法は，魚の脳を取り出してみることです．魚ならば鮮魚屋さんにいけば手に入ります．そうして手に入れた魚の脳を出す方法を以下に記します．

1. まず動物を用意する．日本に住んでいると晩ごはんに魚が出る場合が多いと思います．脳はすぐに痛んでしまうので，なるべく新鮮な魚を用います．
2. 固定する．魚の頭をえらぶたの後ろくらいから切って落とし，できれば下顎なども取り除いて固定液が浸透しやすいようにします．固定には 70％のエタノールを使用します．消毒用エタノールが薬局などで売られているのでそれを使えばいいでしょ

う．エタノールに 1 日ほど浸けておくと固定ができます．
3. 頭蓋骨を開く．なるべく先の鋭いピンセットを用いて表皮をこすり落とし，さらに頭蓋骨を開いていきます．一般的な魚の場合は左右の頭蓋骨の縫合線の所をこすっているとやがて頭蓋骨が壊れて脳が出せるようになります．
4. 脳を出す．脳は柔らかいので，ピンセットの先で傷つけないように気をつけて取り出します．嗅球と終脳半球の間にある嗅索は切れやすいので注意します．あらかじめ嗅球の前についている嗅神経をピンセットで切断しておくとよいでしょう．

以上です．興味がある方はやってみてください．

脳神経

column

終神経（0）

脳の前端から伸び出し（例として図 3.5），そのはたらきについて未だ不明な点が多い神経です．繁殖期におけるフェロモンの調節などにはたらいているのではないかと考えられています．発生学的には神経堤細胞に由来するとされます．真骨類では，その軸索が網膜や視蓋と接続していることがわかっています．その樹状突起は鼻中隔にあり，付近の血管と近接しています．その細胞体にはゴナドトロピン放出ホルモン（GnRH）を含むことが知られています．多くの脊椎動物に見られ，円口類ヤツメウナギにも見られますが，ヤツメウナギの終神経は GnRH を含んでいないようです（Burler and Hodos, 2005）．

嗅神経（I）

嗅上皮に存在する嗅神経細胞の軸索がつくる神経束で，嗅球に入力します．嗅神経細胞は匂い分子を受容する感覚細胞でありながら，それ自身が軸索をもつ神経として機能する変わった細胞です．発生学的には嗅神経細胞は鼻プラコードに由来しています．個々の嗅神経細胞は単一の匂い分子受容体を発現します．そして，ある受容体を出している嗅覚神経の軸索は，嗅球に入力する際単一の糸球体に収束します．この特異的接続には，嗅覚受容体分子が関与していることがわかっています（Wang et al., 1998）．また，特定の嗅覚受容体を発現する嗅神経細胞をマウスで特異的にノックアウトすると，マウスの行動が劇的に変化します．通常，マウスは天敵であるネコやキツネの尿の匂いをかぐと恐怖します．しかし，D 領域という場所で嗅覚受容体がなくなったマウスでは，キツネの尿成分に対する恐怖反応が消失することが知られています（Kobayakawa et al., 2007）．つまり，嗅覚がマウスの恐怖行動の発現にかかわっているといえます．

視神経 (II)

　発生期の前脳が左右にニューッと伸びてできた構造であり，真の末梢神経ではありません（中枢神経の一部）．視覚を主要な感覚器として使う多くの脊椎動物で，よく発達しています．

動眼神経 (III)

　眼球を動かすためにはたらく外眼筋を支配する運動神経です．6個ある外眼筋のうち4個（上・前（内側）・下直筋と下斜筋）を支配しています．中脳の腹側に神経根があります．

滑車神経 (IV)

　外眼筋のうち，上斜筋（滑車筋）を支配する運動神経です．他の脳神経が脳の腹側から伸び出すのに対し，滑車神経は脳の中を上方に伸び，背側で交叉してから反対側の背部から出ていきます．その位置はちょうど中脳と後脳の境界付近になります．

三叉神経 (V)

　鰓を支配する鰓弓神経の一種です．眼枝，上顎枝，下顎枝の3つの神経枝から構成されています．三叉神経は感覚性と運動性の要素から構成されています．感覚性の三叉神経の細胞体は，三叉神経節の中にあります．そのうち，眼枝と上顎・下顎枝を構成する細胞は由来が異なっています．実際多くの脊椎動物でこれらの神経節は分離しており，発現する遺伝子も異なっています．たとえば，眼枝を構成する細胞にはPax3が，上顎・下顎枝にはOc2が，下顎枝にはOc1やHmx1が発現しています（図1；Erzurumlu et al., 2010）．

　発生学的には，三叉神経節は神経堤細胞由来の神経と，三叉神経プラコードに由来する神経を含んでいます．三叉神経節から出た軸索は，菱脳に入力します．その際に，ロンボメア2に神経根が形成されます．ただし，サメでは発生初期にはロンボメア2に神経根をもちますが，発生の進行とともにロンボメア3に神経根がシフトしていくという報告があります（Horigome and Kuratani, 2000）．

　三叉神経の運動性の核は菱脳内にあり，そこから三叉神経根を通って外に出て，顎の筋肉支配します．その際に運動枝は下顎枝と合流して伸びます．したがって，三叉神経の3本の枝のうち，運動枝が入っているのは下顎枝のみです．ただし，ヤツメウナギ類とサメ類では，上顎枝にも運動枝が入っていることが知られています（図2）．ヌタウナギには鼻の周囲に2対，口の下側に1対のヒゲがあり，それらを三叉神経が支配していますが，その形態と機能はこの動物に独特のものです．神経節は5つの部分に分かれており，菱脳の神経核（下降路核）も5つの亜核に分かれています．また，この動物の三叉神経は他の動物とは異なり，味蕾からの情報を伝達していると考えられています（Nishizawa et al., 1988）．

第4章 末梢神経系

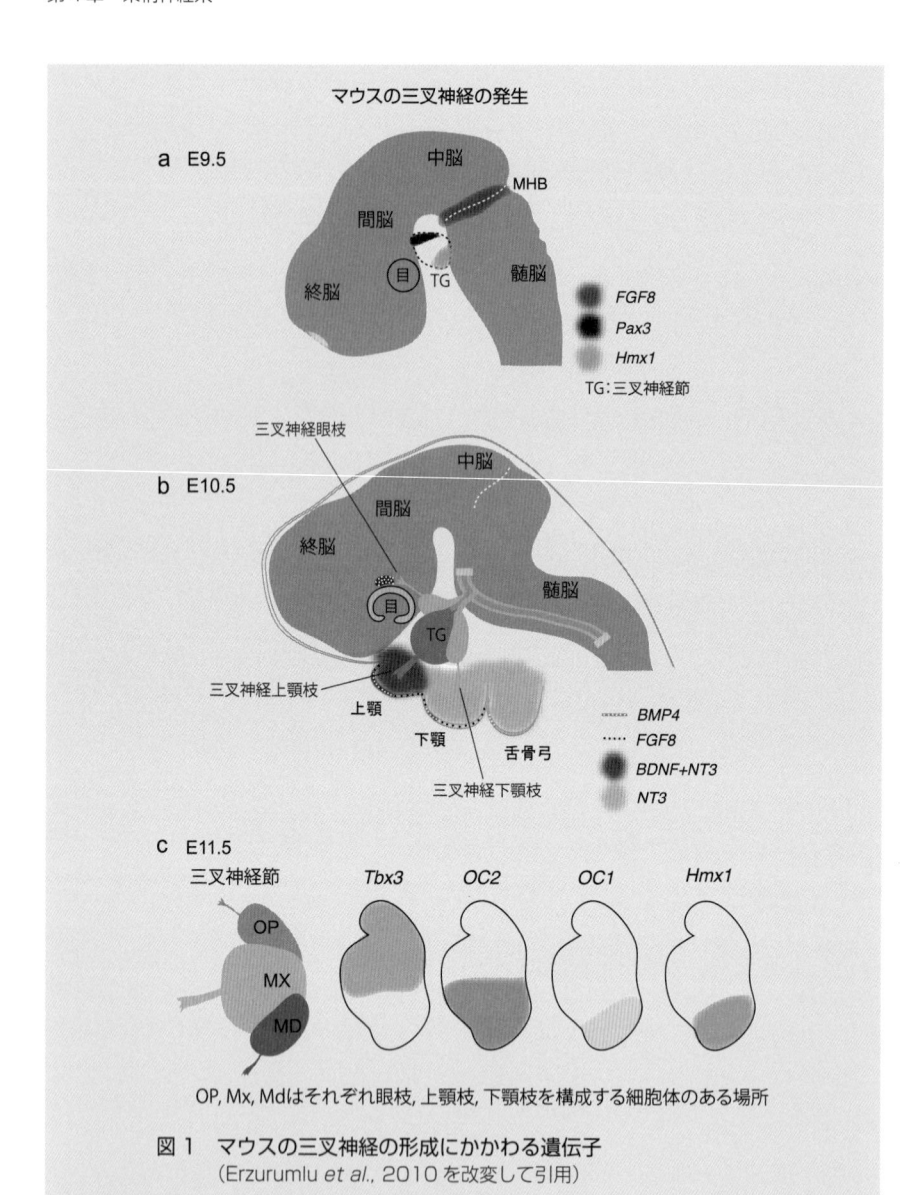

図1 マウスの三叉神経の形成にかかわる遺伝子
(Erzurumlu *et al*., 2010を改変して引用)

外転神経（VI）

外眼筋のうち，後（外）直筋という，目を外側へ回す（外転する）筋肉を支配する運動神経です．

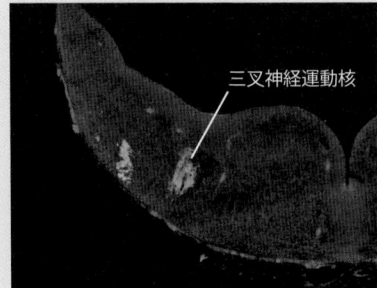

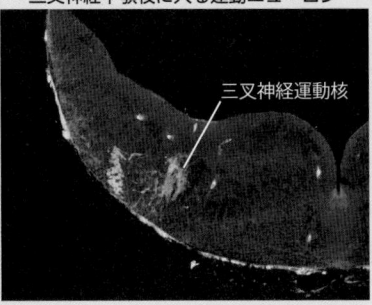

図2　サメの三叉神経運動核
菱脳の断面の写真（写真提供：石川遼太氏）．

顔面神経（VII）

　鰓を支配する鰓弓神経の一種です．第2の鰓弓を支配しており，哺乳類ではこの鰓弓（舌骨弓）の筋肉が頭部表層に広がって表情筋（顔面筋）をつくり，この筋肉を顔面神経の運動枝が支配します．他の動物でも舌骨弓の相同物を支配しています．エリマキトカゲの襟などがそれに相当します．これらの動物では舌骨をディスプレイや威嚇に使います．つまり，顔面神経によって支配されている構造は，多くの動物で感情の表出にかかわっているのです．感情を出すために顔面神経を使うことが動物間で共有されてる点はたいへん興味深く，動物が同種あるいは他種の個体とかかわっていくためのしくみとして，基本システムが保存されつつも動物ごとに特徴的な変化をしてきたと考えられます．また，四足類の顔面神経の腹側枝は鼓索神経として前方に伸び，味蕾や舌顎の感覚を司っています．

　発生学的には，感覚神経は上神経節と下神経節に分かれ，上神経節は神経堤細胞由来の細胞から構成され，下神経節はプラコードに由来する神経を含んでいます（図3.13, 3.15参照）．三叉神経と同じく，運動核は菱脳の中にあります．一部の脊椎動物では発生期にこの運動核が尾側へと移動します．神経根は多くの動物でロンボメア4の位置に形成されます．

内耳神経（VIII）

　文字どおり内耳を支配し，蝸牛管の螺旋神経節や前庭神経節の求心性線維を含む純粋な感覚神経です．神経はプラコードに由来しています．顔面神経とほぼ同じ位置に神経根をもち，より背側に近い位置から脳に入力します．

舌咽神経（IX）

　鰓弓神経の1つで，3番めの鰓弓から由来する構造（舌と咽頭）を支配しています．発生学的には，感覚神経は上神経節と下神経節に分かれ，上神経節は神経堤細胞由来の

細胞から構成され，下神経節はプラコードに由来する神経を含んでいます．神経根はロンボメア6の位置に形成される場合が多いようです．

迷走神経（X）
　鰓弓神経の1つで，4番め以降の鰓弓を支配しています．脳神経の中で最大級の大きさを誇る神経で，頭部だけでなく大部分の内臓（心臓や胃など）を支配しています．

副神経（XI）
　迷走神経に付属する神経です．羊膜類以外の動物では迷走神経に組みこまれているようです．

舌下神経（XII）
　舌筋を支配する運動神経です．魚類などの無羊膜類では見られませんが，魚類では脳頭蓋の後ろから多くの後頭神経が出ています．これが融合して羊膜類の舌下神経に相当する神経（鰓下神経とも呼ばれる）になります．

column 変わった脳をもつ動物シリーズ：その①

ポリプテルス *Polypterus*

　多鰭魚とも呼ばれ，いわゆる古代魚として知られる魚です．条鰭類*の中でも原始的な形質を多く残すポリプテルス類の脳は，全体的にすらっとしていて，終脳が前後軸方向に細長い点などが一見するとハイギョの脳に似ています．ただし，細かく見ていくと，ハイギョの脳とは異なった特徴がいくつか見られます．まず第一は，終脳が外翻していることです（第10章参照）．つまり外套（パリウム，第10章参照）の天蓋部分が左右に開くことで，内側外套にあたる部分が外側になる，つまり海馬に相当すべき部分が最も外側にくることになります．これにより，側脳室は形成されず1つの共通脳室となります．この外翻型の終脳は条鰭類に見られる特徴です（肉鰭類では原則として見られません．ただしシーラカンスは特殊な外翻をしているようです）．ポリプテルスの外翻は非常に特徴的で，外套の部分が条鰭類のそれよりも大きく左右にめくれています．さらに終脳の尾側では，めくれた部分が終脳の側壁と二次的に融合して奇怪なメガネ型の構造を呈します（図）．これは他の動物には見られないような形態です．また，小脳が中脳の内部に潜りこむのもポリプテルスの大きな特徴です（Nieuwenhuys, 1967）．この形態も，条鰭類とよく似ています．条鰭類でも小脳の前方の小脳弁（valvula cerebelli）と呼ばれる領域が中脳の脳室の中に入りこむので，中脳の位置で切片をつくると，視蓋の下側に小脳の断面が見えます．ポリプテルスでは小脳の大部分が中脳の

*最近では肉鰭類に近縁とする考えもあります．

4.1 末梢神経系とは

脳室の内部に潜りこむため，外から見ると氷山のごとくその一部しか見えません．前後方向に断面を切ってみると，脳室の中に巨大な小脳が入っているのがわかります．まるでサメの小脳を上下逆さまにしたように見えます．どうしてこのような奇妙な形態の小脳が生じるのかについては，ポリプテルスの脳発生がヒントを与えてくれます．彼らの脳は発生期にS字型に湾曲しており，小脳は湾曲部が突き出したところから発生してきます．発生にともなって湾曲は次第に緩くなるため，中脳の脳室が広がっていき，巨大な空洞ができます．小脳はちょうどこの空洞を埋めるような形で発生するので，結果的に中脳の脳室内に潜りこんだような形態になると考えられています（図；Nieuwenhuys, 1997）．

条鰭魚類の系統では全ゲノム重複が生じ，遺伝子の数が増加したことが知られていますが，ポリプテルスの系統は，それを経験する前の段階にあると考えられています．すなわち，遺伝子が増えて話がややこしくなる前のシンプルな状況が残っており，進化的な解析にはたいへん重要な生物となっています．ポリプテルスの脳を調べることで，肉

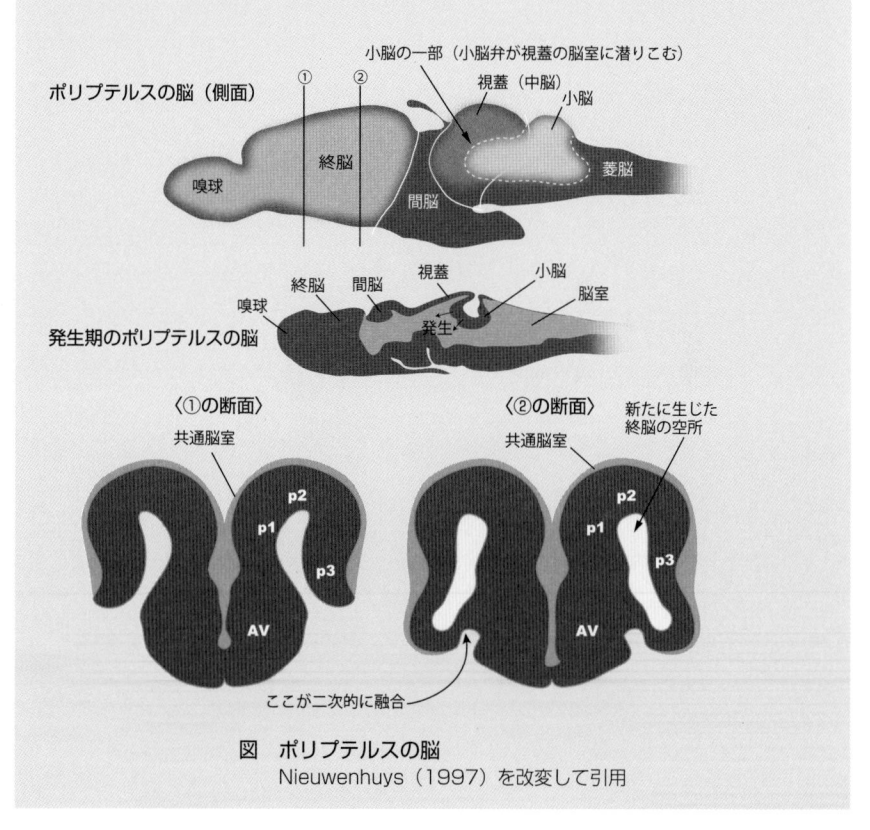

図　ポリプテルスの脳
Nieuwenhuys（1997）を改変して引用

第4章　末梢神経系

鰭類と条鰭類の終脳形態の違いを示してくれるような分子を見い出すことができるかもしれません．

column 変わった脳をもつ動物シリーズ：その②

ホウボウ Chelidonichthys spinosus

　ホウボウは，スズキ目に属する条鰭類の一種です．胸ビレが大きく美しい模様があります．頭部も独特の形をしています．
　この魚には，たいへん奇妙な特徴があります．胸ビレの一部が変化して指のようになっており，それを用いて海底を歩くことができるのです．この指は左右に3対ずつあるので，この魚が海底を歩いている様子は，昆虫が動きまわる姿を彷彿とさせるものがあります．この指を制御するために，この魚の神経系には他の動物には見られない独特の構造があります．通常，動物の神経系は脳の後方（尾側）に脊髄があり，脊椎骨の上を後方へと伸びています．脊髄からは脊髄神経が出て，手足や胴体などを支配します．我々の手足もこの脊髄神経によって支配されています．ホウボウの胸ビレも当然脊髄神経によって支配されているのですが，独特の指を制御するため，脊髄に特徴的な膨大が生じます．この膨大は指の数にあわせて3対あり，accessory spinal lobe (ASL) と呼ばれています（Finger and Kalil, 1985）．脊髄の後方から前方にかけてのふくらみが，前の指から順に後方の指を支配しています．まるで脊髄の中に脳があるように見えます．

図　ホウボウの脳（1）

4.1 末梢神経系とは

脊髄の ASL の断面図
指状の鰭条からの感覚情報が入力
ASL
背側の運動ニューロン
腹側の運動ニューロン（指状の鰭条を支配）

ホウボウの脳
嗅球
終脳
中脳（視蓋）
小脳
菱脳
脊髄
ASL3
ASL2
ASL1

図　ホウボウの脳（2）

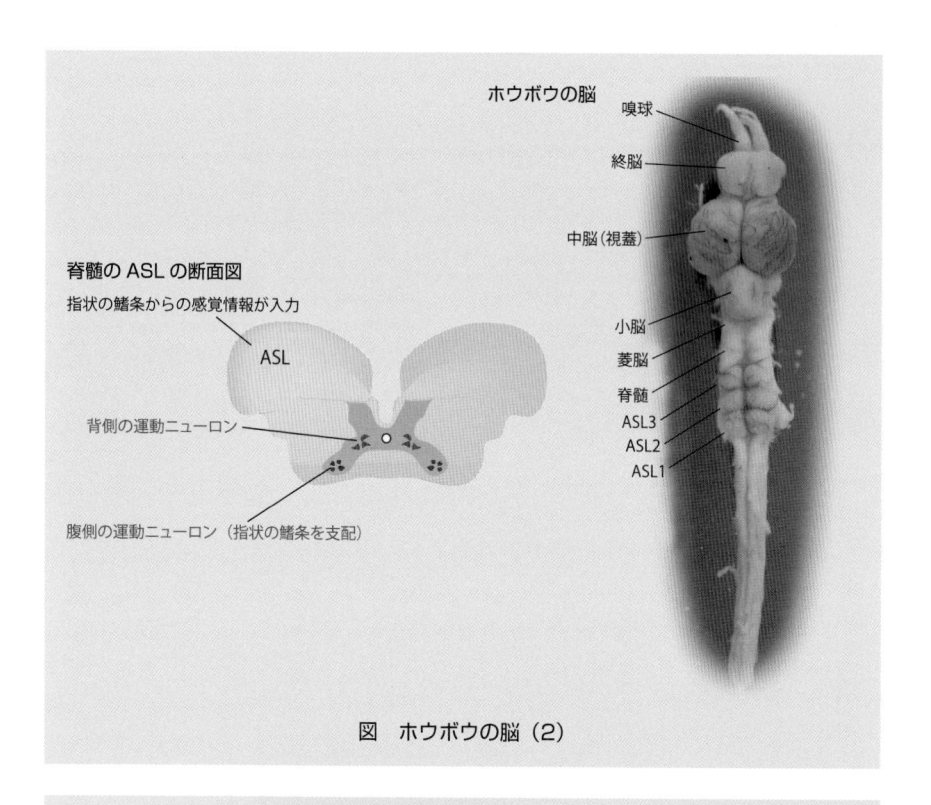

column

神経系の劇的な変化

チョウチンアンコウの寄生オス

　頭部や口の中に奇妙な発光器をもち，巨大で不気味な顎を備えたチョウチンアンコウ類は，脊椎動物の中で最も奇抜な形態をしたグループの1つといえるでしょう．そしてその形態に加え，生態もとても変わっています．チョウチンアンコウのグループでは，オスがメスに取りつき，寄生することが知られています．これを寄生オスと呼んでいます．寄生の様式はグループによって異なりますが，真性寄生型の種ではメスに取りついたオスの組織がメスの体と融合してしまい，メスの体の一部のようになってしまいます（図1.11参照）．オスとメスが接触した箇所では，血管が発達した組織が伸長し，雄と雌の血管がつながっていることが報告されています（Pietsch, 2009）．こうしてメスの一部となることで，血液によって酸素と栄養の補給を受けます．この過程で体の変形が起こる例があります．ミツクリエナガチョウチンアンコウの寄生オスは，原型を

とどめないほどに体が変形してしまい，まるでイボのようになってしまいます．
　しかしこのような状態になる前には，オスはメスを探して暗い深海を彷徨しなければなりません．こうした寄生前の時期のオスは鉤のように特化した顎とともに，よく発達した目と嗅覚器を備えています．種によっては目が大きくとも嗅覚器はあまり発達しないものもいます．おそらくこれらの感覚器を使ってメスを探すのでしょう．目が発達した種では，メスに寄生後，目は速やかに退縮してしまいます．ちなみに，ミツクリエナガチョウチンアンコウ *Haplophryne mollis* でメスと融合した後のオスの切片を見ると，消化管は退化し，精巣が著しく肥大しています．神経系はというと，切片で見る限り脳は一応残っているようです（Pietsch, 2009）．このような特殊な形態変化を行う動物で，脳がどのように発生し変態していくのかは極めて興味深い問題です．

column　トカゲの尾の再生で神経はどうなるか？

　トカゲ類は敵に襲われたとき，自らの尾を切り離す行動を見せます．この行動は「自切」と呼ばれています（オオトカゲ類とカメレオン類の尾は自切できません）．これは，尾の脊椎骨にはあらかじめ切れ目のようなものがあり，骨の周囲の筋肉を収縮させてポロッと切り離すことができるためです．筋肉が収縮することにより血管も締めつけられるため，血もあまり出ません．切られた尾はしばらくの間くねくねと動くため，ネコなどの捕食者がそれに気をとられている隙に，本体は逃げおおせることができます．ニホントカゲなどの幼体は目の覚めるような美しい青色の尾をもっているので，この自切はより効果的になります．このようにして切れた尾は，しばらくすると再生します．このことから，トカゲの自切は再生現象の代名詞のようにいわれることがありますが，実際にはこの自切による再生は真の再生ではありません．というのは，自切によって再生した尾では軟骨は形成されますが，それが硬骨になることがないからです．したがって，一度切れた尾は二度と自切させることはできません．実際，再生された「再生尾」は見た目も本来の尾とはかなり異なります．
　この現象を神経学的な視点から見た研究があります（図；ten Donkelaar, 1997）．イグアナ科のアノール類のトカゲを用いた研究によると，再生尾では切れた脊髄の再生が起こるようです．ただし，やはり再生尾と本来の尾とでは違いが見られます．再生尾の脊髄は不完全で，再生した上衣細胞の突起によって主に遠心性の神経が束になったもののようです．したがって，再生された箇所への神経接続は無傷の脊髄の所から供給されます．本来の尾では個々の脊椎骨の隣に脊髄神経節が並んでいますが，再生尾では脊髄神経節は再生されません．再生尾に入る神経は，正常な尾の最後尾付近にある3個ほ

どの脊髄神経節が肥大し，そこから軸索が伸びてきたものです．このことからも，トカゲの尾の再生が真の再生ではないことがわかります．この過程でどのようなしくみがはたらいているかについては不明ですが，一般的に脊髄神経の軸索伸長やガイダンスにかかわる遺伝子としては，マウスやニワトリを用いた研究から神経成長因子の一種であるNGFや，反発性の神経ガイド分子Sema3A，そのレセプターのニューロピリン1が関与していることがわかっています（Taniguchi *et al*., 1997; Kitsukawa *et al*., 1997）．脊髄神経節を取り出して培養を行う際にNGFを添加すると，軸索の伸長が生じます．Sema3Aは反発性の神経ガイド分子としてはたらき，脊髄神経が伸びることのできない障壁をつくります．その結果，脊髄神経の軸索はSema3Aが発現していない「道」を通ることで，正しい場所に投射することができるようになります．トカゲの尾の再生時にはこれらの遺伝子が何か重要なはたらきをしている可能性があります．ちなみに，三畳紀に出現した主竜類の一種で，異様なまでに長い首をもつことで有名なタニストロフェウス *Tanystropheus* も自切を行ったのではないかという報告があります．

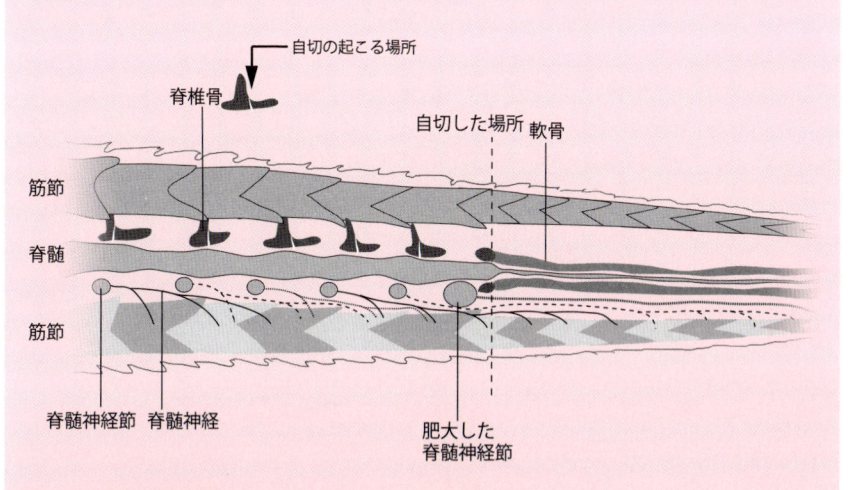

図　トカゲの尾の構造
上半分が骨と筋節、下半分が筋節と神経を示す．ten Donkelaar（1997）を改変して引用．

▶▶▶ Q & A ◀◀◀

Q 話が末梢神経系から菱脳に変わりました．中間というわけではありませんが，脊髄については，あまり進化的な話はないのでしょうか．

A 脊髄の神経系にも進化的な話は多くあります．たとえば鰭から手足が進化する過程で，脊髄の運動ニューロンのカラム構造が変化します．また，カメは甲羅の進化の過程で，体幹部の感覚神経や運動神経の接続様式が変化します．本書は脳の進化について扱っているため，脊髄の話は割愛させてもらいました．一例としてホウボウの脊髄に見られる特殊な構造をcolumnで紹介しています（column「変わった脳をもつ動物シリーズ：その②」）．

Q 「0番めの終神経がある」とありますが，なぜ1からではないのですか．番号はどのように振られているのですか．

A 脳神経は前側（吻側）から順番に名前がつけられています．終神経は最前端にある神経ですが，最初に脳神経の名前がつけられた頃には見つかっていなかったため，後になってサメで見い出されたときに0番めとして記載されました．

Q イルカは哺乳類なので，側線神経はないのですね．イルカの群れの場合は，互いにぶつからないための，イワシとは何か違うしくみがあるのでしょうか．

A イルカは卓越したエコーロケーション能力により，水中での活動を円滑に行っていると思われます．また最近ではイルカの頭部に三叉神経に支配された電気受容器が見つかっています（第11章参照）．

Q ホウボウのASLの外観は脳と同じようにふくらんでいるのですが，断面図を見ると，脊髄の白質が肥厚しているようです．神経線維が多くなっただけなのでしょうか．灰白質には変わった点はないのですか．

A ホウボウの指（鰭条）にはsolitary chemosensory cells（SCC）という化学受容器が分布しており，脊髄神経によってその情報がASLに伝えられています．ASLの線維は，ASL内や隣接するASLに入力しますが，一部は脊髄と菱脳の境界付近にある神経核に入力し，その神経核の細胞は菱脳の下オリーブ核や中脳の半円堤，間脳の視床など，脳のさまざまな領域に軸索を送っています（Finger, 2000）．

Q トカゲの尾には自切の起こる場所がいくつかあるようですが，切れる順番はあるのですか（先のほうから切れていけば，何度も切ることができて敵から逃げられる回数が増えるのではと思いました）．

A そうかもしれませんが，2回以上切れたことがあるかどうかを見極めるには飼育して実験する必要があります．筆者はやったことはありません．

5 中枢神経系

5.1 脳のサイズ

　脳の進化に関する議論をはじめるには，1つ問題があります．脳進化の程度を算出する基準として，「脳の大きさ」を用いることはできますが，単純に脳のサイズだけ比べても，進化の程度を的確に示すことはできません．つまり，全長3センチ程度のアマガエルと全長30メートルを超えるシロナガスクジラはそもそも体の大きさが違いすぎるため，それらの脳を単純に比較することができないのです．そこで，体サイズによるばらつきを除外するため，脳の進化の程度は，脳の体積と動物の体積の比率で表されます（図5.1）．この方法により，さまざまな脊椎動物のグループで脳の発達の程度がわかるようになっています．図5.1を見ると，哺乳類は他の動物に比べて相対的に大きな脳をもっていることがわかります．また，軟骨魚類は脊椎動物進化の初期に分岐したにもかかわらず，他の魚類よりも脳が発達しており，同じ体重の爬虫類よりも脳のサイズが大きい傾向があります．鳥類は哺乳類に次いで大きな脳を進化させています．一方，鳥類と同じ双弓類に属する爬虫類では，それほど発達していないように見えます．この鳥類と爬虫類の間でのギャップに関しては，鳥類を生み出した系統である恐竜を見てみるといいかもしれません．興味深いことに，恐竜における体重と脳重の割合を調べてみると，脳進化の程度が爬虫類型と鳥類型に分かれる傾向にあります．一般的な恐竜は爬虫類に近い程度になっていますが，鳥類に近いグループ（トロオドン類）では脳が発達しています（図

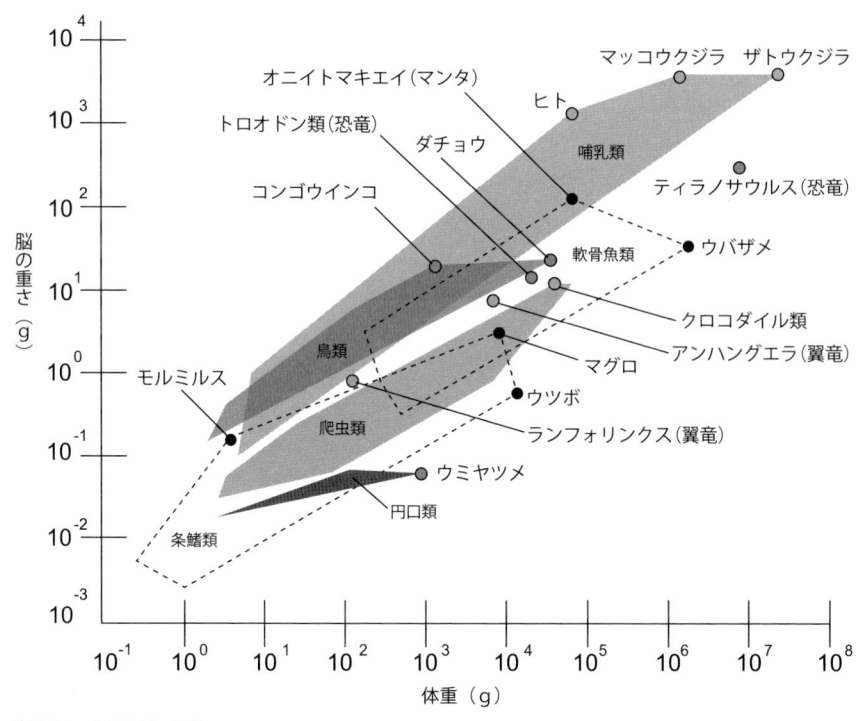

図 5.1 脳のサイズ
さまざまな脊椎動物について，体重に対する脳の割合を求めたもの．Striedter (2005) を改変して引用．

5.1；Balanoff *et al.,* 2013)．つまり，恐竜の一部の系統の中で，脳の大型化にかかわる淘汰圧がかかっていたと考えることができます．翼竜の体重－脳重割合を見てみると，一般の爬虫類よりも高いものの，鳥類には及ばないレベルにあるようです．

　しかし，この方法だけでは，実際にどれくらい脳が発達しているのかを定量的に示すことはできません．そこで，特定のグループ，たとえば，哺乳類において体重と脳重量の比率による回帰直線を作成し，それからどれくらい離れているかを脳進化の指標にする場合があります．この値は脳化指数 (encephalization quotients：EQ) で表されます (Jerison, 1985)．このシンプルな方法によって動物間での脳の発達の程度を表すことができ，値が大きいほど平均よりも脳が大きい，すなわち脳がよく発達しているといえます．

哺乳類ではこの方法を用いた解析がなされており，脳の発達の程度がよくわかるようになっています．また，化石哺乳類からEQ値を求める研究も進んでいるので，哺乳類の脳がどのようにして進化してきたのかについて，興味深い情報が集積しています．

5.2 脳の三位一体説

　脳の進化を扱う書籍や講演では，かねてより「三位一体説」が取り上げられてきました．脳の三位一体説とは，米国の心理学者にして神経学者のポール・マクリーンによって提唱された考えで，ヒトの脳は3つの階層をもった部分から成り立つとするものです（MacLean, 1990）．それによれば，ヒトの脳には反射や本能的行動にかかわる「爬虫類脳」いわゆる大脳基底核群があり，それに覆いかぶさるように情動を制御する「哺乳類原脳」すなわち大脳辺縁系が加わり，さらにその上位に高度な理性を制御し，言語を司ることのできる「新哺乳類脳」の新皮質があるとされます（図5.2）．すなわち，我々の脳では3つの異なる知性が相互に影響し合い，高度な精神活動が営まれると考えるので

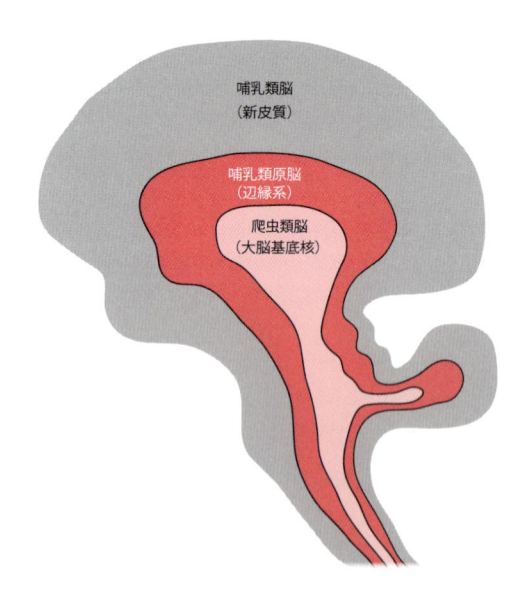

図5.2　ポール・マクリーンが提唱した三位一体モデル

す．この説は神経科学の分野ではそれほど重要視されなかったようですが，心理学や専門外の人々への影響は強烈で，広く普及しました．カール・セーガン (1934-1966) が著書 The Dragons of Eden の中で紹介したことや，そしておそらくは，三位一体（キリスト教で父と子と聖霊一体であるとする教理）という言葉がキリスト教圏で絶大な影響力をもっていたことも，この説が有名になった要因かもしれません．しかしながら，脳の構造が系統発生的に古いモノの上に新しいモノが段階的に獲得されていくというまるでヘッケル (1834-1919) の反復説を彷彿とさせるこの考えは，現代の進化発生学的見地から見るといくつかの見逃すことのできない問題点を内包しています．

　三位一体説において爬虫類脳とされる領域には，線条体があります．最近の脳科学では，ここを種特異的な本能行動の中枢とは考えておらず，むしろ運動機能に重要な役割を果たす領域と見なしています．線条体よりも背側にあり，マクリーンが「哺乳類原脳」と呼んだ領域は，爬虫類や鳥類ではどうなっているのでしょうか？　哺乳類原脳とは中隔域，扁桃体，視床下部，海馬，帯状回などを含みます．マクリーンはこれらの領域を称して辺縁系 (limbic system) と呼びました（その名称は現在でも使われています）．しかしながら現在では，上記の領域が現生爬虫類の脳にも存在することがわかっています．「哺乳類原脳」は爬虫類ももっているのです（第10章参照）．つまり，「哺乳類原脳」の少なくとも一部は，哺乳類が誕生するはるか以前から存在していたことになります．したがって「哺乳類原脳」が初期の哺乳類において確立されたとするマクリーンの主張は成り立ちません．そして，新哺乳類脳についても，マクリーンのいう「新哺乳類脳」に相当する領域（つまり新皮質に相同な領域）が爬虫類にも鳥類にも存在していることがわかっています．つまり，終脳の基本要素は羊膜類で共通しており，どの領域が発達するかが系統ごとに異なっているというべきでしょう．

　それではいよいよ，脊椎動物の脳の形態とその進化について，より具体的な話に入っていきます．まずは最も後方にある菱脳から話をはじめ，小脳，中脳といった具合にだんだん前方の構造へと話を進めていきたいと思います．

第 5 章　中枢神経系

▶▶▶ Q & A ◀◀◀

Q 脊椎動物の脳進化の程度は，体と脳の体積や体重によって算出されるようですが，無脊椎動物にも算出の方法や指標となるものはあるのですか．

A 無脊椎動物も脊椎動物と同様に，体重と脳重を用いる方法で調べられることがあります．軟体動物の中で最大の脳をもつ頭足類では，図 5.1 の哺乳類―鳥類のグループと，爬虫類―魚類のグループのちょうど中間くらいの値になります．

Q 顕微鏡で脳の神経細胞の観察をすると，神経細胞の分布がヒトではまばらで，ラットでは密な感じがしました．体積や重さではなく，神経細胞の数を考慮した，脳進化についての議論はあるのでしょうか．

A それはたいへん重要なポイントだと思いますが，今のところ神経細胞数による議論はあまりないようです．また，神経の軸索の束がどれくらい発達しているかに注目しても，進化の度合いが変わってくると思われます．何を規準にすれば最適な結果が得られるのか，難しい問題です．

6 菱脳

6.1 菱脳とは

　菱脳とは中脳と脊髄に挟まれた領域のうち，小脳を除いた部分を指します．菱脳の前方はヒトの脳では橋と呼ばれ，横向きに走る繊維の束が特徴となっています．菱脳の中で，橋より後方の部分は延髄と呼ばれます．哺乳類では，橋から三叉神経などの神経根が生じます．哺乳類の橋には橋核があり，終脳と小脳をつなぐ重要な神経核となっています．橋は哺乳類では明瞭な領域ですが，他の動物では小脳の下にある菱脳領域を橋と延髄とに分けて呼ぶことが困難な場合があります．そのため比較神経学の分野では，延髄と橋にあたる領域をまとめて菱脳（rhombencephalon）[1]と呼んでいます．本書でも特に問題がなければ，哺乳類以外の動物の小脳の下側にある領域は，菱脳という名称で呼ぶことにします．

　菱脳は脳の最後端にあり，脳の形を動物にたとえるとまるで尻尾みたいな雰囲気を醸し出しています．そのため，それほど重要な場所ではないと思われるかもしれません．しかし，菱脳は脳の中でもたいへん重要な領域で，脊椎動物の脳の基本システムを理解する上で極めて大切ないくつかの特徴を備えています．また，菱脳には進化的に見ても興味深い要素がたくさんあります．

　菱脳は脳の後部（尾部）に位置し，脊髄と接しています．ここには末梢の神

---

[1] 菱脳と小脳をあわせた領域を後脳（hindbrain）と一般的には呼びますが，場合によっては菱脳に対応する領域を後脳と呼ぶ場合もあります．

第6章 菱脳

経節からさまざまな感覚神経が入力し，また，高次中枢からの情報を出力する運動神経が出ていきます．先ほど脳分節の項で述べた網様体神経の細胞体も，多くが菱脳にあり，水棲の無羊膜類では体の協調的な運動のために巨大な介在ニューロンシステムとして機能しています．また，菱脳は脊髄を通して，体幹や四肢からの情報のやりとりを行っています．こうした構造は，神経系の中枢と末梢とを結ぶ上で極めて重要であると考えられます．つまり，菱脳は脳と体の各所をコネクトする役割をもっているといえるでしょう．パソコンでいえば，USB端子やLANケーブルが出入りし，プリンターやキーボードにつながっている部分にたとえられるかもしれません（最近ではワイヤレスが主流ではありますが）．

　こうして菱脳には，鉄道の分岐点のように，外部からの入力情報や，高次中枢から下りてきた出力情報が出入りしています．ちなみに高次中枢に向かっていく神経線維（鉄道でいえば上り線）のことを求心性線維，中枢から出ていく神経線維（鉄道では下り線）を遠心性線維と呼んでいます．前に述べたように，菱脳にはこれら求心性線維や遠心性線維，入出力する神経核が前後軸に沿って規則的に並んでいます．たとえば，鰓弓運動神経の細胞体からなる運動神経核

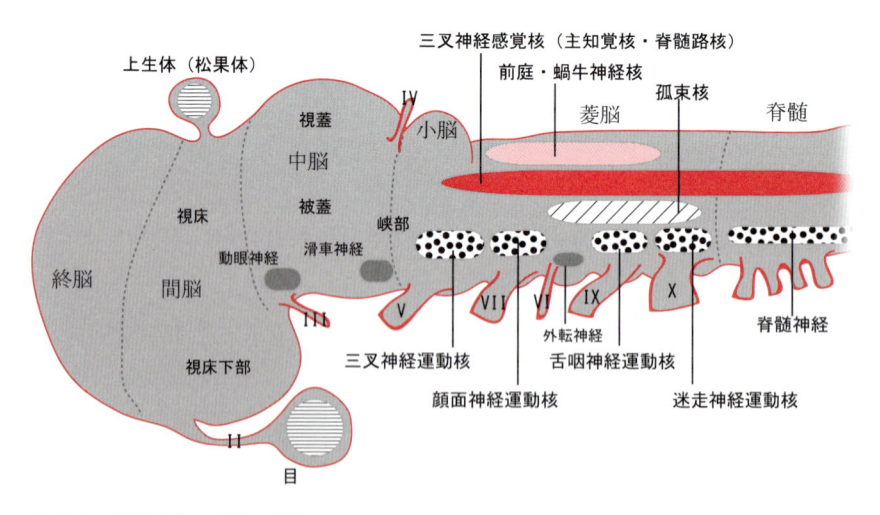

図6.1　脊椎動物の菱脳の構造
　　　感覚性の神経核は背側（翼板）にあり，運動性の神経核は腹側（基板）にある．それぞれの神経核は，前後軸に沿って柱状に並んでいる．

は，菱脳の腹側（基板）において，前から順番に三叉神経運動核，顔面神経運動核，舌咽神経運動核，迷走神経運動核が並び，その様子は柱を横にしたようにイメージされるためカラム（column）と呼ばれます（図6.1）．感覚神経核にも同様な柱状配置が見られます．感覚神経の核は，菱脳の背側（翼板）において前後に並んでいます．これらの神経核群が，菱脳を特徴づける構造になっています．そして，こうした神経核の配置は脊椎動物の系統でよく保存されています．ただし，水生の無羊膜類に見られる側線神経系は羊膜類では消失するため，羊膜類では側線神経系関連の神経核は見られません．

6.2 菱脳の発生起源

　菱脳で規則的に配置されている神経核の発生に，菱脳の脳分節であるロンボメア（r）が基本単位となっていることは，先の脳分節の項で述べたとおりです．こうした脳神経の分節的発生には，Hox遺伝子の入れ子状の発現パターン（Hoxコード）があると考えられています（図3.11参照）．Hox遺伝子はロンボメアの境界を規定しており，特定のHox遺伝子を欠失させると特定の神経が消失し，ロンボメアのパターンにも異常が生じます（Hunt et al., 1991; Krumlauf, 1993; Rijli et al., 1998; Schilling and Knight, 2001; Gaufo et al., 2004; Kiecker and Lumsden, 2005; Erzurumlu et al., 2010）．このことから，菱脳の分節構造にはHox遺伝子が主要な役割を担っていると考えられます．こうしたHox遺伝子の発現様式やその発現制御機構は，円口類のヤツメウナギで顎口類と極めてよく似たものが報告されています（Parker et al., 2014）．興味深いことにナメクジウオやホヤにも，脊椎動物と比較可能なHox遺伝子の発現が見られます（Schubert et al., 2006；西田・西駕，2007）．したがって，これらの動物にはロンボメアのような分節は見られませんが（実際，脊椎動物の脊髄にもHox遺伝子は発現していますが，分節性はありません），Hoxコードに依存した後脳の形成プランは，脊索動物の段階で獲得されていた可能性があります．そして，脳を分節化させるしくみは脊椎動物の段階で確立したのでしょう．このしくみとはどのようなものでしょうか．ロンボメアのような分節（コンパートメント）は，隣り合う分節同士

の細胞が混じり合わずにまとまることで形成されます．この過程には，細胞の移動を制御する何らかの因子がかかわっていると考えられます．それらの例として，Eph ファミリーの分子が挙げられます．Eph は反発性のシグナルを細胞内に伝える性質があるため，隣の分節にリガンドであるエフリンが発現していれば，Eph を発現する細胞はそちらにいけなくなります．その結果，分節ごとに細胞がまとまっていくと考えられます（Cooke *et al.*, 2001）．

6.3 発声にかかわる神経系

　脊椎動物に限らず多くの動物は，発音という特性を備えています．我々は，節足動物の昆虫が奏でるさまざまな音によって，季節を実感することができます．午前中に鳴くクマゼミ，午後にジリジリと暑苦しく鳴くアブラゼミ，夕方に涼しげに鳴くヒグラシは夏の日の風物詩です．脊椎動物の多くの種も発音することができ，仲間とのコミュニケーションに用いたり，マッコウクジラのように餌である巨大イカを倒すための音波兵器として使うものもいます．

　脊椎動物の菱脳と脊髄の境界付近では，迷走神経，副神経，舌下神経などの神経核が見られます．前述したように，魚類には舌下神経に相同とされる後頭神経が，羊膜類の舌下神経と同じく発音器官の制御にかかわっています．脊椎動物の中で声を発するものには，ガマアンコウなどの魚類や，春から夏に大合唱をするカエルの仲間，そして鳥類，哺乳類等がいます．これらの動物の発生器官は種によって異なります．魚では発声のために浮き袋を使い，鳥類は鳴管，哺乳類は声帯を用います．しかし興味深いことに，羊膜類の舌下神経と魚類の後頭神経の細胞体は，いずれもロンボメア 8 と脊髄をまたぐ位置に形成されます（図 6.2；Bass *et al.*, 2008）．さらに，ペースメーカーとしてはたらくニューロンの発生位置も，羊膜類と魚類でとてもよく似ています．つまり，動物種によって発音器官に違いはあれども，発音を制御する神経系は共通しているのです．このことは，発声システムの神経基盤が脊椎動物の初期の段階で確立され，発音器官が変化しても基本神経回路は変わらずに使われてきたことを示しています．発生にかかわる神経核がロンボメアと脊髄前部に発生することから，これらの神経形成には Hox コードが主導的な役割を演じていると考え

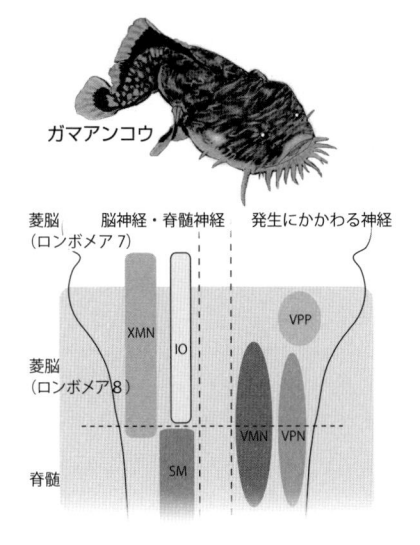

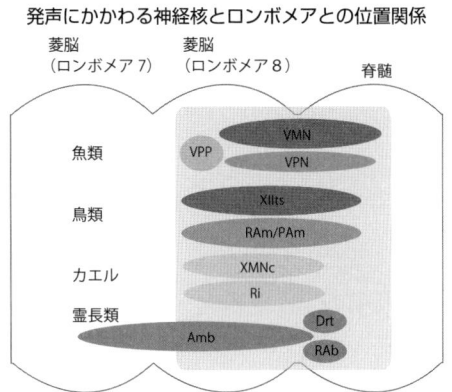

図 6.2　発声にかかわる神経系
脊椎動物では，どの系統でも菱脳と脊髄の間にある神経核群（灰色の四角で囲まれた部分）が発声にかかわっている．つまり，発声器官は異なっていても，それにかかわる神経系は相同のシステムが使われていると考えられる．Amb：ambiguus 核，Drt：背側網様体核，XMN：迷走神経の運動核，XMNc：迷走神経運動核の尾側部，IO：下オリーブ核，SM：脊髄の運動神経，VPP：発声プレペースメーカー神経，VPN：発声ペースメーカー神経，VMN：発声運動神経，XIIts：tracheosyringeal 舌下神経核，RAm：retroambigualis 核，PAm：parambigualis 核，RAb：retroambiguus 核，Ri：網様体下部．Bass et al.（2008）を改変して引用．ガマアンコウのイラストは富豪記者ブログ http://fugoh-kisya.blogspot.jp/ の写真を管理者の許可を得て改変．

られます．これらの領域に発現する Hox 遺伝子群の機能を，鳥類や魚類で比較し解析することで，発声にかかわる脳の進化について重要なヒントが得られるかもしれません．

　また，ヒトの進化について考えた場合，音声によるコミュニケーションが文化の発達や社会の形成に重要であったことは疑う余地もありませんが，言語の習得は脳にも多大な影響を及ぼしていると考えられます．我々がものを考える際には，言語を使っています．たとえば日本人であれば，通常は日本語を使って思考をしています．この脳内で使用する言語（内語）は，論理ある思考や物事を理解する上で極めて重要です．言語による思考なしでイメージのみで世界を認識するとしたら，この世界は非常に漠然としたものでしょう．類人猿はこ

のような言葉をもたないという点で，人類とはたいへん大きな差が生じていると考えられます．そして，ヒトは脳内言語を対人コミュニケーションよりもずっと高頻度に使用しています．たとえば，筆者のように友人もなく孤独に過ごす時間が大半である場合，言語は他人に対してよりも自分の脳に対して使用するものとなっています．このことはつまり，言語の習得が脳のはたらきをステップアップさせたと考えられるでしょう．ならば，発声にかかわる神経系の整備や声帯などの発達は，霊長類の脳の進化に多大な影響を与えたと考えられます．声帯をつくる発生機構がヒト科で発達したことは，脳進化の飛躍的な進化ための前適応[2]だったといえるかもしれません．

　脳科学の立場からは，ヒトの言語に関して興味深い遺伝子が見い出されています．イギリスで会話と言語に障害のある家系があり，その異常にかかわっている遺伝子を調べた結果，FoxP2 という遺伝子に異常があることがわかりました（Lai *et al.*, 2001）．ヒトの FoxP2 は言語野や線条体に発現していますが，そのほかにも視床や小脳，脳幹などさまざまな場所に発現していることがわかりました．そして，ヒトとチンパンジー・ゴリラの FoxP2 の配列を比較すると，2 アミノ酸の違いがあることがわかりました（Preuss, 2012）．この 2 アミノ酸の違いをもつヒト型 FoxP2 をマウスに導入したところ，探索行動やドーパミン濃度の低下が見られる一方で，線条体のニューロンの樹状突起が長くなり，鳴き声の周波数が変わるという驚くべき結果が得られました．つまり，FoxP2 は 2 アミノ酸が変化するだけで，明らかに発声を含む大脳基底核の機能に影響を及ぼすことができるのです（Enard *et al.*, 2009）．また，FoxP2 のイントロンの中に転写調節因子の結合領域があり，そこには羊膜類の間で極めてよく保存された塩基配列がありますが，ヒトでのみ配列が違う箇所も見つかっています．このような違いは，霊長類の中でもヒトに特異的な言語の習得と関係があるのかもしれません．

---

[2] 後にも例がいくつか出てきますが，進化の過程で確立された当初は表だって役に立ってないように見える構造やしくみが，のちの進化の際に極めて重要になるような場合を指します．

6.4 体性感覚地図

　脊椎動物の感覚神経回路の特徴の1つに，感覚地図というものがあります．これは視覚系や聴覚系，体性感覚系でよく調べられています．特に体性感覚系については，主にマウスを用いた研究が進んでいます．ここで体性感覚地図についてのイメージをつかむため，マウスのヒゲに関する有名な事例を紹介しておきましょう．哺乳類の多くでは口のまわりに長いヒゲが生えています．イヌやネコやウサギを飼ったことがある方ならご存じかと思います．動物園や水族

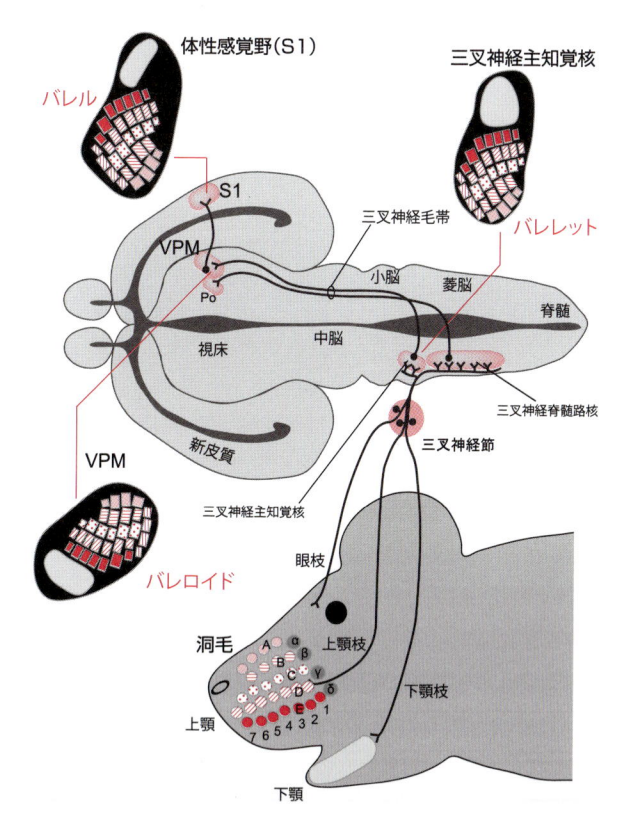

図6.3　マウスの体性感覚地図
　頭部には洞毛が規則正しく並んでおり，それらによって受容された感覚情報は，洞毛の配置を維持したまま脳内に運ばれる．そして菱脳，間脳を中継して終脳に送られる．Erzurumlu et al.（2010）を改変して引用．

館に行ってアザラシやセイウチの顔を見れば，よりよくわかるでしょう．それらのヒゲは，洞毛と呼ばれる特殊なものです．洞毛はその付け根に血管が入るために空洞になっていることからそう呼ばれています．これらのヒゲは上顎に規則正しい配置で並んでおり，そのパターンは種間で保存されているため，ヒゲの1本1本に名称をつけて区別することができます（図6.3；Erzurmlu *et al.*, 2010）．そして，これらのヒゲは三叉神経の上顎枝によって支配されています．洞毛の情報を伝える三叉神経の軸索は，菱脳のロンボメア2にある神経根を通って菱脳に入り，2つの神経核に入力します．1つは菱脳の前方にある三叉神経主知覚核で，もう1つは後方にある三叉神経脊髄路核です．これらの神経核の中では，神経細胞が洞毛の空間的な配置をそっくりそのまま写しとったかのように配置されています．この配置はバレレットと呼ばれています．シトクロームオキシダーゼという酵素を用いて染色をすると，そのパターンを明瞭に観察することができます．つまり，末梢の受容器の配置は，神経がつくる地図に置き換えられて脳内に伝えられているのです．これは情報を符号化する上で極めてシンプルな方法ですが，その分余計な処理を必要としない確実な方式だと考えられます．哺乳類の三叉神経系では，菱脳でつくられたこの神経の地図がそっくりそのまま間脳へ，そして最終的に終脳の体性感覚野へ伝えられます．間脳で見られるパターンのことをバレロイドといい，終脳で見られるものをバレルと呼んでいます．

体性感覚地図は，三叉神経系以外にも，視覚系や聴覚系，味覚系など多くの感覚系で見られます．また，菱脳以外にも中脳や終脳でよく見られるので，その項でまた紹介していきたいと思います．

応用編：感覚地図形成にかかわる遺伝子

菱脳で最初につくられるこうした感覚地図の形成には，いくつかの遺伝子が関与していることが知られています．Drg11という転写調節因子は三叉神経系を構成する細胞に発現しており，これをノックアウトすると感覚地図の形成が妨げられます（Ding *et al.*, 2003）．また，ロンボメアの分節もこの地図の形成において重要であることがわかりました．上顎の感覚地図は主知覚核の中でもロンボメア3に由来する細胞によってつくられることが知られており，

これには Hox 遺伝子の一種 Hoxa2 がかかわることが知られています（Oury et al., 2006）．ロンボメアで特異的に Hoxa2 の機能を阻害すると，感覚地図の形成が妨げられてしまうのです．

　こうして発生期に感覚地図の基盤がつくられた後，生後になると神経活動に依存する機構がはたらき，ヒゲの 1 本 1 本に対応した正確な地図ができてきます．この過程には NMDA 受容体など神経の可塑性にかかわるタンパク質が重要な役割を担っています（Erzurumlu et al., 2010）．

6.5　魚類における菱脳の多様化

　菱脳には，その神経要素の配置や発生プログラムに種を越えた相同性が見られる一方で，成体の動物では種ごとに形態の多様性が顕著に見られます（図 1.1 参照）．これは，特定の動物種で菱脳の一部が肥大することによるものです．こうした形態多様化は，条鰭類でよく見られます．それらのうち一部の真骨類では，顔面葉や舌咽葉，迷走葉といった構造が発達し，顔面や口腔内の知覚に関与しています（図 1.1 参照）．特にコイ目とナマズ目，そしてスズキ目のヒメジ類でその発達が著しく，コイ目では顔面葉と迷走葉が発達しており，特にフナ類でよく発達する迷走葉には明瞭な層構造があります（図 6.4；Batler and Hodos, 2005）．これは，コイ目の魚類では上下顎の歯が退化しており，その代わりに喉にある咽頭歯を使うよう進化したことと関係があると思われます．これらの魚類の咽頭には，餌とそうでないものを識別する口蓋器（parietal organ）があります（清原・桐野, 2009）．口蓋器には多数のこぶが見られ，1 つのこぶに 10 〜 40 個の味蕾がついています．この味蕾には迷走神経が終末していて，1 つのこぶの味蕾が機能単位となり，1 つの神経束に集約されて迷走葉に送られています．一方，ナマズ目では顔面葉がよく発達します．これらの魚では，ヒゲ（触鬚）に数多くの味蕾があり，顔面神経によって支配されています．顔面神経は，菱脳の顔面葉に入力します．顔面葉には，先ほど述べた哺乳類の三叉神経系で見られるような体性感覚地図があり，ヒゲからの感覚情報がそこに投影されています（図 6.5；Kiyohara and Caprio, 1996）．ヒメジという魚はあまり知られていませんが，顎の下に 1 対のヒゲをもち，こ

第6章 菱 脳

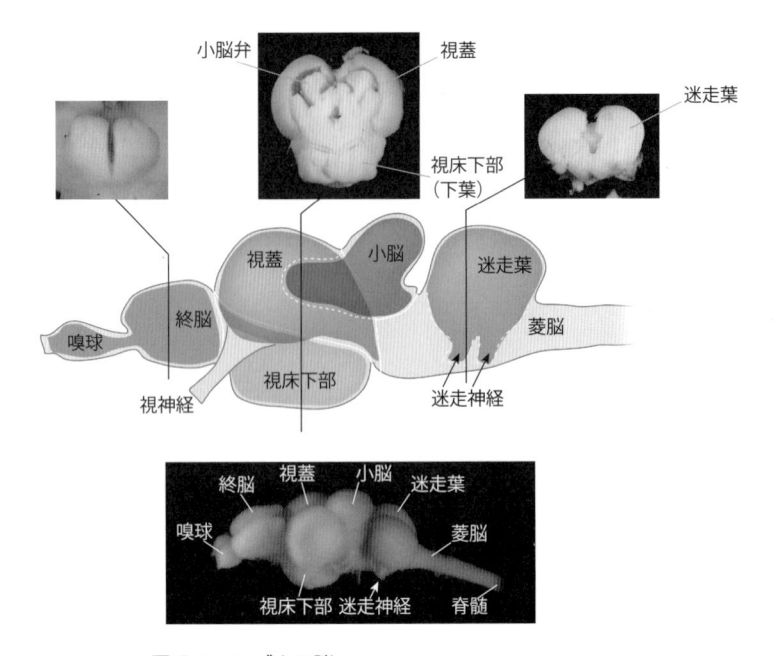

図6.4 ヒブナの脳
　　　迷走神経の入力を受ける迷走葉が発達している．

れを器用に動かして海底を探り，餌をとります．近縁種にはオジサンという魚がいます．これはスベスベマンジュウガニや，トゲナシトゲトゲほどではありませんが，変な名前の生物ランキングにしばしば登場します．とにかく，ヒメジやオジサンの行動を見ると実に器用にヒゲが動くのに驚きます．清原らの研究によれば，ヒメジの顔面葉は多くの皺をもち，ここにヒゲに対応した体性局在が認められます（Kiyohara et al., 2002）．

　上に述べたような形態多様化の背景には，条鰭魚類の系統で独自に生じた遺伝子重複（whole genome duplication）に基づく発生システムの多様化があるのかもしれませんが，詳しいことはまだほとんどわかっていません．また，水棲無羊膜類の菱脳には側線神経の入力を受ける神経核があり，側線神経の発達した系統では，これが非常に発達して側線葉となり，水流や電気の感知にかかわっています．一方，羊膜類では魚類のような膨大はあまり見られませんが，哺乳類の菱脳の前方腹側部には橋（橋核）が発達するという大きな特徴があり

6.5 魚類における菱脳の多様化

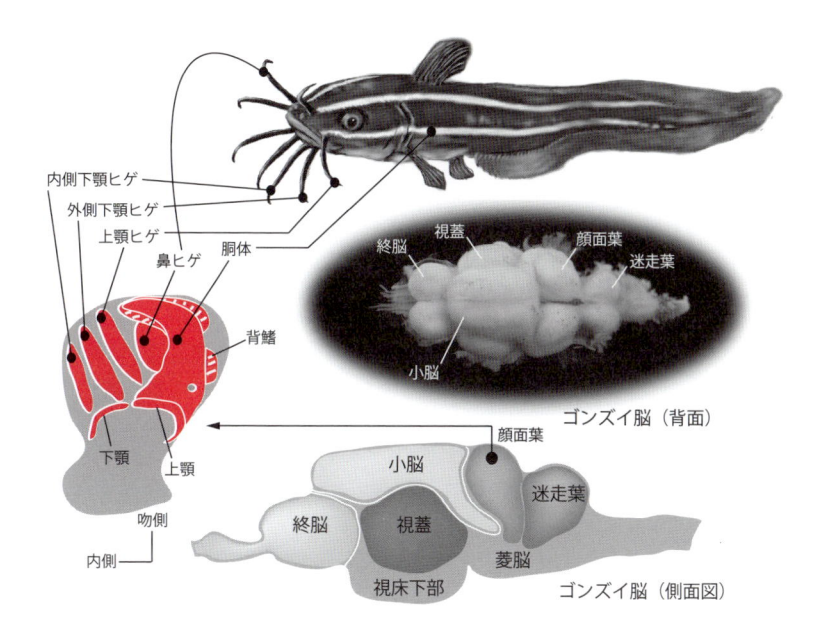

図 6.5 ゴンズイの体性感覚地図
髭や顔面領域を神経支配している顔面神経は，菱脳の顔面葉に入力し，そこではナマズの体の輪郭をデフォルメして写しとったような感覚地図が形成されている．Kiyohara and Caprio（1996）を改変して引用．ゴンズイのイラストは，スーの串本図鑑 http://tsk723leon.wix.com/zukanmokuzi#!zukanmokuzi/c1v6c の写真を管理者の許可を得て改変．

ます．橋核は終脳と小脳（その中でも特に新小脳と呼ばれる領域）を結ぶ重要な中継点として機能します．橋核の発生においてもロンボメアの分節が重要な役割を担っています（図 3.20 参照）．橋核は前後軸に沿っていくつかの領域に細分されますが，それらは特定のロンボメアに由来します．これらの領域を構成するニューロンは，発生初期には後脳の背側にある菱脳唇で生まれます．そして発生期に腹側へと移動し，橋核を形成します．この過程には菱脳唇に発現する Wnt1 や Hox 遺伝子，RNA 結合タンパク質の一種 CSDE などが関与することがわかっています（Farago et al., 2006; Geisen et al., 2008; Kobayashi et al., 2013）．

▶▶▶ Q & A ◀◀◀

Q ペースメーカーとしてはたらくニューロンとは,何のペースメーカーとなるのですか.

A 魚類でペースメーカーとしてはたらくニューロンは,リズミカルに発火して,浮き袋に付属している筋肉の収縮を行い,結果として鳴き声のパターンをつくります.

Q 魚類以外の脊椎動物では菱脳の多様性はあまりないと思ってよいでしょうか.

A 基本的に多くの脊椎動物では,菱脳内のカラム構造はよく似ています.Hox 遺伝子によりキッチリと発生が制御されていることを考えると,菱脳は多くの脊椎動物においては保守的な領域と考えられます.

7 小脳

7.1 小脳とは

　小脳は cerebellum，すなわち小さい脳という意味です．動物種によっては小さい場合もたしかにありますが，実はそれほど小さくありません．むしろ終脳（大脳）に次いで大きくなっている場合や，終脳や中脳よりも巨大化し，最大の脳領域となっている例も見られます．小脳は脳の中でも目立つ存在であり，いくつかの興味深い特徴を秘めています．

　小脳は，延髄の背側で中脳と接する部分に生じます（図 3.3 参照）．そして多くの脊椎動物では，脳の背側に 1 つの無対の隆起部，すなわち小脳体が観察されます．脳を戦艦にたとえるなら，ちょうど艦橋のような感じです．哺乳類を除く多くの脊椎動物ではここが小脳の主要な領域となり，脊髄小脳路という経路によって筋肉からの固有受容性の情報を受けとっています．小脳にはさらに小脳耳（auricle）という領域が付属しており，ここには平衡覚の情報が入力します（図 7.1）．ここは四足類では片葉（flocculus）と呼ばれています．

　小脳は，鳥類や魚類など，三次元的な運動を活発に行う動物でよく発達しています．一方で両生類の幼生など，あまり活動的でない動物ではそれほど大きくありません．これは，多くの脊椎動物において，小脳が平衡覚の感覚中枢として機能することや，運動の制御にかかわっていることと関係があります．哺乳類の小脳は他の動物とは一線を画す独特なもので，終脳（大脳）に次ぐ大きさをもち，運動の学習や知覚認識など他に類を見ないようなさまざまな高次機

第7章 小 脳

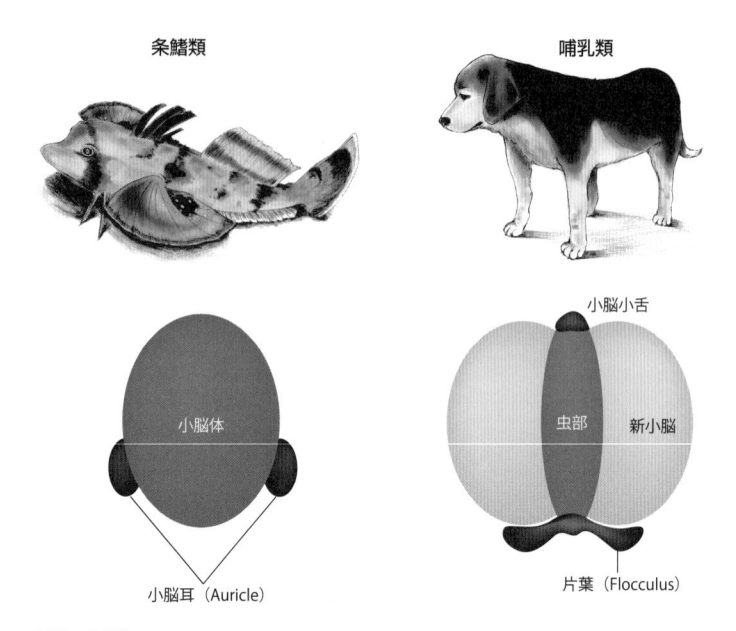

図 7.1　小脳の形態
　条鰭類と哺乳類の小脳を背側から見た模式図．哺乳類の小脳で条鰭類の小脳体に相同な場所は虫部と呼ばれる（動物イラスト提供：佐々木苑朱氏）．

能にかかわっています．

小脳の構造

　哺乳類の小脳を輪切りにして中を覗いてみると，極めてシンプルな神経回路が存在しています．その様子はラモニ・カハールによって描写され，彼の著書 *Textura del sistema nervioso del hombre y de los vertebrados* にはたいへん素晴らしいイラストが描かれています（Ramon y Cajal, 1995）．まだ見たことがない方にはぜひ一読をオススメします．小脳は，分子層，プルキンエ細胞層，顆粒細胞層の3層構造をもっています（図 7.2）．また，小脳の周辺には多くの神経核があり，それらは小脳脚と呼ばれる神経路によって連絡し合い，複雑な相互作用を行うことで重要な機能を担っています（図 7.3）．上小脳脚は，赤核や視床にいく遠心性線維や，中脳から小脳に入力する線維を含み，中小脳脚は主に橋から入力します．下小脳脚は下オリーブ核などから入力

7.1 小脳とは

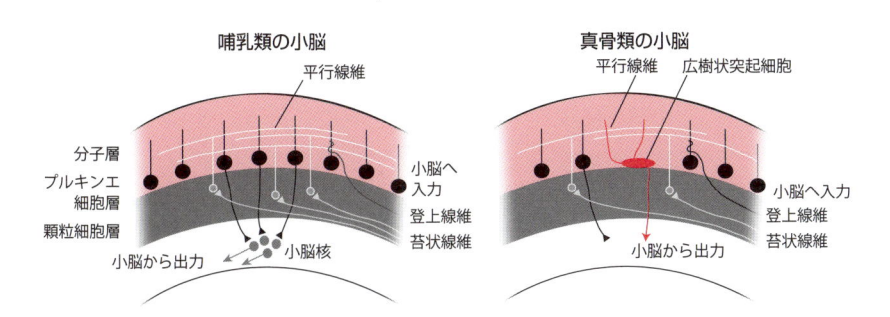

図 7.2　哺乳類と真骨類の小脳
それぞれの動物の小脳皮質を示す．いずれの動物も分子層，プルキンエ細胞層，顆粒細胞層の3層構造をなしている．羊膜類では小脳からの出力は小脳核から生じるが，真骨類では広樹状突起細胞が出力にかかわる．

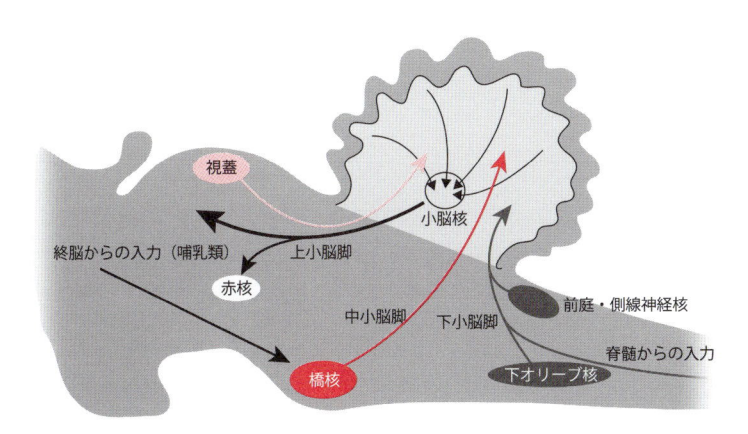

図 7.3　小脳への入力と出力
上小脳脚，中小脳脚，下小脳脚という3つの経路が小脳への情報の出入りにかかわっている．ローマー&パーソンズ（1983）を改変して引用．

します．これらの入力線維には，苔状線維と登上線維という2つの終末型があります．苔状線維は顆粒細胞とシナプスをつくり，登上線維はプルキンエ細胞とシナプスを形成します．顆粒細胞の軸索は分子層に入り，そこでT字状に分かれて平行線維となり，それがプルキンエ細胞の樹状突起の間を通り抜けて走行します（図7.2）．その過程で，プルキンエ細胞とシナプス接続するのです．平行線維や登上線維からの情報を受けとったプルキンエ細胞は，小脳核に接続します．プルキンエ細胞は，GABAを神経伝達物質とする抑制ニュー

ロンなので小脳核の細胞を抑制しており，プルキンエ細胞の活動が抑制されたときにのみ，小脳核のニューロンは情報を外に出力することができます．これが，小脳神経回路の基本構成です．驚くべきことにこうした基本的な情報の流れは，ラモニ・カハールによってすでに示されています．彼が天才と呼ばれるのもうなずけます．

7.2 小脳発生機構の起源

小脳の領域化

　顎口類の脳原基では，Otx2 と Gbx2 の発現境界から中脳後脳境界部（狭部：MHB）が生じ，そこに En，Pax2/5/8 などの転写制御因子や，Wnt1，FGF8 などのシグナル分子が発現し，後脳のロンボメア 1（r1）の背側に小脳を発生させます（図 3.10，3.11 参照；Hashimoto and Hibi, 2013）．それでは，このしくみは脊索動物の進化のどの段階で確立されたのでしょうか？ MHB は，前述のように尾索類ホヤやナメクジウオにおいて（あるいはギボシムシで）見い出されている極めて起源の古いオーガナイザー領域です．しかしながら，これらの動物には小脳に相当する領域は確認されません（第 3 章 column「ナメクジウオとホヤの脳」）．このことから考えると，脊索動物の段階では小脳をパターニングできる領域はあったとしても，小脳を分化させるような仕掛けはまだ確立していなかったようです．つまり，小脳は脊椎動物の段階で獲得された領域であると考えられます．ただし，後に述べるように，脊椎動物の中でも円口類と顎口類の小脳の形態や細胞構築には大きな違いが見られます．

　これから小脳の進化の話をはじめるにあたり，まずは脊椎動物の各系統における小脳を概観しておきましょう．

応用編：小脳パターニングの分子機構

　小脳の形成には MHB からの Fgf8 シグナルが重要であることは先に述べたとおりです．Fgf 受容体は膜結合型のチロシンキナーゼであり，細胞内にある標的分子をリン酸化することで，Fgf の情報を細胞内へ伝えます．これによって活性化されるものとしてはいくつかのシグナル系がありますが，仲村らのグ

ループの研究により，小脳の分化にはRas-ERKを介するしくみがかかわっているとと考えられています．ニワトリでドミナントネガティブ型（機能をもたないように細工した遺伝子）のRasを強制発現させ，通常のRasのはたらきを遮断すると，小脳の代わりに視蓋が分化し，Ras-ERK経路を遮断すると，MHB後方でGbx2の発現が抑制され，Otx2の発現が誘導されました（Sato and Nakamura, 2004）．このことから，小脳の分化は，Fgf8シグナルによりRas-ERKシグナル経路が活性化されることで起こることがわかります（図7.4）．このしくみが脊椎動物の系統を遡っていったとき，どの段階まで存在しているのかを調べることで，小脳パターニング機構の起源を知ることができると考えられます．

7.3 円口類の小脳

脊椎動物の系統で最も初期に分岐したとされる円口類を見てみましょう．円口類のヌタウナギは，三叉神経根を含む領域が大きく前方に伸び出した巨大な菱脳をもっていますが，その背側には小脳と呼べるような構造は確認できません（図7.5）．円口類のもう1つの系統であるヤツメウナギでも小脳の分化程

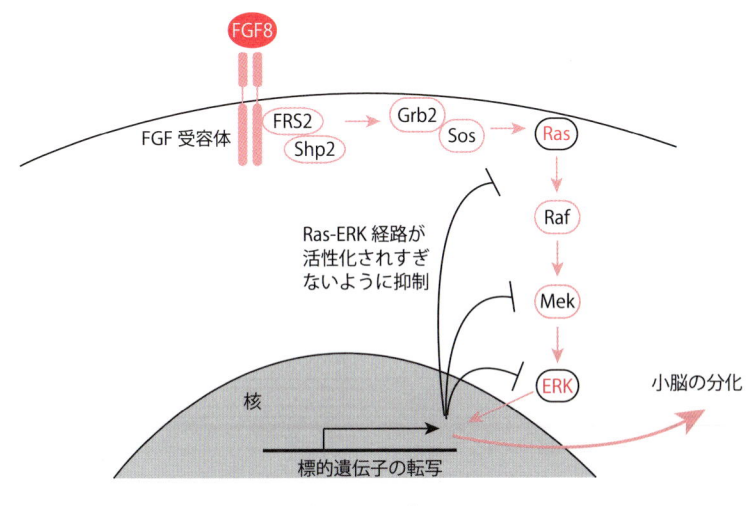

図 7.4 小脳パターニングのしくみ
宮田・山本（2013）を改変して引用．

第7章 小 脳

度は極めて低く，小脳体（corpus cerebelli）は見い出されそこに顆粒細胞様の細胞は見られるものの，プルキンエ細胞，小脳核，下オリーブ核などの分化はほとんど見られません（図 7.6）．ただし，ヤツメウナギの顆粒細胞の中には，発達した樹状突起をもつプルキンエ細胞様の細胞が見い出されています（図 7.7；Nieuwenhuys, 1967）．しかしながら，プルキンエ細胞のマーカーとして知られる zebrin II は，軟骨魚類から羊膜類まで多くの脊椎動物の小脳にその発現が見られますが，抗 zebrin 抗体ではヤツメウナギの小脳体は染色さ

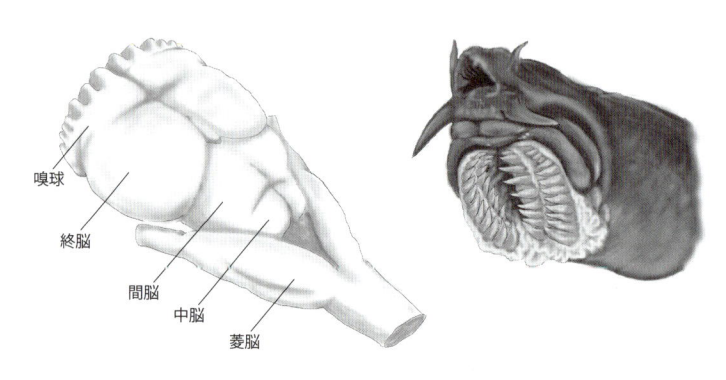

図 7.5　ヌタウナギの脳
　　　　小脳は形態学的には確認できない．右はヌタウナギの頭部．

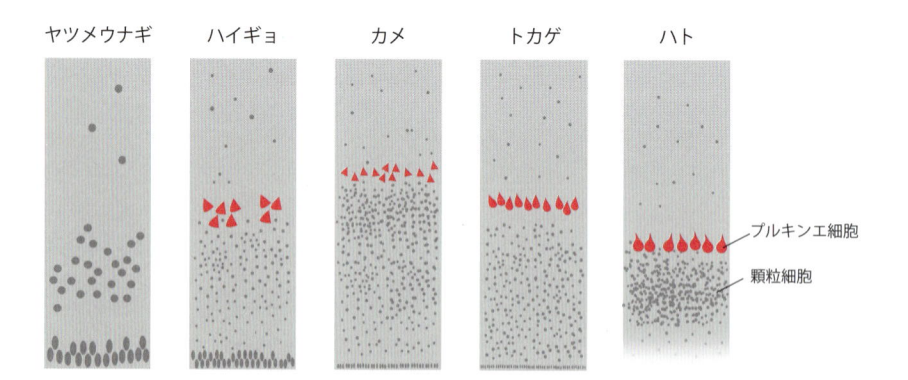

図 7.6　脊椎動物の小脳皮質
　　　　さまざまな脊椎動物の小脳の断面．ヤツメウナギではプルキンエ細胞と顆粒細胞の分化が明瞭ではない．Nieuwenhuys（1967）を改変して引用．

7.3 円口類の小脳

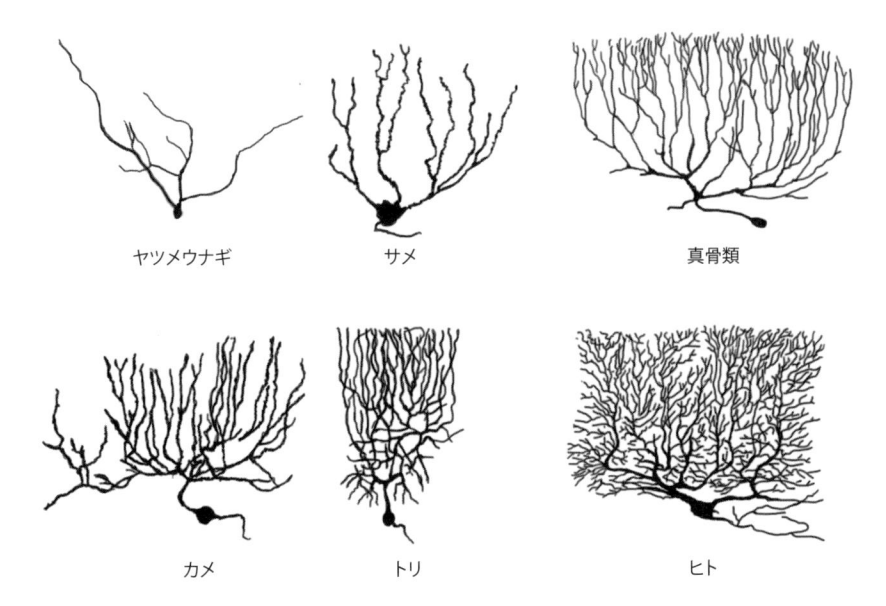

図7.7　プルキンエ細胞
さまざまな脊椎動物のプルキンエ細胞の形態を示す．Nieuwenhuys（1967）を改変して引用．

れません（Lannoo and Hawkes, 1997）．顎口類では小脳からの出力線維は中脳の赤核に投射します．興味深いことに，円口類の中脳には赤核が見られないようです．ちなみに赤核は軟骨魚類のサメには存在しています（Butler and Hodos, 2005）．

　それでは，円口類には小脳がないと考えるべきなのでしょうか？　いやいや，話はそれほど単純ではないようです．顎口類の小脳には，小脳交連という交連線維があります．これは脊髄などからの求心性線維を含んでいます．この交連は，ヤツメウナギには見られます（Nieuwenhuys and Nicholson, 1998）．ヌタウナギでは完全に対応するものは見い出されないようですが，位置的には小脳交連が形成される位置に似たような交連が形成されています．そして，最近の発生学的研究から，興味深い事実がいくつか明らかになってきました．それらについては小脳の起源と進化の項目（第7.5節）で詳しく述べたいと思います．

7.4 顎口類の小脳

　円口類とは異なり，顎口類では小脳が見られます．しかもかなりはっきりと確認できます．軟骨魚類の小脳は大きく発達しており（図 1.1 参照），種によっては中脳の背側に覆いかぶさるほど巨大になります．そのような種では小脳体が左右非対称になっており，左右が対称な哺乳類や鳥類の小脳とは大きく異なっています．軟骨魚類の小脳を断面にして詳しく見てみると，顆粒細胞，プルキンエ細胞，下オリーブ核といった小脳を特徴づける構造が見い出されます（図 7.8；Nieuwenhuys, 1967）．ただ，軟骨魚類の顆粒細胞は，シート状ではなく細胞がカラム状に集まった構造（prominentiae granulares）となっています．最近になって，発生期のサメを用いた小脳入力系に関する研究が行われました．それによれば，サメの小脳は脊髄，菱脳，中脳，間脳のさまざまな領域から入力を受けており，その形態は他の顎口類に見られるものとよく似ているようです．また，これら前小脳システム（precerebellar nuclei）は菱脳唇から発生し，移動してきますが，そのあたりも他の顎口類と似ているようです（Pose-Mendez et al., 2013）．先ほど述べたように，サメの中脳には赤核が存在し，小脳核からの入力を受けとっています．このことから顎口類の共通祖先の段階で，小脳の神経回路の基本型が確立されていたと考えられます．赤核から脊髄への投射（赤核脊髄路）は軟骨魚類のエイ，条鰭類のガー，肉鰭類のハイギョで見られるようになります．ただし多くの顎口類と異なり，トラザメの赤核は脊髄には投射していないようです（Butler and Hodos, 2005）．また，爬虫類のニシキヘビ類でも赤核脊髄路が見られないようです．赤核脊髄路は四肢のコントロールを行うため，四肢の退化したヘビ類で退化したように見えますが，不思議なことにこの経路はナミヘビ類には存在しています（Butler and Hodos, 2005）．

　硬骨魚類の条鰭類でも小脳はよく発達しています．真骨類の中でも進化したグループであるスズキ目の種では，背側に隆起した小脳体が観察できます．条鰭類の小脳体の前方には，いびつに折れ曲がりながら突き出した構造があり，これは小脳弁（valvula cerebelli）と呼ばれています（図 7.8）．小脳弁は小脳の前に突き出しますが，そこには中脳がでんと居座っているので，そのまま

7.4 顎口類の小脳

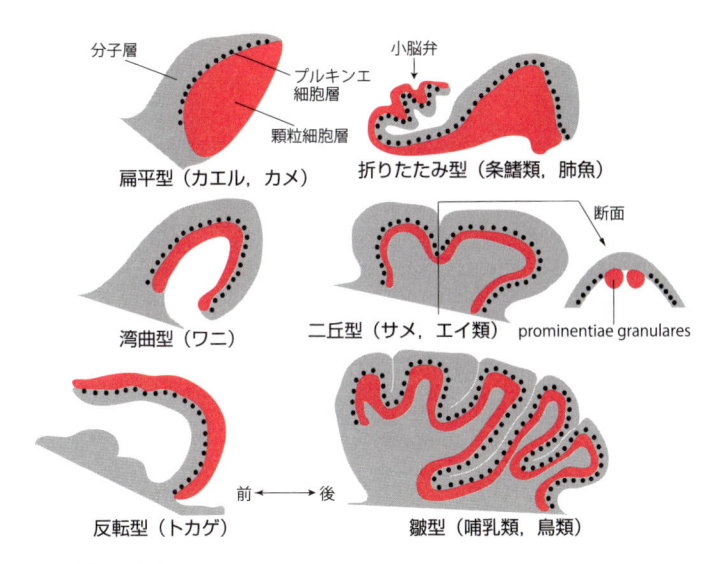

図 7.8 脊椎動物の小脳
系統によってさまざまな形態が見られる．Butler and Hodos（2005）を改変して引用．

では中脳にぶつかってしまいます．そこで多くの魚類では，小脳弁が中脳視蓋の脳室に潜りこむように発生していきます（column「ポリプテルスの脳」）．よって，これらの魚で中脳付近の断面を見てみると，視蓋の下に小脳弁の断面が見えます（図6.4参照）．脳の中に脳が潜りこんでいる様子は，いささか異様で奇異な印象を受けます．小脳弁では，顆粒細胞が層ではなく細胞体が塊となった神経核構造をとっていることが知られています．このように，条鰭類の多くの種では小脳が中脳内部に埋没しているため外から見えなくなっていますが，そのことを考慮に入れると，このグループで小脳は相対的にたいへん大きいといえます．ドイツの著名な比較形態学者であるポルトマンは，その著書の中で「小脳は，高等魚類では，その大きさからすれば事実上大脳である」と述べています（ポルトマン，1979）．

　小脳を語る場合に忘れてはならない魚がいます．モルミルスです．日本ではエレファントノーズフィッシュという名称で知られています．その奇妙な姿のゆえか，熱帯魚を扱う店ではお馴染みの種です．モルミルス科魚類は口の部分に象の鼻のような突起をもっています．さらに，この魚は他に類を見ない極め

第7章 小 脳

モルミルス　　　　　　　　　　モルミルスの脳
　　　　　　　　　　　　　　小脳弁（外葉）　　小脳弁（内葉）
　　　　　　　　　　　　　　　　　　　小脳
　　　　　　　　　　　　　終脳　間脳　視蓋　菱脳

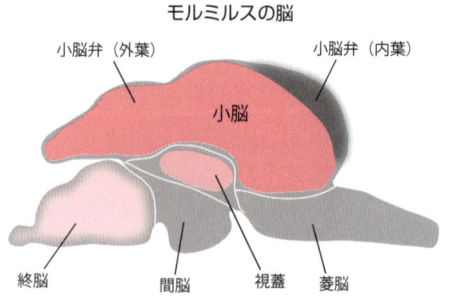

図 7.9　モルミルスの脳
モルミルス類は著しく発達した小脳をもつ．

て特徴的な形態をもっています．この動物の小脳弁は著しく肥大し，脳の上に傘のようにかぶさっているのです（図 1.1，7.9）．成体の脳を上から見ると，巨大な小脳によって他の脳領域が覆い隠されています．この異様なまでに発達した小脳は，彼らの行う非常に複雑な電気コミュニケーション能力とのかかわりで進化してきたと考えられています（column「電気で交信する魚たち」）．彼らの小脳は異様に大きくなっていますが，内部を観察すると他の動物と同じように，分子層，プルキンエ細胞層，顆粒細胞層が存在しています（Nieuwenhuys, 1967）．

　小脳への線維入力を見てみると，側線神経が発達した系統では，機械刺激を受容する側線神経の線維が，哺乳類の苔状線維のように顆粒細胞に入力しています．魚類の小脳で注目すべきは小脳核の進化でしょう．小脳核が，小脳からの情報出力にかかわる重要な神経核であることはいうまでもありません．小脳核は両生類には見られますが，魚類ではそれに相当する神経核が見い出されていません．そのため，小脳核の起源についてはこれまで比較形態学者の間で議論の的となってきました．興味深いことに，条鰭類の小脳皮質には広樹状突起細胞（eurydendroid cell）という細胞があり，これが唯一の出力細胞となっているため（図 7.2；Murakami and Morita, 1987），この細胞が四足類に見られる小脳核と相同ではないかといわれていました．しかしながら，遺伝子マーカーを用いた解析などから，最近ではこれが疑問視されています（Hashimoto and Hibi, 2012）．広樹上突起細胞の発生起源，言い換えれば

小脳からの出力システムの進化について，今後のさらなる研究が期待されます．

電気で交信する魚たち

column

　水棲脊椎動物には，電気を受容できる種が多く存在しています．水中で生活するには，電気受容というのはとても便利なもののようです．私たちヒトにはない感覚なので，どのような感じなのかたいへん興味があります．ただ，有毛細胞型の受容器やプラコードに由来する神経発生様式を見ると，電気受容系（側線神経系全般）は私たちの聴覚系に近いようなので，側線で受容される感覚はもしかしたら，多分に想像が含まれることを断った上で述べるなら，私たちが音として認識している感覚に近いのかもしれません．

　脊椎動物の中で電気受容の能力をもつものには魚類，両生類，哺乳類の一部がいます．魚類では軟骨魚類，肉鰭類，条鰭類で電気を用いるものがいます．また，魚類の中でも電気受容感覚をもたないものもいます．これらの電気受容系が共通の祖先から受け継がれてきたものかどうかは確定できませんが（少なくとも哺乳類は独自に進化したようです；第11章参照），電気感覚系は進化の過程で系統ごとに独自の発展を遂げてきたようです．

電気で攻撃する魚たち

　一部の魚類は電気を武器として使います．軟骨魚類のシビレエイ *Torpediniformes*，真骨類のデンキナマズ *Malapteruruselectricus* やデンキウナギ *Electrophorus electricus* です．中でもデンキウナギは600～800Vもの電気を発生させることができます．これらの魚は，いずれも筋肉組織が独特の変化をして，大量の電気を発する発電器官となっています．それを発電神経と呼ばれる神経が制御することにより，放電が可能となります．この発電神経は，発電魚によって異なっています．電気器官の神経支配はデンキウナギでは脊髄神経の腹側根によりますが，これは発電器官が体幹部の筋肉に由来するためと考えられます．デンキナマズは少し変わっていて，脳と脊髄のどちらにも発電にかかわる神経が存在しているようです（ポルトマン，1979）．シビレエイでは脳に電気葉（electric lobe）と呼ばれる領域が発達し，そこから出る脳神経の太い枝が発電器官を支配します（ちなみに電気葉の神経は縫線核のニューロンによって活性化されるようですが，この神経核が放電のための「発令所」なのかどうかは不明です；Smeets，1998）．

第7章 小脳

7.5 小脳の起源と進化：円口類から顎口類へ

それでは，小脳はどのようにして進化してきたのでしょうか？ 脊椎動物の中で最も初期に分岐した円口類の小脳を見ることで，小脳進化の起源に迫ることができるかもしれません．

小脳ニューロンの発生

ここで，小脳の発生様式について簡単に述べておきたいと思います．いろいろな細胞や分子が出てきていささか難解ですが，小脳の進化を知るための重要な手がかりになると思います．

小脳に存在する主要なニューロンであるプルキンエ細胞と顆粒細胞は，それぞれ異なる様式で発生します．小脳の細胞のうち，グルタミン酸を神経伝達物質とするもの（顆粒細胞など）は Atoh1 を，γアミノ酪酸（GABA）を伝達物質とするもの（プルキンエ細胞など）は Ptf1a を発現する前駆細胞にそれぞれ由来しています．哺乳類の小脳形成過程では，菱脳唇（rhombic lip：rhl）において Atoh1 陽性細胞が接線方向に移動し，それが小脳原基の表層で外顆粒層を形成し，プルキンエ細胞に由来する Shh シグナルを受けて増殖していきます．その後，これらの前駆細胞は NeuroD1 を発現する顆粒細胞へと分化します．そして，顆粒細胞は腹側へと移動していき，プルキンエ細胞層のさらに下層で顆粒細胞層（内顆粒層）を形成します．一方，Ptf1a を発現している前駆体細胞は，菱脳唇の腹側から放射状に移動してプルキンエ細胞へと分化します（図 7.10）．こうした小脳ニューロンの発生について，真骨類と哺乳類の小脳発生を比較する研究が進められています（Butts *et al.*, 2014）．顎口類において，顆粒細胞前駆体の接線方向への移動は軟骨魚類のサメでは観察されませんが，条鰭類のゼブラフィッシュでは小脳の前方にある小脳弁付近でそれが見られます．羊膜類になるとこの細胞移動はより発達し，Atoh1 陽性細胞の増殖によって外顆粒層が形成されるようになります（図 7.10）．このように，小脳のニューロンの発生機構は脊椎動物の進化の過程でいくつかのステップを経て進化してきたと考えられます．

7.5 小脳の起源と進化：円口類から顎口類へ

哺乳類の小脳ニューロンの発生

- Atoh1 陽性細胞の移動
- Shh シグナル
- 外顆粒層
- 移動
- 内顆粒層
- 移動
- TGF-β シグナル
- 菱脳唇

凡例：
- Ptf1a 陽性細胞
- Atoh1 陽性細胞
- NeuroD1 陽性細胞（顆粒細胞）
- プルキンエ細胞
- 顆粒細胞

小脳原基を背側から見た模式図

サメ → ヘラチョウザメ → ゼブラフィッシュ → ニワトリ・マウス

小脳弁原基、外顆粒層

系統樹注記：
- 細胞の移動なし
- 顆粒細胞前駆体の接線方向の移動
- Shh シグナルによる Atoh1 陽性細胞の増殖

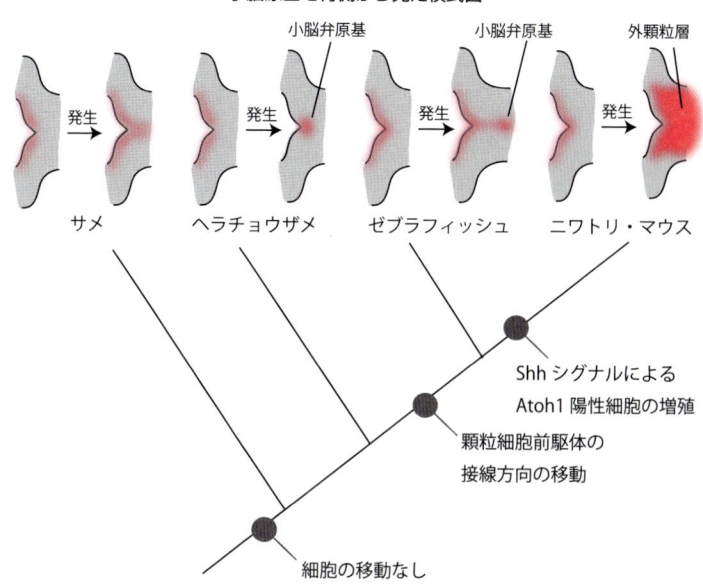

図 7.10　小脳形成機構とその進化
左の図は哺乳類における小脳の形成．左の図は小脳形成機構の進化に関する仮説．Butts et al. (2014) を改変して引用．

第7章 小　脳

円口類の小脳発生

　脊椎動物における小脳のニューロンの発生は先述のとおりです．しかし残念ながらヤツメウナギの Atoh1，Ptf1 については，ゲノム上にはそれらしい遺伝子があることはわかっているものの，その発現については調べられていません．とりあえずは今後の研究の進展を待つことにしましょう．脊椎動物では，下オリーブ核や橋核など，小脳と連絡する神経核群は菱脳唇，特に r6-r8 の菱脳唇に由来する細胞が移動することにより形成されます．それらの細胞分化・移動には，Atoh1，Ptf1 などの分子とともに Pax6 が関与することがわかっています．円口類のヤツメウナギ胚の後脳背側部には，Pax6 の発現が見られません(Murakami et al., 2001)．Pax6 は顎口類では菱脳唇に発現しており，そのノックアウトマウスでは顆粒細胞の形成が妨げられることがわかっています（Engelkamp et al., 2001）このことから，ヤツメウナギは「小脳領域」を特異化できても，Pax6 などの小脳形成に深くかかわる遺伝子が発現しないために，顎口類型の小脳や，小脳と関連する神経核を発生させることができないのかもしれません．しかしながら菅原らの研究から，ヤツメウナギよりも小脳の発達が悪いヌタウナギでは，後脳の背側部に Pax6 の発現が見られることがわかってきました．さらに，ヌタウナギの MHB 相当領域には他の脊椎動物と同様に Fgf8 の発現が見られることもわかりました．また，左右の小脳をつなぐ小脳交連も，ヤツメウナギ胚に見ることができますし，ヌタウナギ胚にもよく似た形態を見ることができます．つまり，小脳を特異化する機構のうち，MHB とそこから分泌される Fgf8 シグナル，小脳交連，菱脳唇での Pax6 の発現は，脊椎動物に共通する形質として，その共通祖先の段階で確立されたのだと考えられます（図 7.11）．円口類の系統では，このシステムが小脳をつくるために「発動」することはなく，ヤツメウナギでは Pax6 のシグナルがなくなり（あるいは胚発生期では使われなくなり），ヌタウナギでは Pax6 は発現するが小脳体が形成されなくなったようです．しかしながら顎口類の系統では，祖先が備えてきた基本システムが改変され，小脳体の発達やプルキンエ細胞と顆粒細胞の分化など，さらなる発展を遂げたのではないかと推測されます．進化の過程ではこのように，確立された当初は表立って役に立っていないように見えるしくみが，のちの進化の際に極めて重要になる場合が多々あります．例

7.5 小脳の起源と進化：円口類から顎口類へ

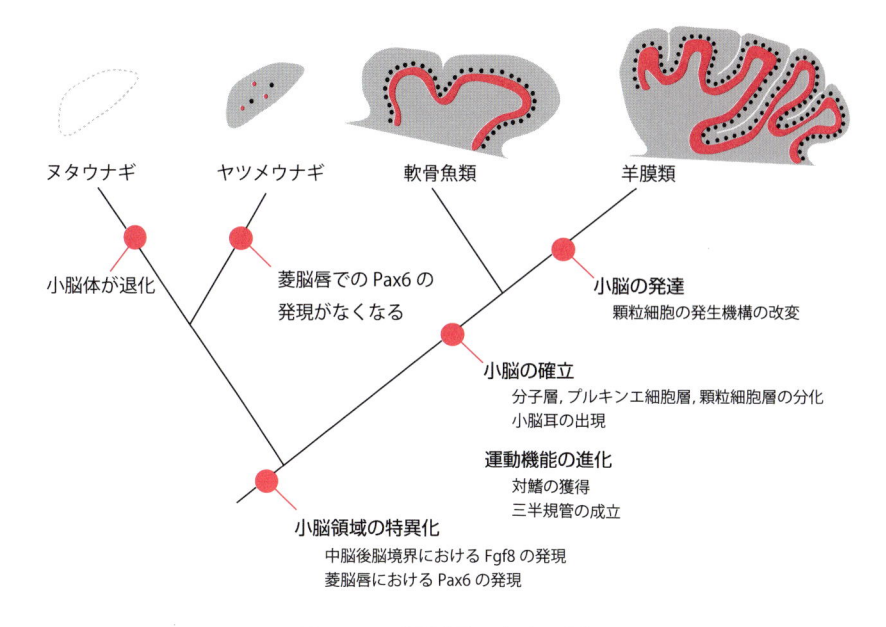

```
ヌタウナギ    ヤツメウナギ    軟骨魚類              羊膜類

小脳体が退化   菱脳唇でのPax6の              小脳の発達
              発現がなくなる                顆粒細胞の発生機構の改変

                              小脳の確立
                              分子層, プルキンエ細胞層, 顆粒細胞層の分化
                              小脳耳の出現

                              運動機能の進化
                              対鰭の獲得
                              三半規管の成立

              小脳領域の特異化
              中脳後脳境界における Fgf8 の発現
              菱脳唇における Pax6 の発現
```

図 7.11 脊椎動物の小脳の進化

を挙げるとすれば，哺乳類の顎に新しい関節が生じたときに不要になった過去の顎関節が耳小骨として音の増幅装置になったことでしょうか．このような例を前適応と呼んでいます．

話を元に戻しますが，顎口類における小脳の進化的革新に関して，胸ビレや腹ビレなどの付属器の発達は無関係ではないでしょう．これらの鰭は飛行機の主翼や水平尾翼のような姿勢制御装置としてはたらき，水中を三次元的に行動する上で極めて重要になります．これらの「翼」をうまく制御するためには，自身の姿勢がどのようになっているかを正確に知る必要があり，また適切な行動出力を行わねばなりません．したがって，姿勢制御（運動制御）と平衡感覚の中枢としてはたらく小脳は，対鰭や平衡器などの付属装置と共進化してきたと考えられます．実際，顎口類では平衡感覚にかかわる半規管の数が円口類の2つから3つに増えています．そして，サメの小脳では平衡覚の入力を受ける小脳耳の部分がよく発達しています（図7.11）．古生物学も上記の仮説を示唆しているようです．対鰭の発達が見られはじめる初期の魚類，セファラスピ

スやノルセラスピスでは後脳の背側部が肥大しています．これはおそらく小脳に相当すると考えられています（図 3.5 参照）．すなわち，対鰭の出現にあわせるように小脳原基が分化していく傾向があるといえるでしょう．

7.6　小脳の起源と進化：羊膜類の場合

羊膜類では小脳の多様化が際立っています．爬虫類の小脳はそれほど発達しませんが，ムカシトカゲ目のムカシトカゲ *Sphenodon punctatus* や有鱗目のオオトカゲ，カメレオンなどの小脳は，外翻した特異な形態をとります（図 7.8；Nieuwenhuys, 1967）．すなわち，脳室側が上方にめくれあがって小脳体が顕著に反り返ったような形態をなし，断面を見ると通常の場合とは逆の順に，顆粒細胞，プルキンエ細胞，分子層が見えます．これらの動物の小脳は，脳の他の領域と比較してみるとそれほど大きくありません．むしろ小さい印象を受けます（図 3.3 参照）．羊膜類の系統では，鳥類や翼竜類（column「翼竜」で小脳が大きくなる傾向があります．概して空を飛ぶようになった系統では小脳が発達する傾向があるようです（第 8 章 column「飛行動物の脳」）．小脳は哺乳類で著しく発達しており，特に左右の小脳半球（新小脳，neocerebellum）が肥大しています（図 7.1）．これは，橋核を介して小脳と連絡する神経路（中小脳脚）の発達と関係していると思われます[1]．哺乳類でこの領域がよく発達している理由としては，哺乳類で特に顕著な大脳新皮質の進化との関連が考えられるでしょう．新皮質の親密な相手先の 1 つは小脳です．哺乳類では，小脳は新皮質から橋核を介して多くの情報を受け，情報処理を行っています．最近の研究では，小脳が運動制御のみならず，思考や認知などの高次脳機能にも関与していることがわかってきています．比較形態学的に見ても，哺乳類の中では大脳が大きい種は小脳もそれとリンクするように大きくなっています（図 7.12）．このように，終脳─小脳の間で共進化が成立して

---

[1]　鳥類の橋核（哺乳類に比べるとたいへん未発達ですが）からの繊維は鳥類小脳の外側部に入力するようです（Nieuwenhuys, 1967）．このことから，哺乳類の新小脳に相同な領域は鳥類の小脳体にも存在しており，新小脳は哺乳類で全く新規に獲得されたものではなく，その原基となるものは哺乳類の分岐以前にすでに存在していたと考えられます．

7.6 小脳の起源と進化：羊膜類の場合

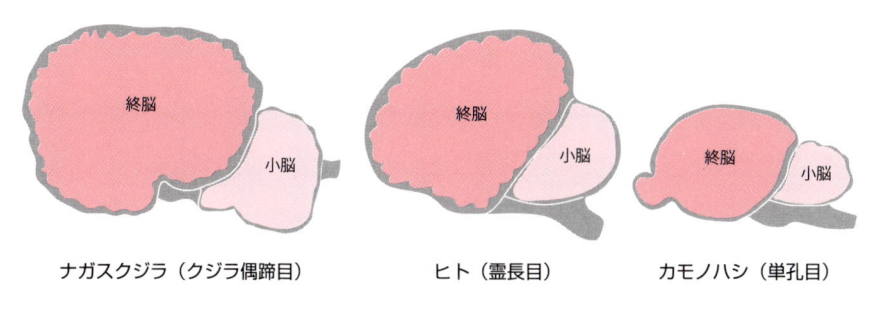

ナガスクジラ（クジラ偶蹄目）　　ヒト（霊長目）　　カモノハシ（単孔目）

図 7.12　哺乳類の脳の模式図
終脳が大きな系統では相対的に小脳も肥大している．

いるように見えますが，これをなすための分子的なしくみをつくることは，困難であるように思われます．なぜなら，このような共進化が成立するためには，その回路にかかわる中継地点も，ともに発達しないと意味をなさないからです．小脳と新皮質の連絡は橋にある橋核を介してなされます．つまり，脳の中で3つの異なる場所が，同時に発達する必要があるのです．事実，哺乳類では橋核が発達しているため，この困難な課題を解決しているようです．つまり，終脳―橋―小脳という脳の別々の場所にある箇所で，発生プロセスの改変が起きていることを示しています．このような脳領域の共進化の背景には，どのような発生機構の改変があるのでしょうか．特に橋や小脳の一部は，発生期に菱脳唇から移動してくる細胞から構成されるため，発生期のどのステップで変化が起こるのかを調べていく必要があるでしょう．

　ちなみに発達した小脳は，昆虫や頭足類の脳に見られるキノコ体に類似しています．小脳皮質がキノコの傘，小脳脚がキノコの柄という具合です．そういえば哺乳類の終脳も，新皮質が傘で視床―終脳をつなぐ線維束（内包）が柄のように見えます．高次中枢が発達していくと，このような形に収斂するものと考えられます．しかし，最近になって環形動物のキノコ体は脊椎動物の外套（終脳の背側部分，第 10 章参照）と相同ではないかとする論文が出されました（Tomer et al., 2010）．つまり，キノコ体と終脳外套の類似は他人の空似ではなく，前口動物と後口動物が分岐する前に確立された発生機構を共有しつつ進化の過程で異なる構造へと分岐したものと考えることができます．これが正

しければ，それは「深い相同性」の範疇で語られるべき構造なのでしょう．

哺乳類の小脳を特徴づける形態として，体性局在の存在が認められています．小脳の一部を電気刺激すると体の一部の筋肉の収縮が観察されたり，逆に身体のさまざまな部位に触覚刺激を与えると，小脳皮質の一部に電位変化が見られることがわかっています．こうした研究から，小脳皮質に動物の体を写しとったような体性局在が見い出されています（Voogd and Glickstein, 1998; Kahje, 2001）．ちょうど菱脳の項で述べた感覚地図のようなものが小脳にもあるということになります．

翼 竜

column

翼竜とは，爬虫類の中でも主竜類に属する系統です．4本めの指が長くなり，翼としてはたらく皮膜（飛膜）を支えています．また，コウモリが3本の指で飛膜を支えているのに対して，翼竜は1本の指のみで飛膜を支えていることから，翼竜は飛膜の強度に問題があるのではないかという議論がありますが，皮膜には血管や筋肉が入っており，かなり頑丈な構造だったようです（Witton, 2013）．翼竜には体側部から後肢にかけても皮膜が張られています．コウモリもそうなっています．滑空する動物（ムササビやヒヨケザルやトビトカゲ）も，だいたいは体側部に膜があります．むしろ飛行動物の中で，前肢のみが飛行装置（翼）になっている鳥類は特殊なのかもしれません．初期の鳥類ミクロラプトルには後肢にも翼があったようですが，体側に飛膜は見られないようです（Zhang and Zhou, 2004）．

翼竜は，これまで空を飛んだ動物の中で最大の種を含みます．アズダルコ類の種（ケツァルコアトルスやハツェゴプテリクス）では，翼開長は10メートル以上．全長が6メートルを超え，高さはキリンくらいあったようです（Witton, 2013）．キリンサイズの動物が空を飛ぶとは，にわかには信じがたい話です．さらに，翼竜には奇怪な頭部をもつものが多くいます．妙な突起が生えていたり，おそろしく大きなトサカがついていたりします．中でもタペジャラ類のトサカは，異様なまでに巨大です．これらの種は翼があまり大きくないこともあり，どうして飛ぶことができたのか理解に苦しみます．鳥のように後足で踏みこんで離陸するには，彼らの後脚は華奢すぎます．最近の研究では，翼竜は4本足で踏ん張って，よく発達した前足を使って勢いをつけて飛び立ったようで，そうすると翼竜サイズの動物も飛び上がることができたようです．しかし，そのような離陸方式では，一瞬で空気の流れを捕え，揚力を得なければならず，そのためには絶妙

7.6 小脳の起源と進化:羊膜類の場合

なバランス感覚が要求されるでしょう.また,空中を三次元的に飛行するためにも平衡感覚は重要です.翼竜類は,並外れた大きさの平衡器と小脳片葉(平衡覚の入力を受ける領域)をもちます(Witmer *et al.*, 2003).これらの感覚—神経領域の進化が,翼竜の飛翔能力の鍵を握っているようです.また,翼竜は小脳そのものも大きいですが,その主要部分である小脳体は,脊髄小脳路を介して筋肉や皮膚からの情報を受けとっていたと思われます.先述のように,翼竜の飛膜には筋肉や多くの感覚器があったと考えられていますので,それらの情報を受けとって処理を行うために,小脳がこのように巨大なものへと進化したのでしょう.また,進化したタイプの翼竜は両目の視野が重なる部分が大きくなり,立体視の能力が上がっています.それらの脳では視神経が入力する視蓋もよく発達しているので,彼らは優れた視覚をもっていたでしょう.こうしたさまざまな感覚情報を駆使することで,翼竜は脊椎動物の中で初めて空を飛んだグループとして進化の歴史に偉大な足跡を印したのです.

このようによく発達した脳をもち,中生代の空を駆けつづけた翼竜も,白亜紀の終わりの大量絶滅期に滅亡してしまいます.その怪物めいた魅力的な姿は人間の心を打つところが大きいため,魔境探検ものの小説や映画では必ずといっていいほど登場します.有名なところでは,1933 年に公開された特撮映画の金字塔『キングコング』にプテラ

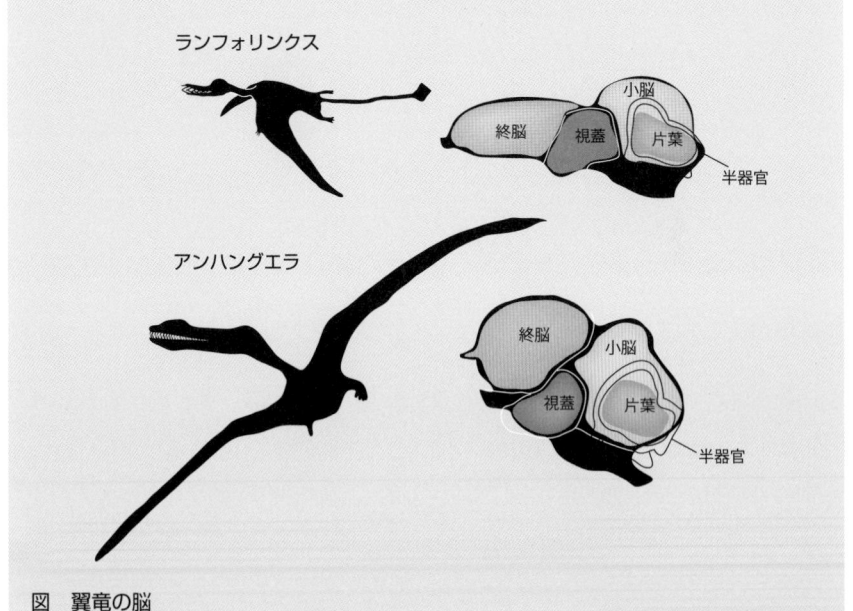

図 翼竜の脳
Witmer *et al.* (2013) を改変して引用.翼竜のイラストは Witton (2013) を改変して引用.

第7章 小 脳

ノドンらしきものが出てきます．小説では，シャーロック・ホームズシリーズの作者サー・アーサー・コナン・ドイルの冒険小説『失われた世界』（原題 Lost world）には小型翼竜のプテロダクティルスなどが出てきます．ただ，主役になることは少なく，たいていは巨大恐竜が出現して暴れている背後で景気づけのように空中をウロウロしています．

column 実在のドラゴン

コエルロサウラヴス Coelurosauravus jaekeli は，たいへんユニークな形をした双弓類の動物です（図）（Frey et al., 1997）．40センチくらいの動物で，おそらく樹上で生活し，背中に伸びる羽のような皮膜で木から木へ滑空していたと考えられています．使わないときは後ろへ折りたたむこともできたと思われます．現生のトビトカゲも似たような飛膜をもっていますが，これは肋骨が長く伸びたものです．驚くべきことに，コエルロサウラヴスでは翼支柱が肋骨とつながっていません．この支柱は皮骨に由来するものであり，つまり，この翼は手足や肋骨とも独立した飛行装置といえます．まさに西洋のドラゴンみたいな感じです．これは絶滅種，現生種を問わず，どんな脊椎動物にも見られない珍しい形状です．強いて挙げるなら，昆虫の羽根に近いかもしれません．このような形態の動物がどうやって空を飛んだか？　そして神経支配はどのようになっていたのか？　たいへん興味深いですが，神経組織は化石に残らないため，その謎を解くのは容易ではないでしょう．

皮骨性の翼支柱

図　コエルロサウラヴスの形態
ウェブサイト古世界の住人（www.goecities.co.jp/NatureLand/5218/）のイラスト改変して引用．

ステゴサウルスは第2の脳をもっているのか？

恐竜の本を見ると，ステゴサウルスの脳がとても小さいと書かれています．そして，この恐竜はその小さな脳の機能を補うため，脊髄の腰のあたりに第2の脳（神経塊）をもっていたと述べられている場合があります．これは，ステゴサウルスの骨盤あたりの脊椎骨内に巨大な空洞があるため，そこに神経組織が詰まっていたと予想されたからです．これについては，神経組織は化石にならないので実際のところは不明ですが，実はニワトリの腰部を見ても，似たような構造があります．この部分では，脊髄の中で後肢を支配する神経がたくさん出るため，ふくらんでいる（腰膨大）のです．腰膨大は，哺乳類をはじめとして手足をもつ動物ならたいてい見られます．逆に，手足のないヘビ類では見られません．ニワトリではこの部分の脊髄の頂板の部分が左右に開いていて，脊髄が左右により広がっていることが知られています．ふくらんだ脊髄の中心管には空洞が生じ，この構造は lumbosacral sinus と呼ばれています（図；Butler and Hodos, 2005）．この空洞にはグリコーゲンが蓄えられており，グリコーゲンボディという名称でも呼ばれます．おそらくステゴサウルスも，ニワトリと同様に後肢が大きく発達していることもあり，ニワトリに見られるような構造になっていたのではないかと思われます．つまり，残念ながら第2の脳ではなかったことになります．

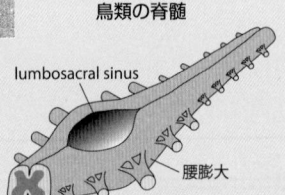

図 ステゴサウルスの形態と現生鳥類の脊髄

第 7 章　小　脳

▶▶▶ Q & A ◀◀◀

Q 色の見え方に関する現象で「プルキンエ現象」というのを聞いたことがあります．これとプルキンエ細胞は何か関連があるのですか．

A 色の見え方についてのプルキンエ現象はチェコの生理学者・解剖学者ヤン・エヴァンゲリスタ・プルキンエ（1787–1869）が発見したことに由来します．実はプルキンエ細胞を発見したのもこの人です．

Q ヤツメウナギの小脳交連はどこにあるのですか．他の生物で小脳が形成される位置に近いところですか．

A ヤツメウナギにも小脳体（corpus cerebelli）が菱脳の背側前端部にあります．位置的には他の脊椎動物で小脳が形成される場所に対応します．ヤツメウナギの小脳交連はそこに存在しています．

Q 軟骨魚類の小脳の皺は左右非対称とあります．発生において各器官等が左右対称となるのは通常なのですか．

A 脳は左右対称に発生する場合が多いです．ただし，一部の神経核や新皮質の領野は非対称となる場合があります．また，ヒラメやカレイでは発生にともなって脳形態が非対称になっていきます．一方，他の器官では，消化管は左右非対称の形態をしています．

Q 両生類，哺乳類で電気受容をする動物を具体的に教えてください．

A 両生類では，有尾類のアホロートル，無足類（アシナシイモリ類）のアシナシイモリに電気受容系があることがわかっています．無尾類のカエルでは見つかっていません．哺乳類では第 11 章で述べますが，カモノハシとイルカの一種で電気受容をすることがわかっています．ただし，これらの哺乳類では三叉神経系が電気受容にかかわっています．

Q 魚類の小脳の進化に関連する質問です．生態についてですが，ヤツメウナギやヌタウナギは水の中で三次元的にはあまり移動しないということでしょうか．

A ヤツメウナギやヌタウナギの生態はあまりわかっていませんが，水槽内で観察する限り，それほど活発に泳いでいるようには見えません．

Q&A

Q 図7.8と，第4章に出てきたポリプテルスの終脳の話から，脳は結構あっちこっち違う方向に，めくれるものだとわかりました．ほかにもこのような例はありますか．

A めくれるとまではいきませんが，我々の菱脳も条鰭類の終脳のように背側が開いた構造をしています．

Q 翼竜についてです．恐竜と翼竜の分類上の違いを教えてください．恐竜の仲間のうちに翼竜が含まれると考えるのは間違いだと聞いたことがありますが，どういうことでしょうか．

A 恐竜とは主竜類のうち，竜盤目，鳥盤目の爬虫類の総称で，特徴としては体幹から地面に向けて垂直に足が伸びる（トカゲのように腹這いにならない）形態をしています．これは恐竜のもつ骨盤の形態によるもので，そのために恐竜類は地上で効率よく活動できるように進化しました．翼竜も主竜類に含まれますが，翼竜目というグループに分けられています．恐竜とは骨盤をはじめとして骨格の形態が大きく異なります．

Q 翼竜は小脳が巨大化したとあります．それと引き換えに小さくした部位はあったのですか．同じように，ヒトが終脳を大きくするために犠牲とした部位はありますか．それとも頭のサイズを大きくすることで対応したのですか．

A 終脳も中脳も，同じサイズの爬虫類に比べて大きいように見えます．ヒトの脳については，他の哺乳類と比べて犠牲にした箇所があるようには見えません（大脳半球が大きくなった代わりに嗅球は小さくなっているような気はしますが）．ただ，筆者は脳の生理学は専門ではないのであまり詳しいことはいえませんが，脳の大型化にともない，それを維持するために必要なエネルギーなど，維持にかかわるコストは増大しているのではないかと思います．

8 中脳

8.1 中脳とは

　中脳は Mesencephalon，すなわち「中の」脳という意味になります．ヒトの脳を見ると，中脳は今ひとつぱっとしませんが，多くの脊椎動物でよく発達しています（図 6.4, 6.5 参照）．特に，条鰭魚類では著しく発達しており，脳の中で最大の領域となっています（図 8.1）．中脳（特に背側の視蓋）は，視覚の情報を多く受けているために，視覚が発達した動物で大きくなる傾向があります．動物の脳を見たとき，中脳（特に視蓋）が他の脳領域に比べて発達していたならば，その動物は視覚が優れていると推察することができます．

　哺乳類の中脳は，その脳室領域である中脳水道より背側を中脳蓋といい，視覚系の入力を受ける上丘と，聴覚系の入力を受ける下丘が存在します（第 3 章 column「ヒトの脳の概略」）．上丘は，眼球運動において重要な役割を担います．中脳水道より腹側には被蓋（tegmentum）があります．哺乳類以外の脊椎動物では，上丘に相同な視蓋（optic tectum）が大きく発達し，そこには明瞭な層構造があります．下丘に相同な領域は，半円堤（torus semicircularis）と呼ばれています．中脳の後部で菱脳と接する部分は峡（isthmus）と呼ばれ，縫線核群の一部や青斑核，脚間核などがそこにあります．峡を中脳ではなく後脳に含める考えもあります．

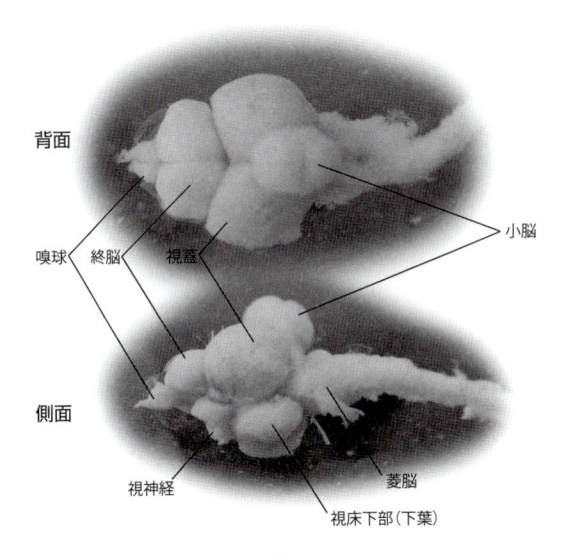

図 8.1　真骨類メジナ Girella punctata の脳
背腹方向によく発達した脳をもつ．視神経や他の感覚精神系が入力する視蓋が極めて大きい．

8.2　中脳の発生

　中脳は，中脳後脳境界（MHB，峡オーガナイザーとも呼ばれます；第3章も参照）から分泌される Fgf8 のシグナルを受け，Otx 遺伝子が発現する領域から発生します（図 8.2）．このとき，脳の前方（吻側）には Otx2 が発現し，後方（尾側）には Gbx2 が発現しています．発生の初期ではこれら2つの遺伝子は重複して発現していますが，発生の進行にともなって，これらは互いにその発現を抑制し合い，やがて明瞭な発現境界ができます．すなわち，Otx2 は前脳胞と中脳胞に，Gbx2 は菱脳胞に発現するようになります．その境界のところに，Gbx2 と重なるように Fgf8 が発現します．そして MHB からの Fgf8 のシグナルが，Otx2 が発現している領域に中脳を誘導します（Broccoli et al., 1999; Millet et al., 1991; Katahira et al., 2000; Matsunaga et al., 2002）．また，中脳には Pax7 の発現が見られるという特徴があります．さらに，中脳の特徴として，Pax6 が発現しないことがあります（Ferran et al., 2007）．そのため，さまざまな系統の動物で発生期の脳を見て進化的な考察

第8章 中脳

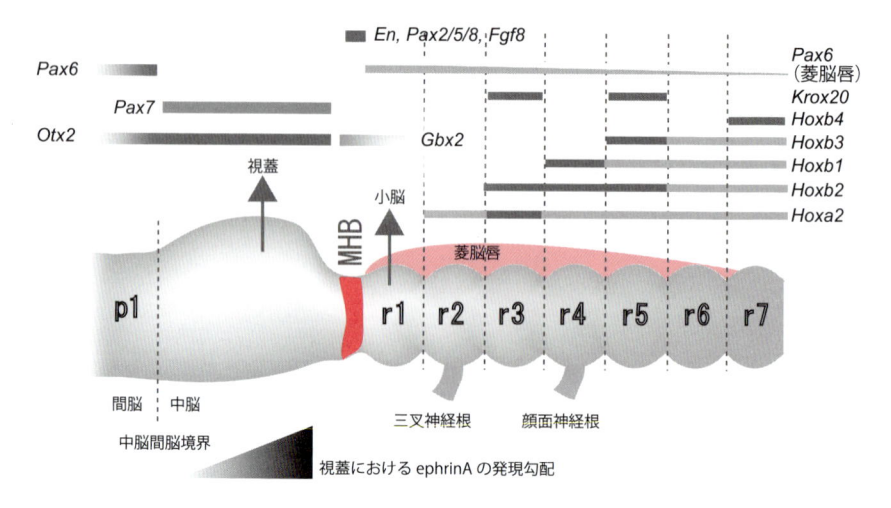

図8.2 視蓋の形成にかかわる分子
r1-r6：ロンボメア1-6，p1：プロソメア1．

を行う際には，「Pax6 が発現しているか否か」という点が中脳領域を見極める指標となります．

8.3 中脳の起源

　中脳蓋や被蓋に相当する領域は，成体のヤツメウナギの脳に見られますし，幼生期のヤツメウナギの脳では，Otx2 と Gbx2 のオーソログの発現が他の脊椎動物と同様に境界を形成しています（Takio et al., 2007）．これらの結果から考えると，中脳は脊椎動物の祖先の段階ですでに存在していた可能性が高いといえます．では，脊椎動物の姉妹群である尾索類（ホヤ）や頭索類（ナメクジウオ）ではどうでしょうか？

　ナメクジウオでは，その神経接続の様式から視覚中枢にあたる領域が推定されており「視蓋（tectum）」と呼ばれています（図8.3；Lacalli, 2001）．しかし鈴木らが，ナメクジウオとヤツメウナギの形態および遺伝子発現をもとに脳領域の比較を行ったところ，ナメクジウオの視蓋は中脳ではなく，むしろ間脳に相同な領域であることがわかりました（Suzuki et al., 2015）．また，脊

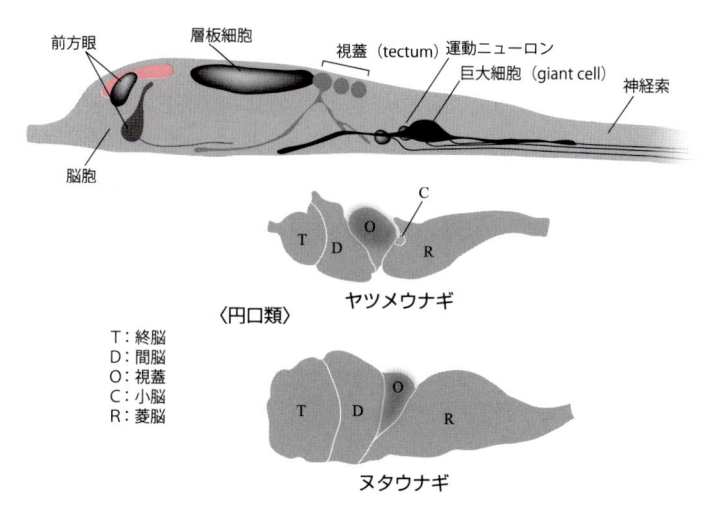

図 8.3　ナメクジウオの中枢神経系
脊椎動物の視蓋との相同性が議論されている.

椎動物で中脳のパターニングにかかわる Dmbx 遺伝子も，ホヤやナメクジウオの中脳相当領域では発現していないようです（Takahashi and Holland, 2004）．しかしながら，ホヤでは，MHB に相当する箇所において，Fgf8/17/18 が Pax2/5/8 や En1/2 の発現を調節しているという報告があります（第 3 章 column「ナメクジウオとホヤの脳」；Imai et al., 2002）．この結果は，中脳は脊索動物の尾索類と脊椎動物の共通祖先の段階で獲得された可能性を示唆しています．ただし，ホヤには脊椎動物にあるような視神経の領域特異的な接続は見られませんので，より厳密には中脳は脊椎動物の段階で確立されたというべきかもしれません．ホヤのゲノム解析では，ホヤの Gbx 遺伝子が失われたことが知られており，そのため神経系が二次的に単純化したと考える研究者もいます（Holland et al., 2013）．あるいは，脊椎動物の共通祖先の段階で生じた遺伝子重複により，脊椎動物の系統では視神経の領域特異的投射を構築するための遺伝子機構（Eph，エフリンなど）が整備された可能性もあります．

8.4 中脳の多様化

視蓋

　中脳は，脊椎動物の進化とともに著しく多様化する脳領域の1つであり，その相対的なサイズは脊椎動物間で大きく変動します．特に，条鰭類の中脳は終脳よりも大きく，さまざまな感覚の統合や運動情報の出力を行う中枢となっています（前述のように進化した魚類では，中脳の内部に埋没している領域を含めると小脳も相当なサイズになります）．中脳において特に視蓋は，視覚系から多くの入力を受けています．ただし，地底洞窟に棲む洞窟魚では目がなくなりますが，中脳の視蓋は存在しています．そこでは視神経の投射は退縮していますが，目から視蓋前域への投射は残っているようです（Voneida and Slinger, 1976；column「洞窟魚」）．中脳の発達した動物では，視蓋はさまざまな感覚情報を受けとり，統合を行う中枢となります．先に述べたように，視蓋には層構造が発達します（図8.4）．円口類のヌタウナギでも3層の構造が見られます．一方，ホヤやナメクジウオの脳胞には層構造が見られないため，

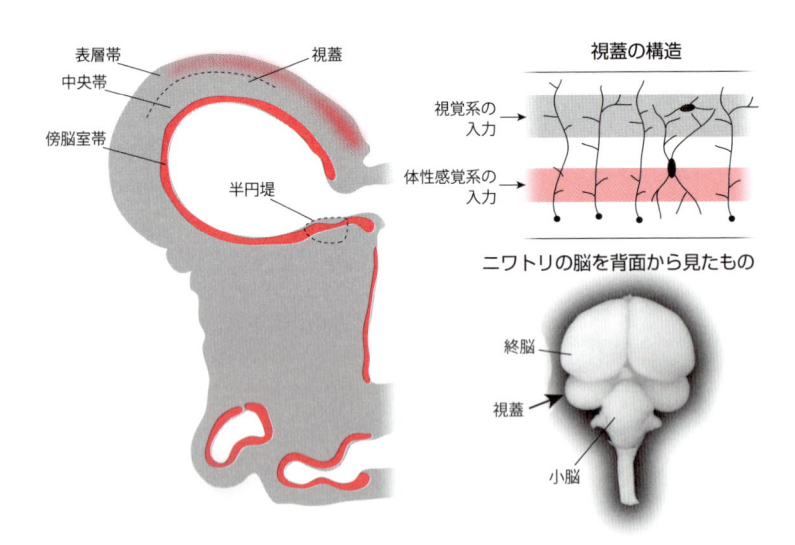

図8.4　視蓋の形態
　条鰭類アミア Amia calva の中脳の模式図．中脳の背側には層構造をもつ視蓋（哺乳類の上丘に相同）と，より腹側にある半円堤（哺乳類の下丘に相同）がある．右下の写真はニワトリの脳．左右に張り出した視蓋が観察できる（写真提供：川崎能彦氏）．

視蓋に層構造を構築するしくみは，脊椎動物の共通祖先の段階でできあがったと考えられます．同じく円口類のヤツメウナギでは，変態前のアンモシート幼生の段階では視蓋領域に層構造が見られませんが，変態してカメラ眼が生ずる時期には視蓋が拡大し，明瞭な層構造が見られるようになります (Nieuwenhuys and Nicholson, 1998).

　視蓋は，条鰭類や羊膜類の爬虫類・鳥類で発達しています（column「飛行動物の脳」）．爬虫類や鳥類では，14～15層もの明瞭な層構造が見られます (Butler and Hodos, 2005). ただし，視蓋は視覚系以外にも体性感覚系など多くの神経の入力を受けているので，視覚系に特化しているわけではありません．しかしながら，羊膜類の中で視覚を主な感覚としている鳥類や爬虫類で視蓋が発達していることから，視蓋の発達は視覚器の進化と密接に関係してきたと考えられます．一方で視覚以外の感覚，すなわち嗅覚，聴覚，体性感覚を発達させている哺乳類では，視蓋は二次的に退化しています（ただし層構造は残っています）．視覚に関していえば，鳥類の視覚は群を抜いて発達しています（column「羊膜類の進化と視覚系」）．鳥類は，高い空から餌を見つけたり，渡りのための正しい道筋を見つけるのにその優れた視力を役立てています．また，鳥類は片方の脳を眠らせることができるようです（バークヘッド, 2013）．鳥類では，視神経が全交叉するため，片方の目の情報は片側の視蓋に集められます．片方の目は活動していて，それが入力する視蓋は起きていますが，もう片方の視蓋を眠らせるのです．ちなみに，海面に浮上して呼吸を続けなければならない海棲哺乳類は，哺乳類では例外的に片側の脳を眠らせることができるようです．

半円堤

　哺乳類の下丘に相同な領域である半円堤も，竜弓類や魚類でよく発達しています（図8.4）．鳥類や爬虫類の半円堤は，哺乳類の下丘と同じく聴覚系の入力を受けます．フクロウでは夜間に餌をとる習性に関連し，中脳の聴覚領域が暗闇の中で獲物の位置を探り当てられるように進化を遂げています (Konishi, 2006). 魚類の半円堤は外側毛帯によって側線神経系や聴覚系の入力を受けていますが，そのほかにも脊髄や三叉神経からの体性感覚を受けていることが

第8章　中　脳

わかっています（Oka et al., 1986; Murakami et al., 1986; Xue et al., 2006; Yamamoto et al., 2010）．視蓋と半円堤はお互いに線維を送り合っており，視覚系，聴覚系などの感覚情報の統合を行っているようです（Konishi, 2006）．半円堤はヤツメウナギに見られ，聴覚側線感覚系の線維以外にも視蓋や間脳，網様体などから入力を受けているとされています．ただし，同じ円口類のヌタウナギでは半円堤は見い出されていません．これについては，ヌタウナギで側線神経が二次的に退化していることと関係があるのではないかと推察されています（Butler and Hodos, 2005）．

被蓋

　被蓋は峡の前方，視蓋の腹側に位置しています．哺乳類の被蓋には動眼神経核や三叉神経中脳路核，赤核，黒質などが存在します．これらの領域の有無は脊椎動物の系統により異なっています．三叉神経中脳路核（後述）や赤核は円口類には見られず，顎口類の段階で出現します（赤核については第7.4節も参照）．黒質は，ドーパミン作動性のニューロンを含むことで知られています．これについては，円口類の段階ですでに黒質と相同と思われる神経核が見い出されています（Stephenson-Jones et al., 2012）．

column

洞窟魚

　アメリカ合衆国南部の地下に広がる石灰岩の鍾乳洞や地下水脈には，洞窟魚（blind cavefish）と呼ばれる不思議な魚が棲んでいます．学名を *Amblyopsidae* といい，カラシン目に分類されています．これらの魚には目がありません．眼球は皮膚に埋没しています．

　目の喪失は，脊椎動物の間では比較的よく起こるようです．魚の仲間ではワラスボや深海性のハゼなどで目の喪失が確認されます．両生類ではホライモリ *Proteus anguinus* の目は皮下に埋没しています．また，羊膜類でもメクラヘビ類では目が痕跡的になっています．目を維持するためには，光を受容する感覚細胞やそれを伝達する神経を配線しなければならないのは当然として，光を収束するレンズや入射光量を調節する光彩の筋肉，さらには眼球を動かす外眼筋を装備しないといけません．これらの維持にはたいへんコストがかかっているでしょう．必要がなければ速やかになくしてしまう

のが得策です．不必要な構造はすぐに捨てる傾向は昆虫類にも見られます．ゴミムシやシラミ，アリなど，飛ぶ必要がなくなった系統は速やかに羽根をなくすことが知られています．せっかく空を飛べる器官をもっているのにもったいない気がしますが，維持にコストがかかる構造は，不必要になったら廃棄するというのが，動物界に共通した進化戦略なのかもしれません．ただし，失ったことへのトレードオフとして，洞窟魚では顎が大きくなり，その周囲にある側線や味蕾などの感覚細胞が増え，暗闇での生活がより有利になるような形態になっています．

応用編

　洞窟魚における目の消失には，発生期のレンズから出されるシグナルが重要であることがわかっています．山本とジェフリーの研究によると，洞窟魚と近縁の種（目をもつ表層性の魚）のレンズを洞窟魚に移植すると目が形成されます（Yamamoto and Jeffery, 2000）．また，洞窟魚を用いた最近の研究によると，Hsp90 という遺伝子の量に依存して，目のサイズが変動することが知られています．ローナーらが radicicol という薬剤を発生期の洞窟魚 Astyanax mexicanus に加えて Hsp90 遺伝子の機能を抑制すると，BAG3 と HSPB1 という遺伝子の発現が上昇し，その結果，さまざまなサイズの目をもつ個体へと成長することがわかりました．つまりこの遺伝子の量的変化が目の喪失に関与していると考えられます（Rohner et al., 2013）．

column 飛行動物の脳

　動物の中で最初に空を飛んだのは，節足動物の昆虫です．最新の知見によれば，有翅昆虫の起源は 4 億年以上前にまで遡ると考えられています（Misof et al., 2014）．脊椎動物が飛行をはじめたのは，それに遅れることおよそ 2 億年後の三畳紀のことです．ちなみに飛行とは，筋肉による動力航行を指し，グライダーのような滑空とは異なります．滑空するだけならば，三畳紀の主竜類ロンギスクアマや現生の有鱗目トビトカゲ，齧歯目ムササビ，飛翼目ヒヨケザル，さらには真骨類のトビウオなども行うことができます．滑空は木々の間を飛び回ったり，外敵から逃走したりするには申し分ありませんが，離れた場所に移動したり，獲物を捕まえたりする際にはいささか性能が足りません．飛行することで初めて，動物は真の制空権を得ることができたのです．

　脊椎動物の歴史において，真の飛行を成し遂げた系統は 3 つあります．哺乳類の翼手目，および爬虫類の翼竜類と爬虫類から派生した鳥類です．翼手目はいわずと知れたコウモリ類です．翼竜は白亜紀末に絶滅してしまいましたが，中生代にたいへん繁栄した

グループで，さまざまな形態の種が進化しました．地球上で最も巨大な飛行生物であるアズダルコ類も，このグループから生じています．これら翼竜の脳を見てみると，原始的な種であるランフォリンクスではそれほど大きな脳はもっていませんが，進化した種であるアンハングエラでは極めて巨大な脳をもっています（Witmer *et al.*, 2003）．体重に対する脳重量のプロットを見ると，一般的な爬虫類より上位にあり，鳥類に迫るレベルです（図5.1参照）．特筆すべきことに，翼竜ではバランス感覚を司る平衡器（半規管）がたいへん大きく，また小脳の側部にある片葉（flocculus）とおぼしき領域が，視蓋をしのぐほどに肥大しています（第7章 column「翼竜」）．片葉はヒトでは小さな領域ですが，翼竜のそれは他の動物では類を見ないほど巨大です．この領域は平衡覚からの入力を受けて，飛行の際の姿勢制御を司っていたと考えられています．これだけ発達していることから類推すると，翼竜はおそろしいくらいにバランス感覚がよかったのではないかと思われます．あの巨体で空を飛べたのはそのおかげでしょうか．また，翼竜では小脳体そのものもたいへんよく発達しています．小脳は，固有受容器という体の位置をモニターする装置から入力を受けています．翼竜は大きな翼をもちますが，それは鳥やコウモリのものとは異なり，筋肉や感覚器がたくさん入った構造だったと考えられています．翼竜は翼に装備された緻密な感覚器で風の速さなどを感知し，それを小脳に送って緻密な制御を行うことで自由に空を飛ぶことができたと考えられます．

　鳥類は，ドロマエオサウルス類に近縁な恐竜から進化したことがわかっています．鳥類はたいへん優れた飛行生物で，現在の動物界においてヒトを除けば明らかに制空権は彼らが確保しています．鳥類はよく発達した脳をもちますが，一見して哺乳類と異なる点は，巨大な視蓋をもっていることです．鳥類では，ここが視覚のための主な中枢として機能し，空中から獲物を探したりすることに役立っています．また，小脳もたいへん大きく，空中での姿勢制御などを調節していると考えられます．こうした鳥類脳の特徴

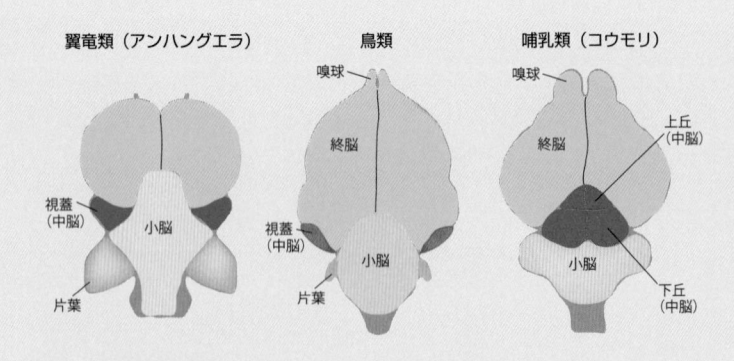

図1　飛行動物の脳
動力飛行を行う3系統の脊椎動物，翼竜，鳥類，哺乳類の翼手類の脳を示す．

は，その祖先である恐竜の段階から見い出されます．鳥類に続く系統の恐竜（トロオドン類など）では他の種よりも脳の進化程度が大きくなっています（図 5.1 参照）．また，恐竜や鳥類では視蓋が側方に位置していることがわかっています（Witmer and Ridgerly, 2009; Balanoff *et al.*, 2013）．この傾向は翼竜でも見られます．これらの系統では，視蓋に加えて終脳と小脳もともに発達し，互いに接するまでに肥大します．そして視蓋は，前方と後方にせり出してきた終脳と小脳によって側方に押し出されたような形態になったように見えます．このような視蓋の側方への偏向は小脳が著しく発達した真骨類のナマズにも見られます（図 6.5 参照）．

　翼手類（コウモリ）は，視覚ではなく聴覚（超音波によるエコーロケーション）を頼りに飛行するため，視蓋（上丘）ではなく聴覚中枢の下丘が肥大しています（図 1）．また，翼竜と鳥類では嗅覚系が退化し，嗅球が小さくなる傾向が見られます（ただし，ニュージーランドに生息するキウイは嗅覚を使ってエサを探し，嗅球も発達しています）．鳥類の中には，左右の嗅球が融合して1つになっているものもいます（図 2）．一方，翼手類では嗅球はそれほど小さくなっているようには見えません．このように，飛行生物の脳は三者三様の進化を遂げ，空という環境に適応してきたといえるでしょう．

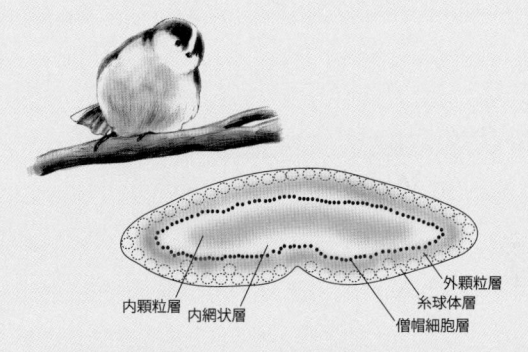

図2　スズメ目の鳥類の嗅球
　　左右の嗅球が融合して単一の構造になっている（イラスト提供：佐々木苑朱氏）．

羊膜類の進化と視覚系

column

　羊膜類の中でも，鳥類と爬虫類は視覚系を主な感覚として使用しているようです．爬虫類では，視覚系以外にも嗅覚を発達させた種（トカゲやヘビ）がいますが，鳥類の場合は視覚が非常に発達しています．目もたいへん大きいです．実は鳥の目は，ヒトで

いう瞳の部分のみが露出しており，白目にあたる部分は皮膚に覆われています．なので，見た目よりずっと目が大きいのです．この巨大な目を主要な感覚器にして，鳥は生活しています．また，海中に生息していた魚竜の一種はとても巨大な目をもっていたことが知られています．これら目の大きな動物（現生種では条鰭類，爬虫類，鳥類）では，目の形を換えるような内外の圧力から目の形状を維持するために，眼球を外側から押さえつけるように強膜鱗というリング状の骨質構造が存在しています（ローマー＆パーソンズ，1983）．哺乳類の場合は，深海での餌探しに聴覚系（エコーロケーション）を用いますが（もちろん視覚を全く使わないわけではなくそれなりに使うでしょうが），海に棲む爬虫類は視覚を主に使っていたようです．羊膜類の進化の過程では視覚を進化させるか，それ以外の感覚を伸ばすかという2通りの戦略，言い換えれば，どちらかが発達すればどちらかが退化するという進化的トレードオフがあり，竜弓類（爬虫類と鳥類）は前者を，哺乳類は後者を選択してきたと考えられます．事実，哺乳類の祖先は一部の光受容タンパク質を失ったようです（山下・七田，2009）．ただし哺乳類の中でも，霊長目の動物は二次的に視覚を発達させています（Lyon, 2007）．そして，遺伝子の重複により，新たな光受容タンパク質を獲得しています（山下・七田, 2009）．

8.5　中脳への神経接続：網膜視蓋投射

　視覚や体性感覚などの情報は，局在をもって視蓋（上丘）に投射します（図8.5）．特に，視覚系において，網膜から視蓋へ投射する神経発生イベントは網膜視蓋投射と呼ばれ，神経が適切な標的に軸索を伸ばすしくみを調べるためのモデル系として，カエルやニワトリを用いて盛んに研究されてきました．そして研究者たちの努力の結果，網膜視蓋投射にかかわる分子として Eph などの遺伝子が同定されています．網膜から出る視神経は Eph 遺伝子を発現しており，行き先である視蓋にはそのリガンドであるエフリン（ephrin）が発現しています．Eph とエフリンは抑制的な相互作用を行うため，Eph を強く発現する軸索は，エフリンに接触すると退縮します．一方，Eph をあまり発現していない軸索は，エフリンに接触しても退縮することなく，そのまま視蓋の後方（尾側）へ伸長していきます．その結果，鼻側の網膜の軸索は視蓋の尾側へ投射し，側頭部側の網膜の軸索は視蓋の吻側へ投射するようになります

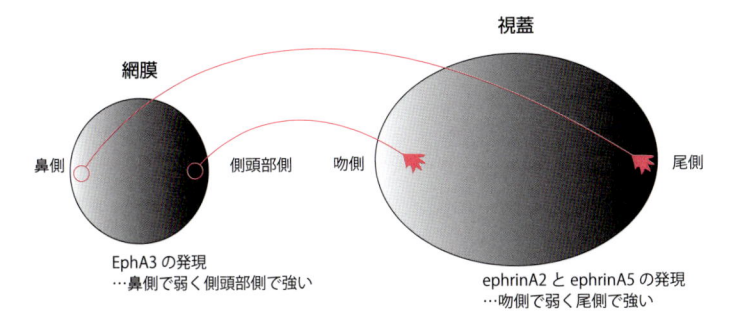

図 8.5 網膜視蓋投射
網膜から出た視神経が視蓋に到達するためには，膜結合型のタンパク質でありチロシンキナーゼドメインをもつ Eph と，そのリガンドである膜タンパク質 ephrin との反発的な相互作用が重要な役割を担っている．EphA3 を強く発現する側頭部側の視神経は，視蓋に入るとリガンドである ephrin と反発的に作用するため，これが強く発現する場所には入れず，ephrin の発現の弱い吻側でシナプスをつくる．一方，EphA3 をあまり発現していない鼻側の視神経は，視蓋に入っても ephrin との相互作用があまり起こらないため尾側のほうにまで伸長できる．

(Flanagan, 2006)．Eph 遺伝子は，ヤツメウナギの網膜と視蓋でも見い出されているため，網膜視蓋投射の分子基盤は脊椎動物の共通祖先の段階で確立されたと考えられます (Suzuki et al., 2015)．ただし，変態前のヤツメウナギ幼生では，視神経は視蓋には入らず，その手前の視蓋前域（pretecutum, 間脳の一部）に留まっているようです．この形態は，脊索動物のナメクジウオの様子と似ています（Suzuki et al., 2015）．もしかしたら，これが祖先的な形態なのかもしれません．EphA のリガンドであるエフリン A の勾配は，MHBに発現する En1/2 のはたらきによって形成されることが知られています（図8.3；Logan et al., 1996; Shigetani et al., 1997）．したがって，これらの遺伝子が網膜視蓋投射系の確立に重要であったと考えられます．

8.6 中脳の感覚地図

こうしてできた神経局在によって，視覚や体性感覚などの入力は，成体の脳において感覚地図をつくることが知られています．たとえば地中で生活し，鼻先にある 11 対の肉質の感覚器で餌を探すホシハナモグラ *Condylura cristata* では視覚が退化していますが，触覚が著しく発達しています．その結果，触覚に基づく体性感覚地図が中脳につくられます（図 8.6；Crish *et al.*, 2003；ちなみにこの動物では，感覚地図は他の哺乳類と同様に終脳にもつくられます；第 11 章参照）．電気魚の一種であるモルミルス科の魚類では，脳の神経回路が複雑な系統ほど種数が多いことが知られており，電気受容器官と電気を受容する中脳の領域の両方が多様化したクレードで，適応放散が顕著に見られます（Carlson *et al.*, 2003）．すなわち，脳の進化が新たな知覚機能を開発し，電気コミュニケーション能力が上がるとともに，同種か異種かを認識する能力が高まり，種の多様化を導いたと考えられています．これは，脳の多様化が種分化を導く例として注目すべきものです．発生学的に見れば，発電器官は体幹部の筋肉が特化したものであり，その電気を受容するのはおそらくプラコードに由来する感覚細胞です．中脳の肥大化は，おそらく Otx や MHB からのシグナルが関与していると考えられます．こうしたしくみがモルミルスの発生中の脳でどのように発現しているのか，あるいはゲノムレベルで何らかの変化が起きているのか，今後の研究が期待されます．

8.7　三叉神経中脳路核と顎の進化

中脳では，顎の筋紡錘に入り，顎の筋肉の運動調節に関与する三叉神経中脳

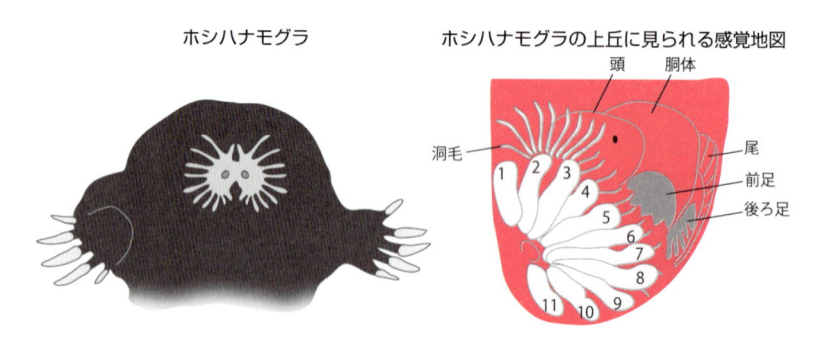

図 8.6　ホシハナモグラの上丘
この奇妙な動物の上丘（視蓋に相同）には，体の各所に対応してニューロンが地図のように並んだ構造が見られる．特に，肉質のヒゲに由来する感覚入力を受ける箇所（番号で示す）は相対的に大きい．Catania and Henry（2006）を改変して引用．

column

魚類脳のライブイメージング

近年になって，川上らのグループはゼブラフィッシュを用いて画期的な脳のライブイメージングに成功しました（Muto et al., 2013）．Ca^{2+} インジケーターのGCaMPを発現するように遺伝子操作した魚を用いて，その脳の活動を可視化する方法です．皮膚が透明なゼブラフィッシュでこれを行うと，その網膜に映った獲物のゾウリムシが，視蓋でどのように投影されているのかが見えるようになります．その様子はまさに革命的で，片側の目でゾウリムシを捉えるとその反対側の視蓋に（魚の視神経は全交叉するため）スポット状の発光が見られます．ゾウリムシが動くとそれにともなって視蓋の光点も動きます．まさに視神経からの情報によって視蓋のニューロンが活動している様子が目に見えるのです．今後このような技術が発展していくと，脳の中で起こっていることがより明確にわかるようになることでしょう．

路核が見られます．神経堤細胞に由来するこの神経核は，顎をもたない円口類には見られず，顎口類の段階で生ずることから，顎の進化にともなって確立されたと考えられています（Butler and Hodos, 2005）．

ただ，ヤツメウナギには神経管の背側にdorsal cellという大型の細胞がいくつか存在しており（Rovainen, 1967），これらと中脳路核との関係性が示唆されています（Anadon et al., 1989）．

▶▶▶ Q & A ◀◀◀

Q ホシハナモグラの上丘に，体の各所に対応してニューロンが地図のように並んだ構造が見られるとあります．他の哺乳類では新皮質の体性感覚野に体性感覚地図がありますが，ホシハナモグラはこれに加えて上丘（中脳）にも体性感覚地図をもつということですか．また，視蓋と相同の上丘にこの地図があるということは，視覚における処理と似たような処理が他の感覚においても行われているのでしょうか．

A 哺乳類でも三叉神経系の線維は上丘の深層に入ります．視覚が退化し体性感覚の発達したホシハナモグラでは，上丘の視神経が入るべき層は退縮していますが，三叉神経に支配された肉質突起の情報は上丘の深層に入力し，地図を形成します．

そしてその地図は，我々の上丘が眼球運動を制御する場合のように，刺激に対する定位行動などに使われていると考えられています．興味深いことに，哺乳類の上丘はサッケードと呼ばれる素早い眼球運動にかかわっていますが，ホシハナモグラは周囲の環境を探る際に，11番めの肉質突起をサッケード時の眼球に似た様式で動かすことが知られています（Butler and Hodos, 2005）．

Q 洞窟魚の目の消失や，羽の消失についてですが，遺伝子レベルでは保存されていて（つまり設計図は保存してあって），必要な場合は，再びつくることも可能なようにできていると考えてよいのでしょうか．

A そういった場合もあると考えられますが，設計図が失われる場合も多いと考えられます．たとえばヘビのように手足を失う場合，上流遺伝子が下流の遺伝子を制御する機構（遺伝子カスケード）の流れの中でそのどこか1つが失われてしまうと手足をつくることができなくなってしまうと考えられます．実際，ヘビの系統で再び手足を獲得した例はありません．階層構造をなす遺伝子カスケードによる発生機構が崩壊すると，それと同じものを再構築することは極めて困難であろうと考えられます．古生物学でいわれるドロの法則（退化して失われた形質がその系統で復活することはない）の背景には，上記のような発生機構の喪失が関係しているのかもしれません．

9 間脳

9.1 間脳とは

　脊椎動物の脳を背側から眺めたとき，間脳はその前にある終脳や，その後ろにある中脳がその存在を大きく主張しているため，一見するとあまり目立ちません．しかしながら，間脳にはいくつかの興味深い特徴があります（図3.3参照）．まずは，その腹側に突き出している巨大な構造です．魚類などで顕著なこの構造は視床下部と呼ばれます．また，背側にもピョンと突き出したチョウチンアンコウのチョウチン（専門的にいうと誘因突起）のような構造があります．その構造は，上生体あるいは松果体と呼ばれるもので，多くの動物ではメラトニンという物質を分泌し，概日リズム（サーカディアンリズム）などの調節にかかわります．そして，間脳の前方，終脳との境界付近では視神経が伸びてその先には眼球がついています．このように，間脳はさまざまな特徴をもち，動物の生存にとって不可欠な機能を担っています．

9.2 間脳の形態

　間脳は，後方の視蓋前域と呼ばれる領域で中脳と接し，前方では視神経交叉のところで終脳と接しています．間脳は解剖学的に，視床上部，背側視床，腹側視床，視床下部に分けられています．ただし，発生学的知見が蓄積してくるにつれ，間脳でさまざまな遺伝子が特徴的な発現をしていることがわかってきました．そのため，間脳の領域に関する話は，最近の脳比較形態学において大

第9章 間 脳

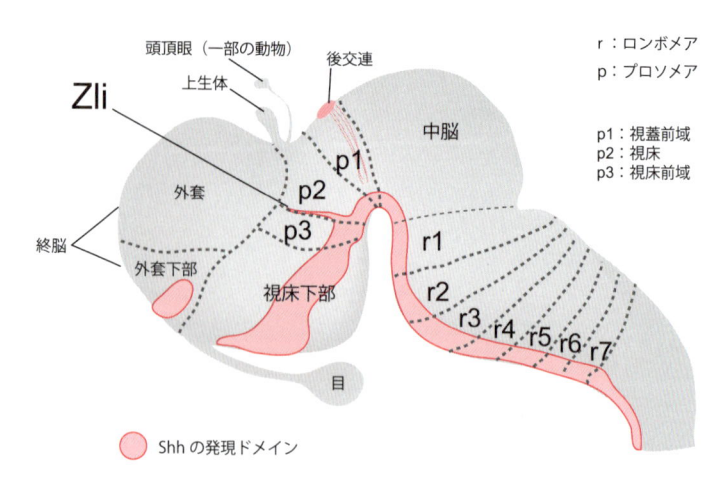

図9.1 発生期の間脳
間脳は形態学的特徴や遺伝子の発現パターンをもとにして大きく4つの領域（視蓋前域：p1, 視床：p2, 視床前域：p3, 視床下部）に分けられている．

きな話題となっています．その混みいった歴史については詳しくは述べませんが，現時点では，間脳は後ろから視蓋前域（pretectum），視床（thalamus），視床前域（prethalamus），そして視床下部（hypothalamus）に分けられています（ただし，視床下部を間脳とは別物とする説もあります）．これらのうち最初の3つの領域は，発生期に見られるプロソメアと呼ばれる脳分節と対応しています（図9.1参照；Puelles and Rubenstein, 2003）．プロソメアは，PuellesとRubensteinによって発表された当初は，間脳から終脳をカバーする大規模な分節として菱脳のロンボメアに匹敵する重要な脳分節と捉えられており，その数も1～6までありましたが（Rubenstein et al., 1994），その後，分子発生学的な知見が蓄積していくにつれて何度か改訂され，現在のモデルでは1～3の3つのパートに分かれています．これらのうち，プロソメア1は視蓋前域，プロソメア2は視床，プロソメア3は視床前域にそれぞれ対応します．形態学的な指標として，視蓋前域には後交連という左右の脳をつなぐ梯子の横木のような神経束ができます．

プロソメア2としての視床は，多くの感覚情報が集められる重要な中継基地というべきもので，さまざまな神経が入出力する極めて複雑な領域となって

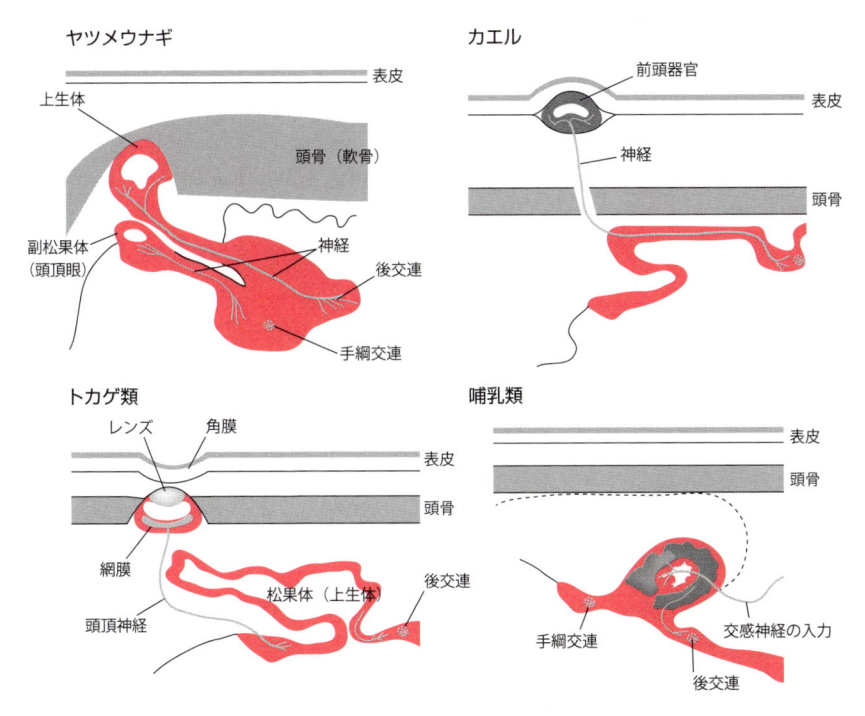

図 9.2　脊椎動物の松果体複合体
動物種によって形態が異なり，トカゲ類やムカシトカゲ類では頭頂眼が発達する．Liem et al.（2001）を改変して引用．

います．そして多くの脊椎動物では，視床の背側に光受容やサーカディアンリズムにかかわる上生体（松果体）が発生します．これはヒトでは無対の（単一の）構造であるため，デカルトはここに魂が宿ると考えました．しかし，円口類をはじめとするいくつかの系統では，間脳上部に2つの構造が見られます（図9.2）．1つは上生体ですが，それに加え，魚類では副松果体（parapineal organ），両生類では前頭器官，爬虫類では頭頂眼（parietal eye）と呼ばれる構造が存在しているのです（Butler and Hodos, 2005；保，2009）．これらは上生体（松果体）とともに，松果体複合体と呼ばれています．ムカシトカゲのよく発達した頭頂眼は，レンズや光受容細胞を備え，"第三の眼"として機能します．頭頂眼は（ムカシトカゲほど発達してはいませんが），昼行性のトカゲ類にも見られます．日本の多くの場所ではカナヘビ *Takydromus tachydromoides* という尾の長いトカゲがいますが，この種の頭部をよく観察すると，点のようなものが頭頂の鱗（頭頂板）についています．これが頭頂眼です．これらのトカゲは外温性といわれ，自らの代謝では体温を高く維持することができず，体温を維持するために日光浴をする必要があります．別の見方をすれば，自分で体温をつくるような苦労をせず，自然エネルギーに任せる省エネ型に進化したともとれます．そのため，砂漠などの過酷な環境では，多くのトカゲ類が適応放散しています．これらの動物では，頭頂眼が明るさなどを感知して，日光浴に一役買っているようです．内温性（代謝によって体温を一定に保つことができる性質）をもつ鳥類や哺乳類では頭頂眼は見られません．ただし，初期の哺乳類であるキノドン類には残存しています（Carroll, 1988）．頭頂眼は恐竜では見られないことから，恐竜が内温性であったとする恐竜温血説を指示する要因の1つにもなっています．ちなみに内温性の哺乳類と鳥類は，他の系統に比べて脳が大きくなります（図5.1参照）．高エネルギーを使って生きていくという生態を選んだ生き物は，常に餌を求めて動き回り，捕食者であれば獲物を効率よく捕らえなければなりません．そうなれば，感覚情報の受容や運動出力のさらなる向上が要求され，脳の高性能化が促されるでしょう．そうした生理・生態が，脳の巨大化に関する淘汰圧の一端を担っていると考えられます．

　間脳の視床下部は内分泌系と密接に関係し，自律神経機能，摂食，日周期リズムなど生物の生存に必須な機能（いわゆる植物神経系としての機能）を担っています．また，視床下部は下垂体と関係し，内分泌の中枢となっています．視床下部は無羊膜類ではよく発達し，一般的には視床よりも大きな領域を占めています．羊膜類の段階になるとようやく視床のサイズが視床下部を凌駕するようになります．

　魚類の視床下部には，下葉と呼ばれるよく発達した領域があります（図6.4参照）．真骨類では，視床の近傍に糸球体核と呼ばれる特徴的な神経核が生じます．この領域は視蓋前域から入力を受け，主として視覚系の情報を視床下部下葉へと伝えています（伊藤・吉本，1991；Nieuwenhuys and Nicholson, 1998）．

9.3 間脳の発生とその起源

　顎口類では発生の過程で神経管の前端が前脳胞となり，そこから間脳と終脳が分化します．このとき，終脳は前脳胞の前方に，間脳はその後半にそれぞれ由来しています．そしてその後，前述のプロソメアや視床下部が分化して，間脳の領域が規定されていきます．これらの領域の起源については，円口類のヤツメウナギにプロソメア由来の神経領域や視床下部を規定する遺伝子の発現が見られるため（図 3.9 参照；Murakami et al., 2001），少なくとも脊椎動物の共通祖先の段階で，間脳領域を規定する分子機構は成立していたと考えられます．ただし，間脳に入出力する神経路は動物ごとに違いが見られるので，間脳はその発生メカニズムが確立された後，その基本形を維持しつつも，進化の過程で系統ごとにさまざまな改変がなされてきたと考えられます．

　それでは，脊椎動物の姉妹群である脊索動物ではどうでしょうか？　頭索類のナメクジウオの成体では，脳胞の腹側部に視床下部のような構造が存在し，その腹側にあるハチェック小窩（Hatschek's pit）は下垂体相同物と考えられています（Gorbman et al., 1999）．ただし，脊椎動物の下垂体が口腔外胚葉から発生するのに対し，ナメクジウオのハチェック小窩は内胚葉に由来しているようです．このことと，次に述べる遺伝子発現の結果から，少なくとも視床下部をつくる発生機構の一部については脊索動物にも存在していると考えられ，この領域の進化的起源は極めて古いといえるでしょう．

応用編：間脳の進化発生学〈視床下部〉

　視床下部は，他の間脳領域（プロソメア 1 ～ 3）と発現する遺伝子の種類がかなり異なります．マウス等の実験動物を用いた研究から，脊椎動物では Nkx2.1 遺伝子が視床下部に発現し，その形成にかかわることが知られています（Kimura et al., 1996）．興味深いことに，ナメクジウオの Nkx2.1 相同遺伝子の発現は，顎口類と同様，脳の前腹側領域に限局しています（Ogasawara, 2000；第 3 章 column「ナメクジウオとホヤの脳」）．また，ハチェック小窩の原基に発現する遺伝子は，脊椎動物の下垂体原基に発現する遺伝子とよく対応しています（Holland, 2013）．また，前述のとおり，ナメクジウオの脳に

視床下部に似た構造が脳胞に見られることを考えあわせると，脊索動物の段階で間脳の視床下部を発生させるため，少なくとも遺伝子発現と形態形成機構の一部について，相同なしくみが存在していたと推測できます．

間脳の進化発生学〈視床〉

マウスでは，間脳の領域は Otx, Pax6, Shh などの発現ドメインから発生してきます（Shimamura et al., 1995; Ferran et al., 2007）．これら遺伝子の発現が見られる領域にプロソメアが形成されます．これらの神経分節（脳分節）は発生における重要なドメインとなり，それぞれの分節で独特のニューロンを発生させていきます．先述した基本的神経回路（後交連：プロソメア 1）やシグナル分子 Shh の発現（Zli：プロソメア 2 と 3 の境界）などがそれにあたります．Zli から出される Shh はプロソメア 2 を視床に，プロソメア 3 を視床前部に分化させていきます（Echevarria et al., 2003）．

9.4　間脳に入る 2 つの神経路

間脳の中でも特にプロソメア 2 に由来する背側視床は，脊椎動物の進化とともに複雑化する傾向が顕著に見られます．後に述べるように，羊膜類では終

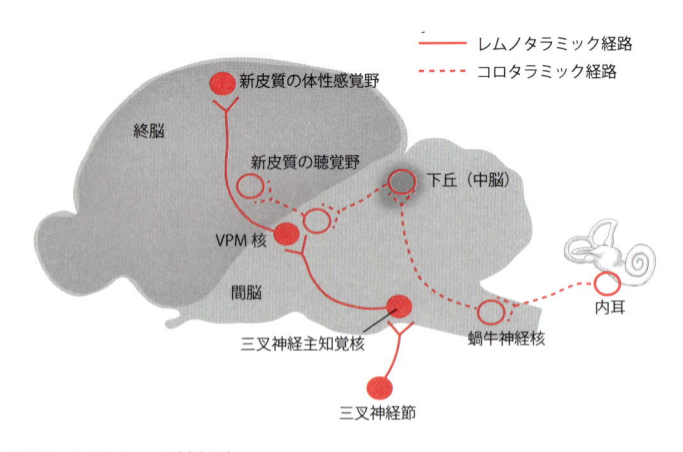

図 9.3　間脳に入る 2 つの神経路
レムノタラミック経路の例として三叉神経の経路（実線），コロタラミック経路の例として哺乳類の聴覚系の経路（点線）を示す．

9.4 間脳に入る2つの神経路

脳の外套が拡大しますが，それにはこの背側視床の発達が関係しているでしょう．これについて，バトラーは次のような仮説を提唱しています．視床に到達する感覚神経回路には，視蓋を中継するコロタラミック（collothalamic）経

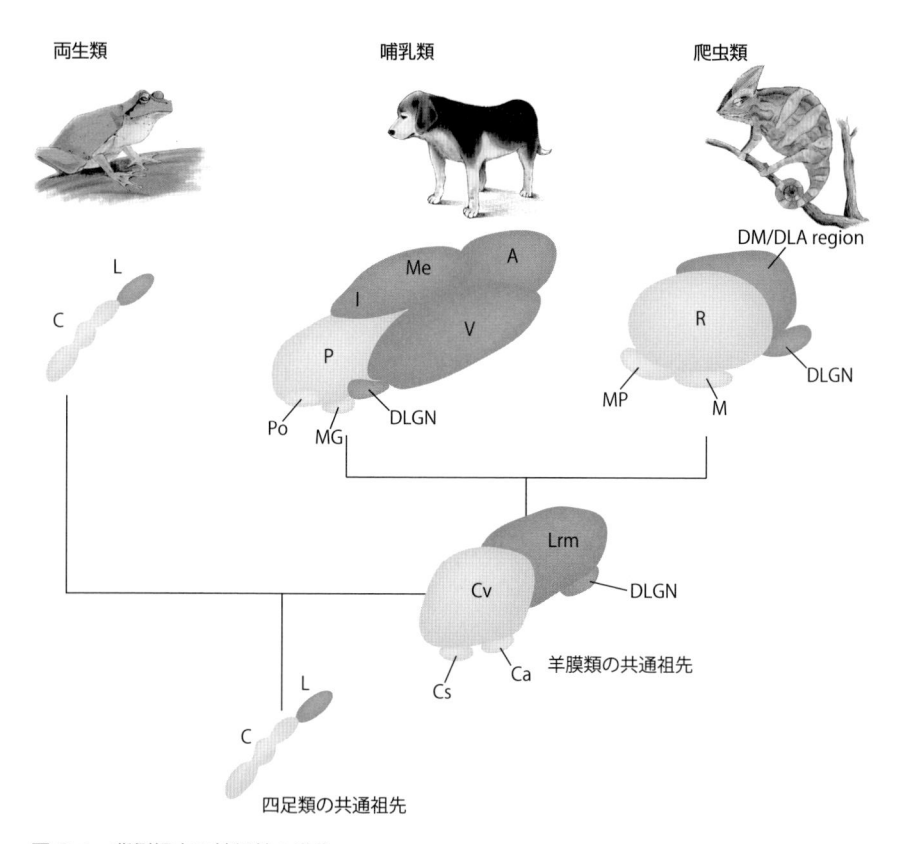

図 9.4 背側視床の神経核の進化
Butler の仮説（1994）をまとめたもの．レムノタラミック神経核（灰色）とコロタラミック神経核（白）は羊膜類の系統において多様化している．特に哺乳類ではレムノタラミック神経核の数が増加している．A：前部の神経核群，C：コロタラミック神経核，Ca：聴覚系のコロタラミック神経核，Cs：体性感覚系のコロタラミック神経核，Cv：視覚系のコロタラミック神経核，DM/DLA region：背内側核／前背外側核の領域（体性感覚，嗅覚系の中継核などを含む），I：前内側の髄板内核群，L：レムノタラミック神経核，DLGN：外側膝状体，Lrm：レムノタラミック神経核の前内側部，M：内側核（または視床結合核），Me：内側神経核群，MG：内側膝状体，MP：後内側核群，P：後内側／視床枕複合体，Po：後髄板内核群，R：円形核，V：腹側核群．Butler and Hodos（2005）を改変して引用（イラスト提供：佐々木苑朱氏）．

第9章 間脳

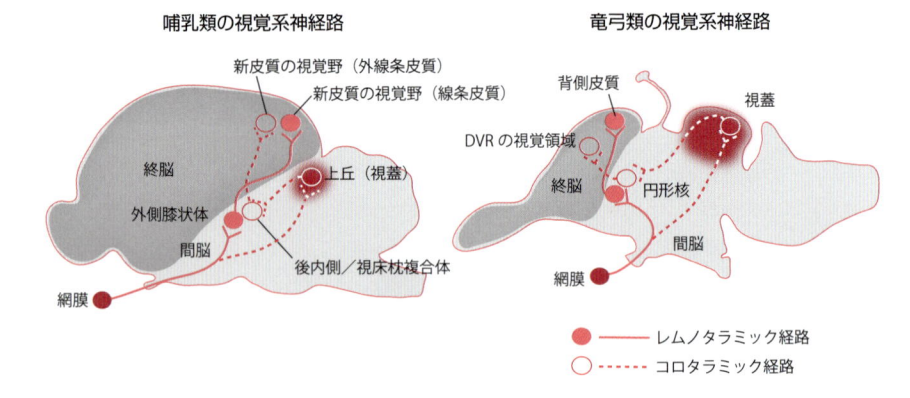

図9.5 哺乳類と爬虫類の視覚系神経路
レムノタラミック経路を実線で，コロタラミック経路を点線で示す．

路（聴覚系神経路など）と，視蓋を中継しないレムノタラミック (lemnothalamic) 経路（内側毛帯など）があります（図9.3；Butler, 1994）．コロタラミック経路にかかわる核は羊膜類で増加し，鳥類，爬虫類，哺乳類では多くの神経核が見られるようになります．レムノタラミック経路にかかわる核も，羊膜類から増加します．魚類や両生類の視床でレムノタラミック経路を担う核 (lemnothalamus) は，脳室付近に位置する nucleus anterior という神経核だけですが，鳥類や爬虫類（竜弓類）では，脳室から離れた位置に多数のレムノタラミック神経核が出現することが報告されています（図9.4）．そして，哺乳類ではレムノタラミック神経路がさらに発達します．たとえば視覚系では，哺乳類も竜弓類でもこれら2つの経路がありますが，哺乳類では，視覚系の主要な情報はレムノタラミック経路で運ばれ，新皮質の視覚野の線条皮質に至ります（図9.5）．また，哺乳類におけるレムノタラミック神経核の後外側腹側核（VPL）と後内側腹側核（VPM）とには，それぞれ内側毛帯と三叉神経毛帯という神経路から一般体性感覚に関する情報が入ります．そして，哺乳類のマウスでは，そこには体（と洞毛）の輪郭をそのまま写しとって一部をデフォルメしたような体性感覚地図（洞毛のところは特にバレロイドと呼ばれる）がつくられます（図6.3参照）．後にも述べますが，羊膜類に見られるこのような間脳の神経核の多様化が，神経回路の革新をもたら

し，地上での羊膜類の適応放散を促したのかもしれません．

9.5 間脳の進化

　間脳領域のパターニングにかかわる Pax6，Dlx，Otx などの転写調節因子をコードする mRNA の発現パターンは，脊椎動物の系統間で保存されていることがわかっています（図 3.9 参照）．そして，後交連や Shh の間脳での発現は，円口類のヤツメウナギとヌタウナギにおいても，哺乳類のマウスや鳥類のニワトリを含むさまざまな系統の脊椎動物と同様のパターンが見られます（図 3.9，3.11，3.21 参照）．したがって，シグナルセンターとしてはたらく Zli は脊椎動物の祖先の段階で存在しており，そのほかにも間脳をつくり上げる発生システムの多くについては，脊椎動物間で共通のしくみが使われていると考えられます．実際，間脳を特徴づける視蓋前域，視床，視床前部はヤツメウナギに見られ，間脳に由来する視覚器官である網膜や上生体も，ヤツメウナギに見い出すことができます．同じく円口類のヌタウナギでも，成体になるにつれ目は網膜色素を失い退縮していきますが，発生期には視神経が生じ，発生が進んで成体になっても視蓋前域への投射は以前として存在し，視蓋への投射もかなり退化的ではありますが，残ってはいるようです（図 9.6；Kusunoki and

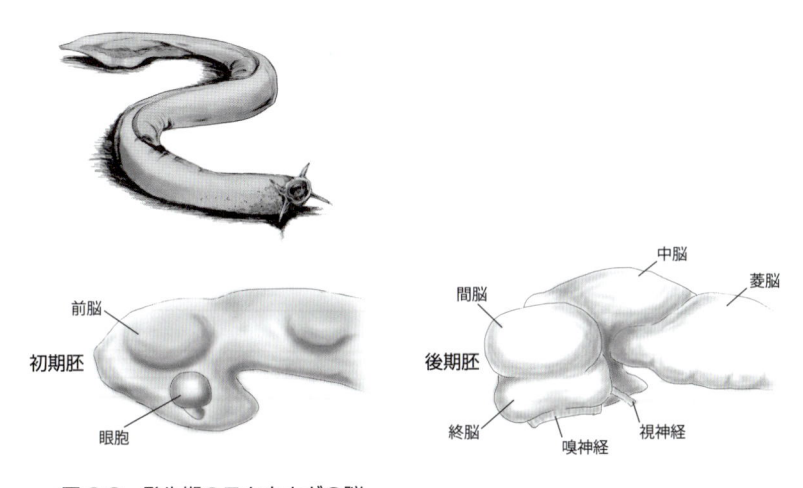

図 9.6　発生期のヌタウナギの脳
　眼胞が出現し，視神経が明瞭に観察できる（イラスト提供：佐々木苑朱氏）．

Amemiya, 1983; Wicht and Northcutt, 1990). 上生体はヌタウナギには見られませんが，これはおそらく視覚器に依存しない生態にともなって二次的に退化したのでしょう．そして，化石骨甲類でも間脳とおぼしき領域は確認されているため（図 3.5 参照），間脳は脳進化の初期の段階で確立されたと予想されます．おそらくは，光情報の知覚や内分泌系の制御のために進化してきたと考えられます．ただし，間脳を構成する神経要素は，進化の過程で変化してきたことがわかっています．特に神経核や神経の接続については，系統ごとに大きな違いが見られます．それらについては，真骨類の魚類を使った研究からいくつか興味深い点が明らかになっています．

魚類の間脳

　魚類の間脳の発生を見ると，マウスや他の脊椎動物と同様に，プロソメア 1 ～ 3 と視床下部の領域が分化することがわかっています．しかしながら，その後に分化していく神経核についてはマウスに見られないようなものが出現します．その例としては PG 複合体（preglomerular complex）で，これは間脳の腹側に現れ，発生期に他の間脳領域の細胞が移動してくることによってできると考えられています（図 9.7）．興味深いことにこの神経核からの軸索は，視覚系や味覚系などの感覚情報を終脳に伝えています（Kato *et al.*, 2012; Mueller, 2012）．その結果，真骨類の終脳（の Dm と Dl）には，視覚系，味覚系，聴覚系，側線感覚系，嗅覚系などの感覚に応じた領域ができます（図 9.8）．これはあたかも哺乳類に見られる領野（視覚野，体性感覚野，聴覚野など）に似ています（第 10 章参照）．ただし，哺乳類ではこれらの出力が間脳の視床から発し，終脳の背側外套（新皮質）に入るのに対して，魚類では PG 核から終脳の扁桃体領域（Dm）あるいは海馬領域（Dl）に入っているので，魚類とマウスの間脳—終脳接続は一見似ているようですが，どうやら相同とはいえないようです[1]（図 9.8，9.9）．さらに聴覚系の場合は，魚類では哺乳類の視床に相同な領域から出力が起こりますが，終脳の投射先は哺乳類とは異な

---

1) 本書では Dm を扁桃体領域として扱いましたが，この領域が哺乳類の終脳のどこに相同なのかについてはまだ決着がついておらず，Dm を外套背側部（新皮質）と相同とする説もあることを言い添えておきます．

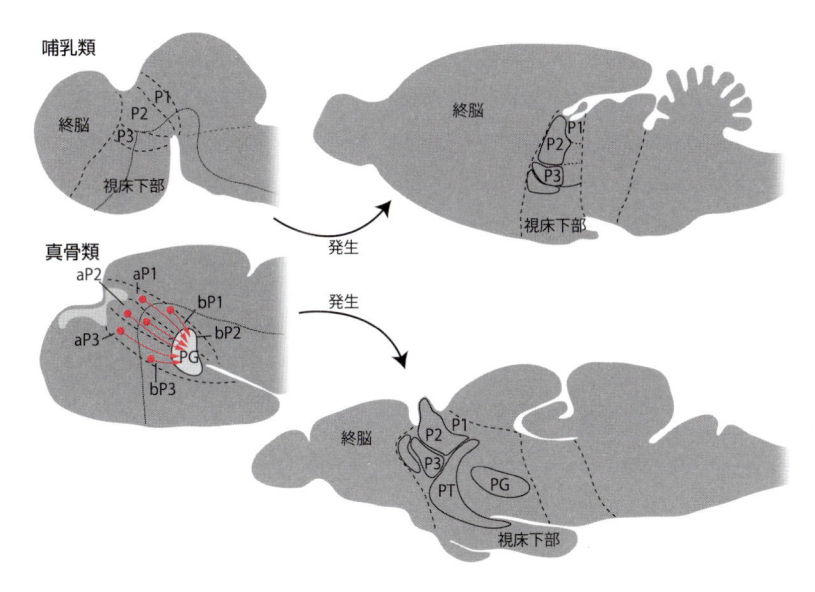

図 9.7　哺乳類と真骨類の間脳の発生
aP1-3：翼板プロソメア 1-3，bP1-3：基板プロソメア 1-3，P1-3：プロソメア 1-3，PG：preglomerular complex（前糸球体複合体），PT：posterior tuberculum．Mueller（2012）を改変して引用．

り終脳の扁桃体領域（Dm）となっています（図9.9；Mueller, 2013）．これらの結果より，視床から終脳の背側外套に入力する神経路は，魚類には存在していないと考えられます．ということは，この経路は四足類，または羊膜類の共通祖先の段階で確立したことが推測されます．どちらなのかを確かめるために，今後は両生類を用いた研究が重要になるでしょう．

　菱脳の章（第6章）では，コイ科などいくつかの魚類では味覚がたいへん発達していると述べました．これらの魚の味覚情報が，脳の中でどのように処理されていくのかは興味深い問題です．第6章で述べたように，味蕾によって検出された感覚情報は，脳神経によって菱脳の迷走葉などの一次味覚中枢に送られます．この後の経路については多くの研究がありますが，山本らが詳細な解析を行っています（Kato et al., 2012）．それによると，迷走葉などの中枢のニューロンは，さらに菱脳の前方にある二次味覚核（secondary gustatory nucleus：SGN）に線維を送ります．その後，SGNは間脳にある

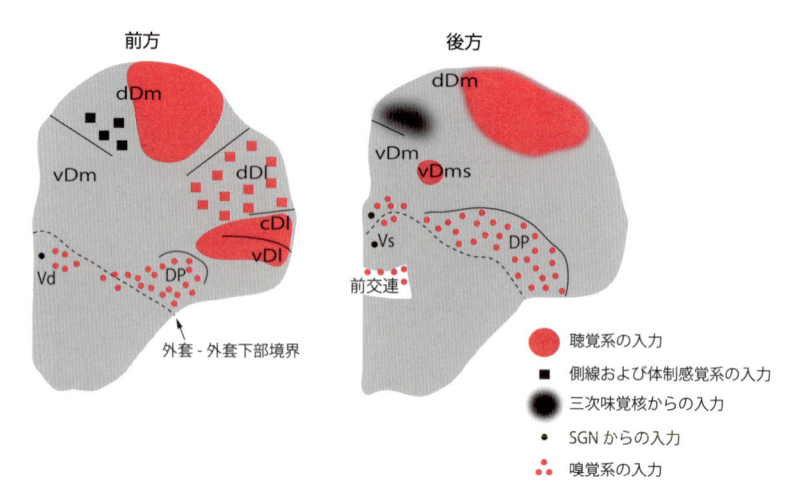

図 9.8 キンギョの終脳の断面
さまざまな感覚系の線維が特定の終脳領域に入力する．cDl：Dl の尾側部，dDl：Dl の背側部，dDm：Dm の背側部，DP：dorsal telencephaloc area の後部，vDl：Dl の腹側部，vDm：Dm の腹側部，vDms：vDm の semicircular zone，Vd：ventral telencephaloc area の背側部，Vs：ventral telencephaloc area の supracommissural part. Kato et al. (2012) を改変して引用．

三次味覚核（PG 複合体の 1 つ）に線維を送り，三次味覚核の細胞は最終的に終脳に入力します．また，SGN から直接終脳に入力する経路も見い出されています．つまり，SGN からは間脳を介して中脳にいく経路（間接路）と直接終脳にいく経路（直接路）の 2 つがあるということです．それぞれの経路では終脳における入力先が異なっており，直接路は終脳の腹側部と背側部（Dm 腹側部）に入力し，間接路は終脳の背側部（Dm）に入力します（図 9.8）．

応用編：間脳—終脳の接続にかかわる遺伝子

これまで述べてきたように，間脳からは終脳に向けて数多くの神経が伸びています．特に，視床から終脳に入る線維は，羊膜類ではよく発達しており，これらの線維は一般的に「視床—終脳路」と呼ばれています．これらの神経がどのようなしくみで終脳に入力するのかについては，主にマウスを用いていろいろな研究がなされています．発生期に視床のニューロンはその軸索を終脳へと伸ばしていきます．その道筋には軸索をガイドしてくれるタンパク質があるた

め，軸索は迷うことなく正確に目的地に辿り着くことができるのです．たとえば，先程紹介した視床下部に発現する Nkx2.1 は，Slit という神経ガイド分子の発現を調節しており，この分子の反発作用によって，視床から終脳に伸びていく軸索は正しい方向に伸長して，終脳に入力します（Braisted et al., 1999; Bagri et al., 2002）．そのほかにも，視床のニューロンに勾配をもって発現する Eph が，終脳側にあるエフリンの勾配に応答してその濃度に応じて振り分けられることにより，特異的な投射が形成されるという報告や（Marin et al., 2002; Uziel et al., 2006），誘因性のガイド因子である netrin1 が視床の軸索を終脳へ誘引していくことにより多くの軸索が終脳へ入力できるようになるという報告があります（図 9.10；Braisted et al., 2000）．ただしこれらの遺伝子の発現パターンは，ニワトリやカメではマウスと異なっていると

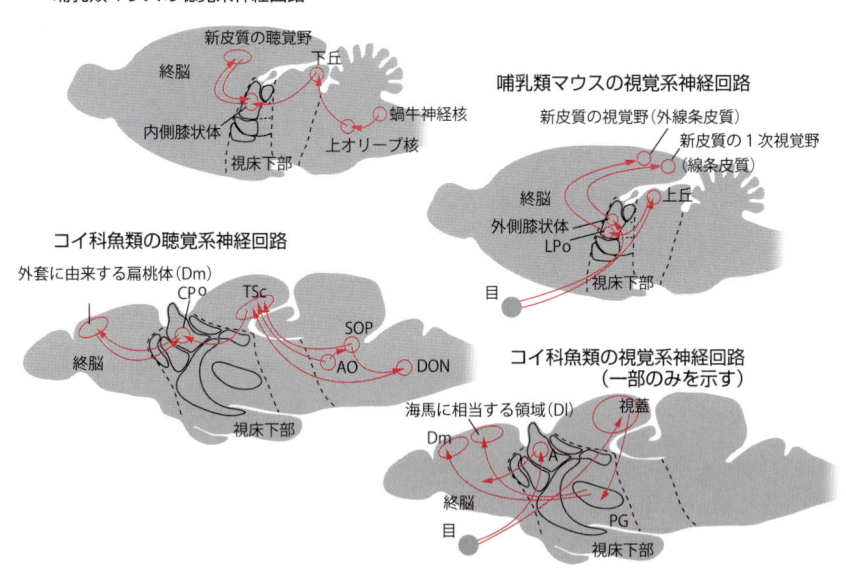

図 9.9 哺乳類と真骨類の神経回路

哺乳類では一般的に，背側視床の神経核から外側外套に由来する新皮質に入力するが，魚類では PG 核からの線維が内側外套由来の Dm 領域に入力する．A：anterior nucleus, CPo：視床の聴覚形神経核, DON：dorsal octaval nucleus, LPo：後内側／視床枕複合体, PG：preglomerular complex（前糸球体複合体）, TSc：半円堤, SOP：secondary octaval population（哺乳類の条オリーブ核に相同）．Mueller (2012) を改変して引用．

第9章　間脳

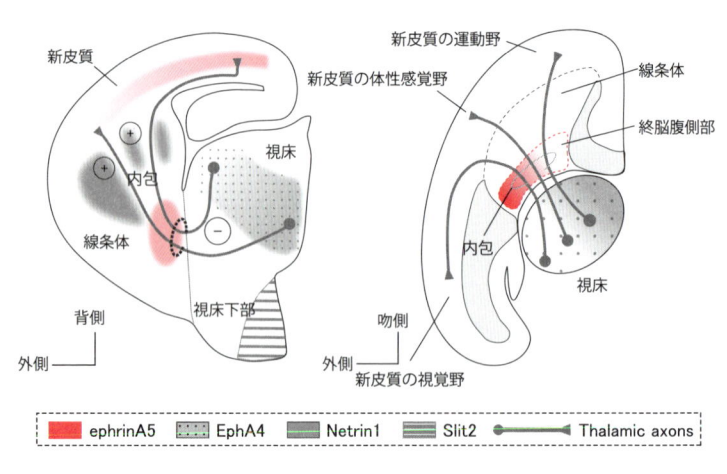

図9.10　哺乳類における視床─終脳の連絡にかかわる遺伝子とその発現
Tosa et al.（2015）を改変して引用．

いう報告があります（Tosa et al., 2015）．今後さらに哺乳類以外の動物で視床─終脳路の研究を進めていくことが重要となるでしょう．

▶▶▶ Q & A ◀◀◀

Q 視蓋前域は，中脳に分類されるように昔聞いたことがあります．

A 現在の分子発生学的な知見によれば，視蓋前域にはPax6が発現します（Ferran et al., 2007）．Pax6は終脳から間脳の原基に発現し，中脳原基には発現しないことが知られているため，この遺伝子の発現する視蓋前域は間脳に含まれるとされています．

Q 図9.2によると，頭頂眼にはレンズ・角膜・網膜があり，私たちがもっている目と同じように見えます．頭頂眼の発生のしくみも眼球の発生のしくみと同じですか．もともとは同じように光を受容するための器官で，進化の過程で役割が分担されたのですか．また，目があるのであれば，頭頂眼がなくとも明るさを感知できるように思うのですが，頭頂眼があったほうがよいのでしょうか．

Q&A

A 多くの脊椎動物では2つの目と2つの松果体複合体をもつため，もともと2対の視覚器官をもっていたと考えられますが，カンブリア紀の無顎類を見ても4つ目のものはいないようです．魚類や両生類の松果体には光受容細胞があり，その細胞の先端は外節という膜が重なったような形になっていて，そこにロドプシンなどの光受容タンパク質があります．その点で松果体は目に近い形態をしているといえます．また，松果体も目と同じくPax6の発現領域に発生します．頭頂眼がなくても目があれば明るさは感知できますが，頭頂眼が破壊されると体温調節機能が損なわれるようですので，頭頂眼は体温調節に関して生理的に重要な役割を果たしていると考えられます．

Q 視覚についておさらいさせてください．
- もともと光の情報は間脳に入ってくるものであった（視神経）．
- 日周リズムには，間脳の視床下部がかかわっている．
- 対光反射，眼球運動など目に付属する筋肉を，脳神経を介して調節する場所として，間脳の視蓋前域がある．
- 視覚情報処理（形や動きの検出）は，中脳の視蓋が主に携わる動物と，終脳の新皮質が携わる動物に分けられる．

という理解でよいのでしょうか．

A よいと思います．ただし，日周リズム（概日リズム）は，鳥類では松果体や視床下部，網膜が相互に重要なはたらきをしていると考えられています（鳥居・深田，2009）．また，視覚情報処理について補足すれば，哺乳類でも鳥類でも視蓋（上丘）と終脳外套（新皮質）の両方で行うようになっており，哺乳類では新皮質が，鳥類では視蓋が主要なはたらきをしていると考えられます．

10 終 脳

10.1 終脳とは

　終脳は telencephalon，すなわち「ターミナル（終端）の」脳という意味です．端脳とも呼ばれます．脳の中で終脳の存在感は際立っており，ヒトの脳の外観はほとんど終脳が占めています．その巨大さのために，ヒトをはじめとする大型哺乳類の終脳は，大脳とも呼ばれます．専門用語で cerebrum，すなわち大きい脳という意味です．多くの哺乳類において終脳は際立って大きく，明らかに脳の主役です．冬の星座でいえばオリオン座，恐竜でいえばティラノサウルスです．ちなみに，恐竜の末裔である鳥類でも終脳は他の脳領域に比べて大きく，カラス類などでは著しく肥大しています．また，軟骨魚類でも巨大な終脳が観察されます．このように，脊椎動物の脳の中で最も特徴的な領域である終脳ですが，大きさだけでなく，その形も実にさまざまです．

　図 10.1 は，いろいろな脊椎動物の終脳の断面を模式的に示したものです．さまざまな形態をしていることがわかるでしょう．中にはとても変わった形をしているものもあります．終脳はおそらく，脳の中で最も多様性がある領域ではないでしょうか．脊椎動物の進化にともない，劇的な変化を遂げてきた領域だといえます．そして，終脳の機能は哺乳類において大きく発達し，ヒトのもつ高度な知性の源となっています．

　それでは，脳進化の極致ともいえる終脳について，その歴史を紐解いていきましょう．

10.2 終脳の起源

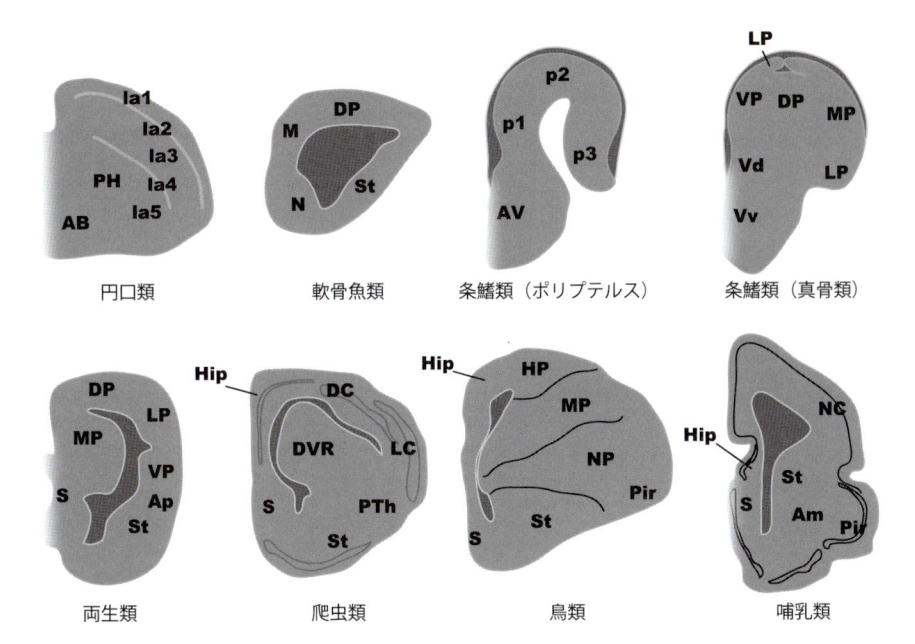

図 10.1 脊椎動物の終脳
さまざまな系統の脊椎動物の終脳（片側の大脳半球）の断面を示す．AB：area basalis telencephali, AV：area ventralis telencephali, Am：扁桃体核群, DC：背側皮質, DVR：背側脳室隆起, DP：外套背側部, Hip：海馬, HP：高外套, Ia1-5：ヌタウナギに見られる層構造, LC：側皮質, LP：外側外套, M：内側外套, MP：中外套, N：Nucleus N, NC：新皮質, NP：外套巣部, p1-3：pallial fields, PH：primordium hippocampi, Pir：梨状葉, Pth：外套肥大部, S：中隔域, St：線条体．Nieuwenhuys (1967, 1998), Bruce (2007) を改変して引用．

10.2 終脳の起源

　終脳はいつ獲得されたのでしょうか？　先ほど少し述べたように，その発生機構が環形動物のキノコ体と共有されているため，「深い相同性」という観点から見て，終脳の起源を前口動物と後口動物の共通祖先にまで遡るとする意見もありますが (Tomer *et al.*, 2010)，ここではあくまで形態学的に比較可能な「終脳」についての話をしていきたいと思います．終脳は，知られているすべての脊椎動物に見られますが，ホヤやナメクジウオなどの脊索動物には，その相同物が確認されていません (Wicht and Lacalli, 2005)．遺伝子の発現を見ても，これらの動物には終脳を特徴づけるようなパターンは見られません

(Sugahara et al., 2013). したがって，終脳はおそらく，脊椎動物の祖先が他の脊索動物から分岐した後の段階で確立された構造であると考えられます．機能形態学的な見地から考えると，水中の化学物質を検出できる嗅覚器の発達にともない，その情報処理システムに関して淘汰圧がかかり，嗅覚中枢としての終脳の進化が促されたのでしょう．また，進化発生学的な見地から述べると，脊索動物と脊椎動物の間で生じた全ゲノム重複（WGD）による遺伝子の増加が，終脳出現に関して何らかの鍵を握っているのかもしれません．

10.3 終脳の基本構造

　ヒトでもサメでもヤツメウナギでも，現生の脊椎動物の終脳は例外なく外套（pallium）と外套下部（subpallium）に分けられます（図10.2）．羊膜類を例にすると，外套には嗅球，大脳新皮質（哺乳類）あるいは背側皮質（爬虫類），海馬など，終脳を特徴づけるさまざまな構造があります．一方，外套下部には，線条体や淡蒼球などの大脳基底核群が存在しています．ちなみに扁桃体という感情表現にかかわる領域は，外套と外套下部の双方にまたがって存在しています（Medina et al., 2011）．

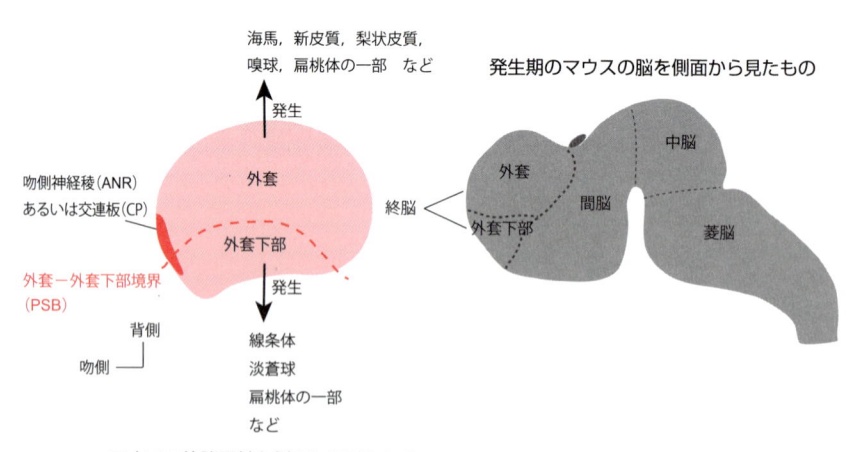

図10.2　終脳の発生
　哺乳類マウスにおける終脳領域の発生起源を示す．

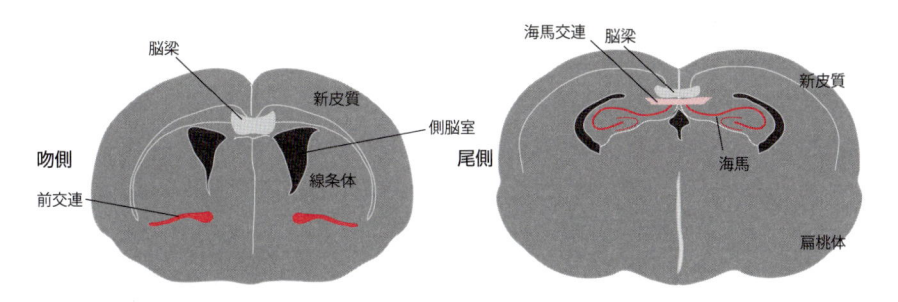

図 10.3 マウスの終脳の断面
前交連，脳梁，海馬交連の位置を示す．ただし，前交連については半球間を交叉する部分は示していない．

　終脳にはいくつかの交連があります．前交連は多くの脊椎動物に共通に見られる交連で，哺乳類では前方に嗅覚系の線維が，後方に側頭皮質，扁桃体，分界条の交叉線維が入ります．また，哺乳類には左右の海馬を連絡する海馬交連があります．哺乳類以外の羊膜類でこれに相当するとおぼしき交連は，前外套交連（anterior pallial commisssure）と呼ばれています（ten Donkelaar, 1997）．特筆すべきは，哺乳類では脳梁と呼ばれる巨大な交連線維の束が生じ，左右の大脳半球を結んでいることです（図10.3）．興味深いことに，脳梁は真獣類（有胎盤類）に特有で，有袋類や単孔類の動物には見られません（Aboitiz and Montiel, 2003）．ただしこれらの動物では，有胎盤類の脳梁に対応する（新皮質間を連絡する）線維が前交連に入っています（Granger *et al.*, 1985）．

10.4　終脳の発生

　第3章で述べたように，終脳は神経管の前端に形成されます．この過程では吻側神経稜（ANR），あるいは交連板（CP）と呼ばれる領域からFgf8が分泌され，終脳のパターニングにかかわります．また，皮質原基の後ろにある皮質縁（cortical hem）と呼ばれる場所も，BMPやWntが発現してシグナルセンターとしてはたらきます（図10.4）．後で詳しく述べますが，マウスではこの前方からのFgfシグナルと，後方からのBMP，Wntシグナルの勾配によ

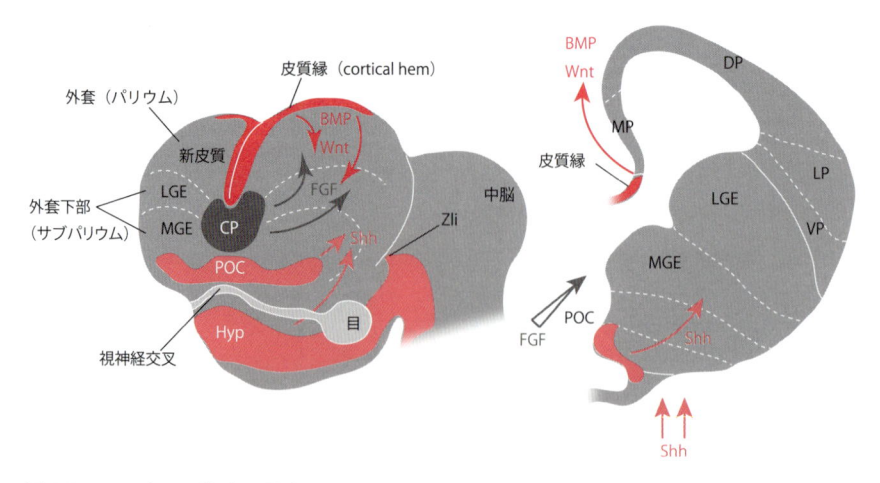

図10.4 マウスの終脳の発生
CP：交連板，DP：背側外套，Hyp：視床下部，LGE：外側基底核原基，MGE：内側基底核原基，LP：外側外套，MP：内側外套，POC：commissural proptic area of the subpallium, VP：腹側外套, Zli：zona limitans intrathalamica. Medina and Abellan（2009）を改変して引用．

り，大脳皮質の領野が形成されると考えられています（Medina and Abellan, 2009）．また，終脳腹側部の形成にはShhが重要な役割を担います（図10.4）．

発生期のマウスやニワトリの終脳原基を調べた結果，外套は内側外套，背側外套，外側外套，腹側外套の4つの部域に分けられるようになりました（図10.4）．一方，発生期の外套下部は外側基底核原基，内側基底核原基，尾側基底核原基の3つの部分に分けられます．哺乳類の場合，内側外套からは海馬が発生し，背側外套からは新皮質が生じます（図10.4, 10.5）．外側外套からは主に梨状葉が生じ，腹側外套からは扁桃体などが発生してきます．外套下部においては，外側基底核原基からは線条体が，内側基底核原基からは淡蒼球が生じるとされています．

応用編：終脳のパターニングにかかわる遺伝子

終脳を特徴づける領域の発生には，特定の転写調節因子が重要なはたらきをします．外套と外套下部の境界は，Pax6とDlxの発現ドメインによって規定

10.4 終脳の発生

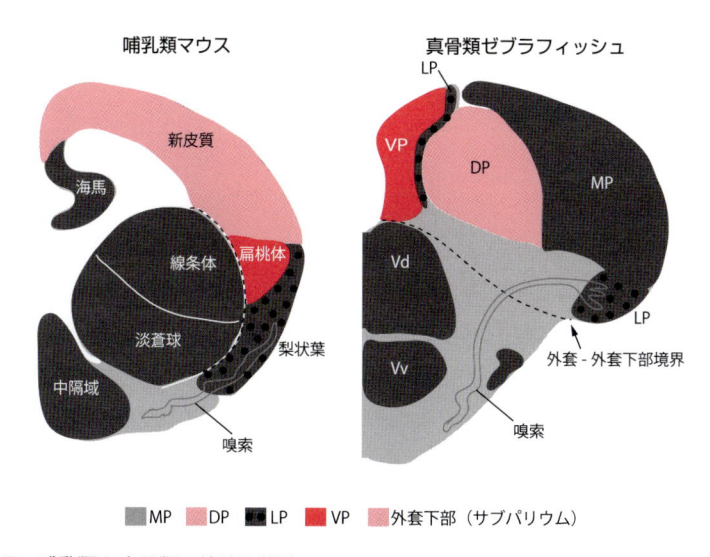

哺乳類マウス／真骨類ゼブラフィッシュ

新皮質、海馬、線条体、扁桃体、淡蒼球、梨状葉、中隔域、嗅索

LP、VP、DP、MP、Vd、Vv、外套-外套下部境界、嗅索

■ MP　■ DP　■ LP　■ VP　■ 外套下部（サブパリウム）

図 10.5　哺乳類と真骨類の終脳の構造
Vd : dorsal nucleus of the area ventralis, Vv : ventral nucleus of the area ventralis. Muller (2012) を改変して引用.

されています (Puelles *et al.*, 2000). さらに外套は，Emx や CoupTF-1, Sp8 の発現によっても特徴づけられています（図 10.6；O'Leary *et al.*, 2007）. これらの遺伝子の mRNA は，特定の方向に対して勾配をもって発現しており，それらの遺伝子が互いを抑制することで特定の領野が形成されると考えられています．また，Fgf8 や BMP などのシグナル分子も発現し，その形成に重要な役割を担っています．一方，外套下部は先程述べた Dlx 遺伝子や，Nkx2.1 などの転写調節因子や Shh などのシグナル分子によってパターニングされます．

終脳の発生を考える上で欠かせない遺伝子として Foxg1（BF1）があります（Hanashima *et al.*, 2001）．この遺伝子はマウスでは終脳になる細胞に特異的に発現し，遺伝子を欠損させると終脳のサイズが小さくなります．この過程において Foxg1 は，終脳の前駆細胞の増殖を促すと同時にニューロンへの分化を抑制する（分化したニューロンはもう分裂しないため，分化を抑制することで分裂可能なニューロン前駆細胞の数が多くなる）ことで，終脳の細胞の増加に関与していると考えられています．このことから，この遺伝子は終脳の

第10章 終 脳

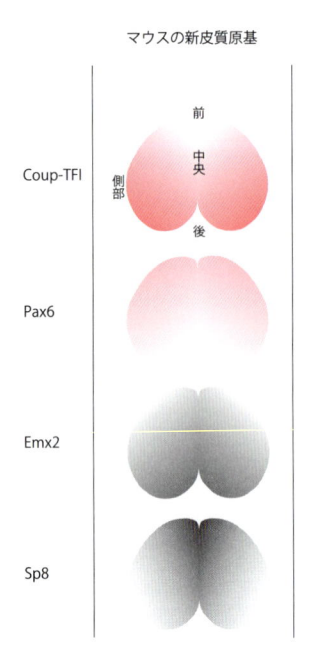

図 10.6 哺乳類の新皮質の領域形成にかかわる遺伝子
発生期の哺乳類の新皮質を上から見た模式図．4つの遺伝子がそれぞれ異なるパターンで発現している（イラスト：楠原佑基氏）．

サイズの拡大において重要であると考えられています．

10.5 円口類

ヤツメウナギ

　ヤツメウナギの終脳では，前方にある巨大な嗅球が特徴的です（図 10.7）．これはおそらく，彼らが他の魚類等を襲う際に嗅覚を頼りにしているためと考えられます．ただし，ヤツメウナギにはよく発達した目がありますので，この動物の生活には視覚も重要だと思われます．

　ヤツメウナギには鼻の穴（鼻孔）が1個しかありませんが，嗅球はちゃんと左右に1つずつあります．嗅球の後方には大脳半球がありますが，それほど発達していません．しかし，成体の大脳半球で外套と外套下部は形態学的に

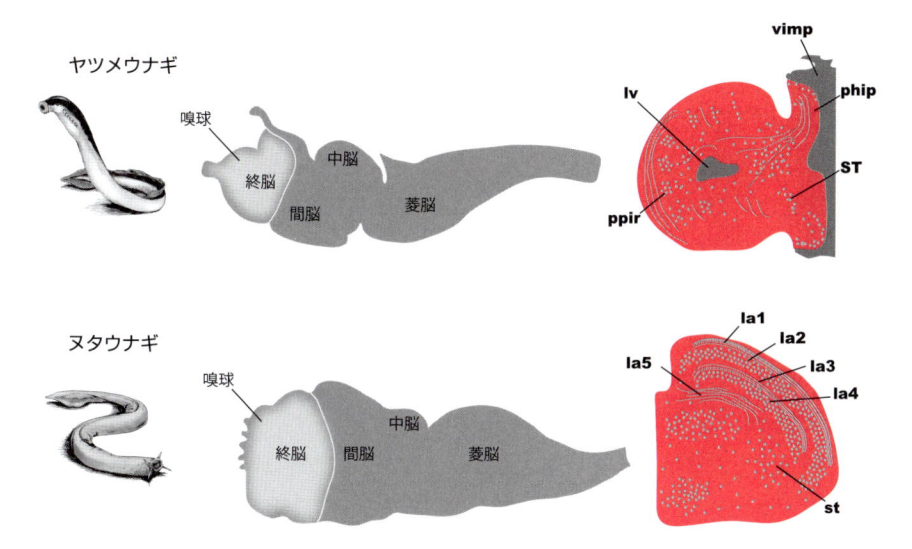

図 10.7 円口類の終脳の形態
ヤツメウナギとヌタウナギの脳（左）と終脳の断面（右）を示す．la1-5：layers 1-5，lv：側脳室，phip：海馬原基，ppir：梨状葉原基，ST：線条体，vimp：不対終脳脳室．Sugahara, et al.（2013）を改変して引用（動物イラスト提供：佐々木苑朱氏）．

確認されています (Pombal et al., 2009). また，ヤツメウナギの終脳は内翻，すなわち外套が内側外套を内側にしながら，くるりと巻くように発達します．その結果，左右の終脳は，メガネでいえばフレームにあたる外套がレンズにあたる側脳室を囲むようになります（図 10.7）．これは条鰭類以外の脊椎動物に一般的に見られる形態です．ただし，ヤツメウナギの終脳背側で海馬原基 (primordium hippocampi：phip) と呼ばれるところでは，内翻が起こらず条鰭類のように外向きに広がる形態（外翻）が見られます．

ヌタウナギ

成体のヤツメウナギやヌタウナギでは，嗅覚系と深く関係する領域が大きいため，外套は主に匂いの情報処理のために進化してきたと考えられてきました．ヌタウナギは異様なまでに巨大な終脳をもっていますが（図 10.7），その終脳領域の多くは嗅覚系神経の入力を受けているようです (Nieuwenhuys, 1967)．事実，ヌタウナギは匂いに敏感で，深海探査艇が仕掛けた餌や深海

に沈んだクジラの死体などにおびただしい数のヌタウナギがたかっている様子が観察されています．ヌタウナギの終脳は，巨大な嗅球と大脳半球をもっている点で極めて特徴的ですが，それに加えてその内部構造も特異な形態を示します．その外套は5層の構造を呈し，1，3，5層は神経線維，2，4層は細胞体から構成されています（図10.7）．層構造といえば，中枢として発達した脳（たとえば中脳の視蓋や小脳）に備わっている構造です．終脳では，嗅球には僧帽細胞や糸球体からなる層構造が多くの脊椎動物に存在していますが，大脳半球に層構造をもつ動物は，羊膜類以外では極めて珍しいといえます．また，ヌタウナギは発生初期には側脳室が見られますが，成体になるとほぼ見えなくなります（図10.7）．これは，彼らの長い発生期に，大脳半球の細胞が側脳室を押しつぶすように増殖するためだと考えられます．このような特異な形態をもつヌタウナギの終脳は，脳の進化を知る上でたいへん重要だといえるでしょう．つい最近になってヌタウナギの受精卵が入手できるようになってきたので，今後は，ヌタウナギを用いた進化形態学，進化発生学の研究が進むことが期待できます．

応用編：ヤツメウナギの終脳に発現する遺伝子

　発生期のヤツメウナギの大脳半球原基では，外套と外套下部が明瞭に確認できます．そこでは，外套のマーカー遺伝子（Pax6やEmxなど）と外套下部のマーカー遺伝子（Dlx）が発現しています（図3.9参照；Murakami *et al.*, 2001）．ただし，マウスの外套はPax6, Emx, CoupTF-1, Sp8遺伝子などにより特異化されますが（O'Leary *et al.*, 2007），ヤツメウナギの外套ではこれらの遺伝子のうち，Sp8の発現が見られません（Sugahara *et al.*, 2011）．この結果は，外套領域をパターニングする機構のいくつかは脊椎動物の共通祖先の段階で確立していましたが，Sp8がかかわる機構などのいくつかの形質が無顎類と顎口類が分岐した後，顎口類の祖先の段階で確立されたことを示しているのかもしれません．あるいは，ヤツメウナギの系統でも遺伝子重複が起きていると考えられるため（第2章column「全ゲノム重複」；Mehta *et al.*, 2013），これにより終脳発生機構に変化が生じている可能性もあります．それを確かめるためには，ヌタウナギ胚を用いた研究を進めること

がとても重要です．

10.6 魚 類

外套

　軟骨魚類では終脳がよく発達します．特に，嗅球とその神経が入力する大脳半球はたいへん大きく発達しています（図 1.1，3.3 参照）．サメの嗅覚がどれほど優れているかについては諸説ありますが，少なくともその嗅球のサイズを見る限りでは，サメやエイでは水中の匂いの探知・情報処理能力に優れ，結果としておそろしく鋭敏な嗅覚を備えていると考えられます．ただ，これらの動物の終脳形態には顕著な特異化は見られず，内側外套や背側外套の様式は顎口類の祖先がもっていたパターンを維持しているように見えます（図 10.8）．全頭類のギンザメも，嗅球と大脳半球が大きな終脳をもっています（図 2.5 参照）．ギンザメの脳は全体的に格好がよく，筆者の脳内で開催された，全脊椎動物脳の人気投票では上位にランクインしています．

　一方，条鰭類では終脳の天井に相当する蓋板が左右に拡大し，外套が左右にめくれたような構造になります（図 10.8）．この奇妙な形態を Gage は外翻（eversion）と名づけ，1893 年に次のように説明しています（Nieuwenhuys, 2009）．①条鰭類では，発生期に終脳の外套部が外側方向へと折りたたまれるように発生が進む．そのため外翻が起こり，終脳の脳室には中央に単一の「共通脳室」が生じる．②一方で多くの脊椎動物では外套が内側方向に向けて折りたたまれ（内翻：evagination），結果として左右の脳半球に神経上皮細胞に囲まれた側脳室が生じる．この考えは，外套での外翻の生じ方について研究者の間でいくつか意見の相違は生じていますが，基本的なところに関しては現在も受け入れられています．

　外翻は条鰭類以外では肉鰭類のシーラカンス *Latimeria chalumnae* にも見られます．ただし，シーラカンスは外翻といっても条鰭類のように左右に開く様式ではなく，一見，一般的な内翻のようで，左右の側脳室がつながった共通脳室をもつような形態を呈しています（Northcutt and Gonzalez, 2011）．内側外套が条鰭類のように外側に位置していることも，外翻的な形

第 10 章　終　脳

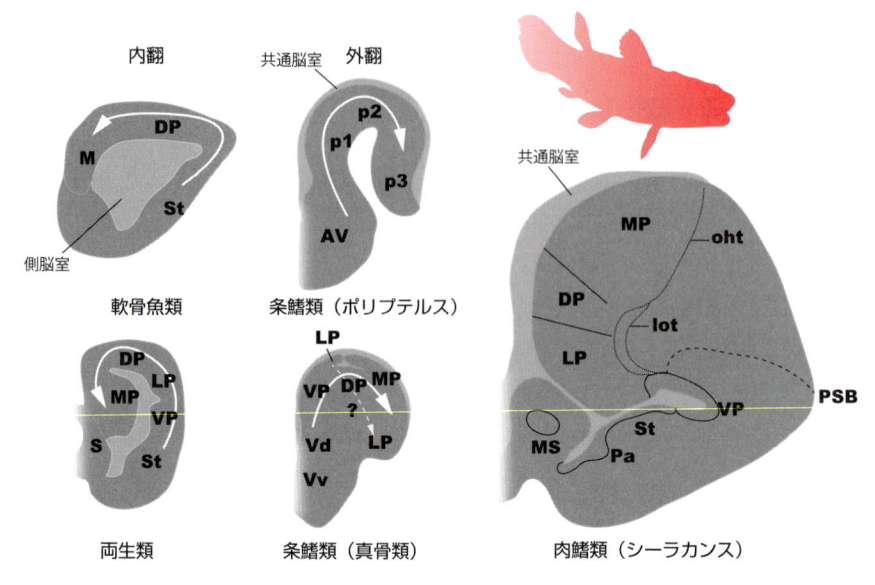

図 10.8　終脳の内翻と外翻
さまざまな系統の魚類の終脳の形態を示す．シーラカンスの脳は内翻しているように見えるが，共通脳室の存在や，MP が外側にきていることから，外翻的な形態をしている．lot：嗅索，MS：内側中隔，oht：olfactohabenular tract（嗅球手綱路），PSB：外套―外套下部境界，Pa：淡蒼球，Vd：dorsal nucleus of the area ventralis, Vv：ventral nucleus of the area ventralis．その他の略号は図 10.4 を参照．シーラカンスの脳は Northcutt and Gonzalez（2011）を改変して引用（シーラカンスのイラストは松原生実氏による）．

質を示します（図 10.8）．一方，条鰭類のポリプテルス類では外翻の傾向が著しくなります（図 10.1；第 4 章 column「変わった脳をもつ動物シリーズ：その①」）．イメージしにくいかもしれませんが，このような形態はたとえば我々ヒトの菱脳の第 4 脳室のあたりの状況を想像してもらえればいいかもしれません．脳室の天井が開いていて，上から覗くと神経管の内腔が見えるような状況です．つまり，通常の脊椎動物とは逆に，海馬が外側に位置していることになります．それについては，キンギョの外套の外側部分を削除する実験が行われています．すると，この部分の除去により魚の学習能力に異常が生じるようです（Portavella et al., 2002）．このことからやはり，条鰭魚類では脳の両端に海馬に相当する領域があるものと思われます．ちなみに，上記の削除実験から，魚類にも恐怖の学習にかかわる領域が終脳内側部に見い出されました．

ここは，その情動に関するはたらきと位置関係から，哺乳類の扁桃体に相同な領域ではないかと考えられています．

このように，条鰭魚類はたいへん変わった形の終脳をもちますが，これが進化の過程において，どのような発生機構の改編によって獲得されたのかについては未だ不明な点が多く残っています．神経細胞が発生するしくみに何らかの変化が生じ，その結果として終脳の内側外套部が外側方向へ向けて発生するようになったと考えるべきですが，それを可能にした分子発生機構については，まだあまりわかっていません．また，外翻にかかわる発生機構の起源については，一見すると条鰭類と肉鰭類が分岐した後，条鰭類の系統で獲得されたように見えますが，肉鰭類シーラカンスの外翻が条鰭類と同じしくみで生じているとすれば，それは条鰭類と肉鰭類の共通祖先の段階で獲得され，ハイギョや四足類に至る系統で失われたとも考えられます．このように外翻とは，さまざまな謎を未だ多く秘めたたいへん興味深い発生現象といえます．

また，真骨類の終脳は，かつては嗅覚の情報処理をもっぱら行っていると考えられてきました．しかし最近の研究によって，真骨類において嗅覚系や体性感覚系，視覚系などを構成する神経は，終脳の特定の領域に投射することが知られています．山本らのキンギョを用いた研究によれば，菱脳の迷走葉，舌咽葉，顔面葉で受容された味覚情報は，菱脳の中継核などを介して終脳に送られます（Kato et al., 2012）．すなわち，感覚モダリティに応じた終脳の領域は魚類にも存在していると考えられます．つまり，終脳に感覚に応じた局在をつくるしくみは，少なくとも条鰭類の共通祖先の段階では確立されていた可能性が高いといえます（伊藤・吉本，1991）．しかし，これらの感覚情報は羊膜類では視床を経由しますが，魚類では間脳のPG複合体に由来するので（第9章参照），線維接続の観点では羊膜類と魚類の終脳投射パターンは相同とはいえません．ポリプテルス類を除く条鰭類では，ゲノム重複により形態形成遺伝子のパラログが増え，その発現が細分化されている傾向があります．こうした形態形成用の「素材」の増加により，魚類では独自の脳進化がなされてきた可能性があります．

第10章 終 脳

応用編：領野パターニングにかかわる遺伝子

　先述のように，哺乳類では皮質の領野パターニングに Pax6，Emx，CoupTF1，Sp8 という転写制御因子がかかわっており，これらの発現の勾配によって視覚野や体性感覚野などの領野のサイズが決められるという報告があります（図 10.6，10.9）．真骨類のゼブラフィッシュでは，上記の遺伝子の発現様式は哺乳類のそれと似ていることがわかっています（Kawakami et al., 2004; Ganz et al., 2012; Love and Prince, 2012）．そうであるならば，魚類の外套に見られる感覚領域も，哺乳類の領野と似たしくみでそのサイズが規定されている可能性が考えられます．また，哺乳類の外套のパターニングには Fgf8 が重要な役割を演じており，そのノックアウトマウスでは終脳のサイズが縮小しますが（Storm et al., 2006），よく見ると外套が拡大し，外套下

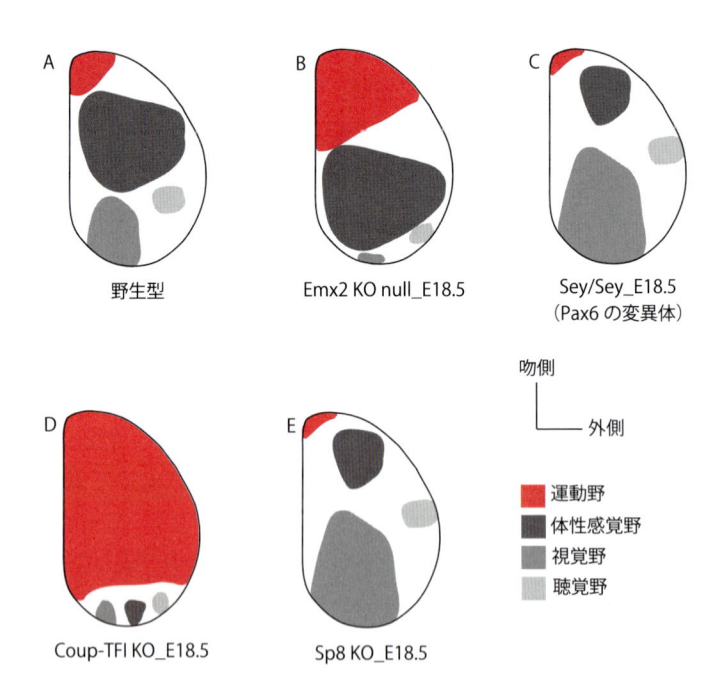

A 野生型
B Emx2 KO null_E18.5
C Sey/Sey_E18.5（Pax6 の変異体）
D Coup-TFI KO_E18.5
E Sp8 KO_E18.5

吻側 — 外側

■ 運動野
■ 体性感覚野
■ 視覚野
■ 聴覚野

図 10.9　マウスの領野形成にかかわる遺伝子の機能
終脳発生期に新皮質の原基で発現する転写制御因子のノックアウトマウスにおける表現型．遺伝子の欠損により，領野の相対的な位置が前後にシフトする．O'Leary et al. (2007) を改変して引用．

部が縮小しています．ゼブラフィッシュで Fgf シグナルを阻害する実験を行うと，哺乳類の結果に似て外套が拡大し，外套下部が縮小することがわかっています（ただし，哺乳類と異なり終脳全体のサイズに変化は見られません；Shinya et al., 2001）．このことから，少なくとも終脳の前後軸のパターニングについては，真骨魚も哺乳類と共通のしくみを備えている可能性が考えられます．また，形態に著しい多様化が見られるアフリカのシクリッド類では，Hh シグナルと Wnt シグナルの強さ，およびタイミングの違いによって，脳の形態に違いが生じることが明らかになっています（Sylvester et al., 2013）．ある種では，腹側の Hh シグナルが強くはたらく結果，発生初期に終脳腹側で脳のサイズにかかわる Foxg1 遺伝子が発現するため外套下部側が肥大し，別の種では Wnt が早めに配置され，背側に Foxg1 が誘導される結果，外套が大きくなります．

外套下部

　終脳のうち，外套下部は多くの魚類で線条体や淡蒼球に相同な領域が見い出されています．進化発生学的な見地では，一般的な顎口類では Dlx1/2, Nkx2.1, Shh 遺伝子などにより特異化されます．Dlx1/2 を発現する外側基底核原基 (lateral ganglionic eminence : LGE) からは線条体が発生します（図 10.2, 10.4）．線条体は円口類を含む多くの動物グループで，その相同物が見られます（図 10.1）．一方，Dlx1/2, Nkx2.1 を共発現するドメインは顎口類では終脳の最も前方にあり，内側基底核原基 (medial ganglionic eminence: MGE) と呼ばれ，のちに淡蒼球が発生してきます（Puelles et al., 2000）．淡蒼球は魚類，両生類，羊膜類に共通に見られ，最近になってヤツメウナギの成体にもあるらしいことがわかってきました（Stephenson-Jones et al., 2011）．ただし不思議なことに，発生期のヤツメウナギの外套下部には Nkx2.1, Shh 遺伝子の発現が見られません（図 3.8 参照；Murakami et al., 2005）．つまり，ヤツメウナギは発生期に MGE をつくる遺伝子をもたないにもかかわらず，成体では淡蒼球を備えているのです．これについては，ヤツメウナギではアンモシート幼生から成体に変態するときに，MGE 形成にかかわる発生イベントが起こるのではないかとの推測がありま

GABA作動性ニューロンの移動

　顎口類では，MGEがγアミノ酪酸（GABA）作動性インターニューロンの前駆細胞を生成し，それらが終脳の外套まで移動します（図10.10；Marin et al., 2000）．この移動は，羊膜類から軟骨魚類までの多くの顎口類で確認されています（Carrera et al., 2008）．すなわち，顎口類の終脳（外套）では，発生起源の異なる2種類のニューロンが存在し，その機能発現にかかわっています．このように，外套に発生起源の異なる細胞を招き入れるしくみができあがると，それまでなかったような回路の構築が可能となり，終脳の進化にとって重要な転機となったと考えられます．そしてこのしくみは，哺乳類の新皮質の進化とともに，新皮質原基の中に侵入していけるように独自の改変がなされたと考えられています（Tanaka et al., 2011）．こうした改変が，哺乳類に見られる終脳の著しい進化の一端を担っているのかもしれません．それで

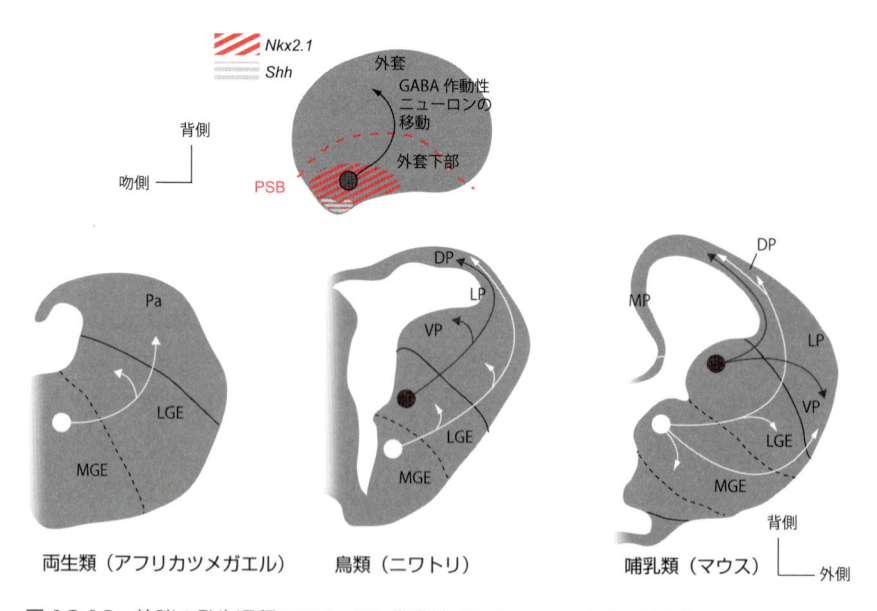

図10.10　終脳の発生過程でのGABA作動性インターニューロンの移動
　　Pa：外套．その他の略号は図10.4を参照．Marin et al.（2000）を改変して引用．

は，GABA作動性ニューロンの移動は脊椎動物の進化の過程でいつ獲得されたのでしょうか？ 先ほど述べたようにこの移動は軟骨魚類にも見られるため，これについても円口類が鍵となりそうです．円口類ヤツメウナギの外套にはGABA作動性ニューロンが確認されていますが（Melendez-Ferro et al., 2002），それらがインターニューロンなのか，はたまた他所から移動してきたものなのかは未だ明らかにされていません．ヤツメウナギは変態するという特殊化をしているので，今後は同じ円口類でありながら変態しないヌタウナギを用いた比較研究が重要になるでしょう．

10.7 両生類

両生類は大きく無尾類，有尾類そしてアシナシイモリ類（無足類ともいう）に分けられています．両生類の終脳は他の多くの脊椎動物と同じく内翻した形態をしており，条鰭類や肉鰭類のシーラカンスに見られるような極端な特殊化は受けていないようです（図10.1，10.8）．肉鰭類のハイギョも比較的似た形態をしており，四足類の原型とでも呼ぶべき脳形態が保存されているとも考えられます（図10.11）．また，視床から外套への線維連絡についての研究によれば，背側視床の核（anterior nucleus of the dorsal thalamus）は内側外套や背側外套などのさまざまな領域に投射していることがわかっています（Laberge et al., 2008）この核は，羊膜類に見られるレムノタラミック神経核（第9章参照）と相同であるように見えますが，視覚系からの直接的な入力を受けていないため，その相同性については疑問視されています．

両生類の終脳も，他の脊椎動物と同じく外套と外套下部に分けられ，外套は内側，背側，外側，腹側外套に分けられています．羊膜類では，後述するように内側外套と背側外套に層構造が見られる場合が多いですが，両生類ではこれらの領域に層構造は認められません．言い換えれば，外套に層構造を生み出すしくみは，羊膜類の段階で進化したと考えられます．羊膜類では，外套がさまざまに特化し，哺乳類では背側外套から新皮質，爬虫類・鳥類では外側外套などから背側脳室稜（DVR）が発生し，高次中枢として機能します（後述）．両生類の外套には新皮質もDVRも見られません．また，両生類の背側外套は，

第10章　終　脳

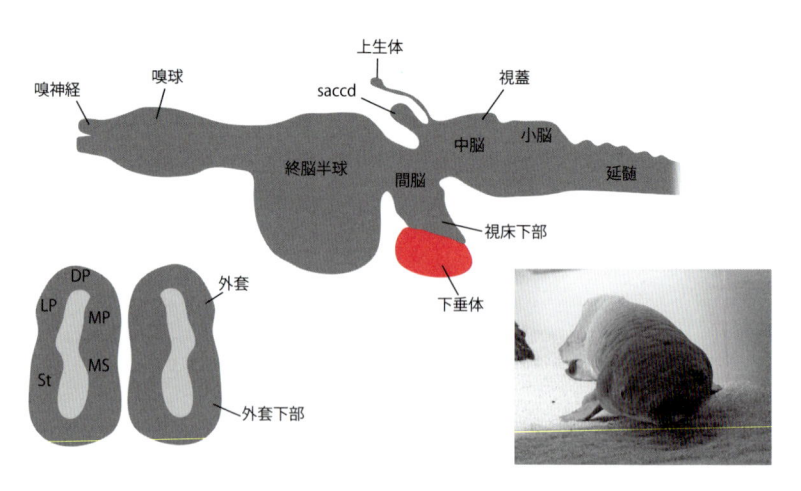

図 10.11　ハイギョの脳と終脳の断面
MS：内側中隔，saccd：saccus dorsalis．その他の略号は図 10.4，10.8 を参照．

　終脳外からは先述の背側視床や視床下部などから入力を受けていますが，終脳の外へ線維を送り出すことはなく，内側外套や中隔域，扁桃体，嗅球などに線維を送っています（Dicke and Roth, 2007）．こうした形態を見ると，両生類の段階では，羊膜類の終脳の主役となる領域や線維接続がまだ存在していないと考えられます．このことを逆に考えれば，この動物ののっぺりした終脳には，羊膜類の脳形態を探るための重要なヒントが隠されていると考えられます．両生類の終脳をよく調べ，それを哺乳類・鳥類と比較することで，哺乳類や鳥類の終脳の機能分化を生み出したしくみを明らかにすることができるでしょう．

　また，両生類には変態という興味深い特徴もあります．これまでに脳の発生について精力的に研究がなされ，Pax 遺伝子や Nkx2.1 など，終脳形成に必要ないくつかの遺伝子の発現パターンやその機能阻害の結果が報告されています．それらを見ると，哺乳類と類似した様式があることがわかります．しかし，哺乳類とは異なるパターンも見い出されています（Bachy *er al.*, 2001）．このような結果を手がかりとして，今後さらに両生類を用いた脳の比較発生学が進んでいくと，羊膜類の脳進化に関する重要な情報が得られるものと考えられます．

10.8 羊膜類

10.8.1 哺乳類

　哺乳類の終脳は他に類を見ないほどの発達をしていますが，基本的には他の脊椎動物と同じく，嗅球と大脳半球から構成されています．嗅球は多くの哺乳類でよく目立ちます．このことは，哺乳類の祖先が嗅覚に依存した生態を進化させてきたことを示していると思われます．食肉目などの哺乳類は嗅覚が大変鋭く，イヌなどはその鋭い嗅覚をかわれて麻薬捜査に協力したりしています．嗅覚の受容にかかわる分子である嗅覚受容体（OR）を見てみると，マウスやイヌではおよそ1200以上の遺伝子がゲノム上に存在しています．ただし，そのうちの20％ほどは機能を失った偽遺伝子となっています．ちなみにヒトでは，偽遺伝子の割合が50〜60％ほどにまで増加しています（Rouquier and Giorgi, 2007; Matsui et al, 2010）．偽遺伝子化が進んだため，ヒトでは嗅覚が鈍くなっている可能性があります．また，哺乳類では副嗅覚系が発達しており，感覚器である鋤鼻器とセットで，同種間での情報伝達物質であるフェロモンの受容と伝達にかかわります．繁殖期のヤギなどでは，鋤鼻器に空気を取りこむためのフレーメンという独特の行動が見られます．こうしたフェロモンの受容により，繁殖期の行動を発現させています．一方，嗅球は一部の哺乳類では退縮する傾向があり，ヒトの嗅球は小さく，歯クジラ類では消失します．これはクジラで独自に変化した呼吸システム（いわゆる潮吹きによるガス交換）と，それにともなう嗅上皮の消失に関係があるのかもしれません（column「クジラ類の進化」）．

　大脳半球は他の脊椎動物と同様に，外套と外套下部に分けられています．背側にある外套は内側外套に海馬があり，腹側外套に扁桃体などが発生します．哺乳類の終脳で最も際立った特徴は，背側外套に新皮質が生ずることです．新皮質は，形態学的には rhinal fissure という溝によってその腹側にある嗅覚関連の皮質（梨状皮質など）と区別されます．

　新皮質は整然とした層構造によって特徴づけられています（図10.12）．そして，新皮質の著しい肥大こそが，他に類を見ない哺乳類独自の終脳の特徴と

第 10 章　終　脳

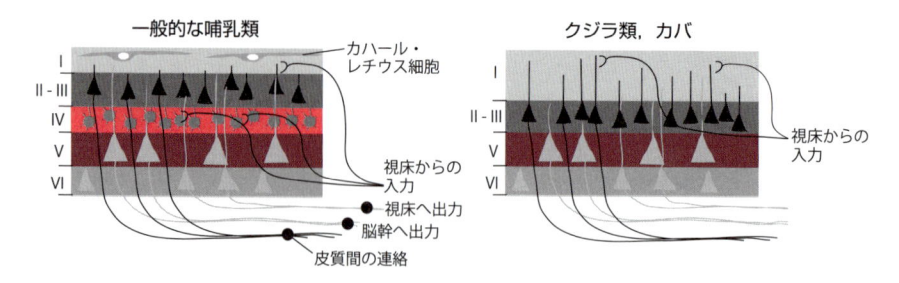

図 10.12　哺乳類の新皮質の形態
一般的な哺乳類では 6 層の構造が見られる．クジラやカバなど一部の動物では，IV 層に対応する領域が確認できない．

いえます．哺乳類の新皮質はその表面積がたいへん大きく，霊長目やクジラ類，長鼻目（ゾウの仲間）では特に著しく発達します．哺乳類の新皮質は基本的に 6 層構造から構成されています（図 10.12）．6 層構造の新皮質は他の脊椎動物には見られない哺乳類独自のものです．おそらくこの構造と，その著しいまでの面積の拡大が哺乳類の繁栄の鍵であり，ヒトの知性の源ともいえるかもしれません．

クジラ類の進化

　歯クジラ類では，見ていて空おそろしくなるほどの「知能的」な行動が見られる場合があります．数匹のシャチが，氷の上にいるアザラシを捕らえるため，一斉に氷に向かって泳ぎ，そのときに生じる波で氷を揺らしてアザラシを海に落とす映像を見られた方もいるかと思います．本文中でも述べたように，クジラ類の脳も特異な形態をもっています．感覚系では嗅覚系の退化が著しいようです．ヒゲクジラ類ではまだ痕跡的な嗅索が見られますが，歯クジラ類では嗅神経も嗅球も消失しています．
　東京工業大の岡田らのグループによる SINE（レトロトランスポゾンの一種）を用いた解析から，クジラ類はカバなどの偶蹄類に近いとされ，クジラと偶蹄類を含めた名称として，クジラ偶蹄類という呼び方が使われるようになってきました（Shimamura *et al.*, 1997）．クジラ類はパキケタス型の偶蹄類を起源とし，二次的に水棲になった哺乳類であり，進化を知る上でたいへん重要です．特に，その脳は他に類を見ないほど発達

しており，表面積や重量で考えれば，霊長類よりもはるかに大きくなります．マッコウクジラの脳は平均で7キログラムほどもあります．ただし，クジラは体も大きいので，体重に対する脳の割合はそれほど極端に大きいわけではありません．近縁種の偶蹄類もよく発達した脳をもってはいますが，クジラ類がどのようにしてこのような巨大な脳を発生させたのか，さらにクジラ類の特異な形質，後肢の消失や独特の尾びれによる運動，エコーロケーションによる定位などが，どのような神経基盤の上で運用されているのかはたいへん興味深い問題です．マッコウクジラの脳発生に関する記載によれば，この動物の脳にはいくつか興味深い特徴が見られます（Oelschlager and Kemp, 1998）．まず，①嗅神経と嗅球が失われるが，終神経は残っているらしい，②海馬や乳頭体など辺縁系の一部が退縮傾向にある，③聴覚系の諸核（台形体，下丘）が著しく肥大していく，④皮質脊髄路（錐体路）の発達が（おそらく四肢が退化したため）悪いが，線条体や下オリーブ核は（おそらく尾や体幹を動かす運動のため）よく発達する．末梢神経系に関しては，①発生初期には三叉神経（V），内耳神経（VIII），顔面神経（VII）がよく発達する．これらのうち，②内耳神経の数が（エコーロケーション能力の発達のため）多くなり，③三叉神経が（巨大な頭部顔面領域を支配するため）たいへん分厚くなっている，④顔面神経が（頭部のよく発達した鯨油器官や音響レンズとしてはたらくメロンを支配するため）肥大している．

また，クジラ類では味覚系の退化が見られます．嗅覚系も上述のように歯クジラ類では嗅神経と嗅球が消失しますが，ヒゲクジラ類では部分的に残っています．最近の研究では，嗅球の背側領域（D領域）に投射する嗅神経の受容体がヒゲクジラのゲノムから失われ，これらの動物で嗅球のD領域が失われている可能性が指摘されています（Kishida et al., In press）．

クジラ類を用いた分子発生学的な研究については，これらの動物の胚を得ることは極めて難しいため，ほとんど進んでいませんが，今後は発生学に限らず他の技術や方法論を駆使することによって，この興味深い動物の脳のしくみも明らかになってゆくことでしょう．

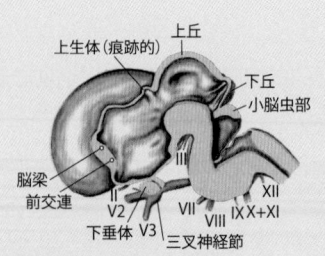

図1 マッコウクジラの脳（発生期）
Oelschlager and Kemp（1998）を改変して引用．

第10章 終 脳

図2 マッコウクジラの脳（成体）
Oelschlager and Kemp（1998）を改変して引用．

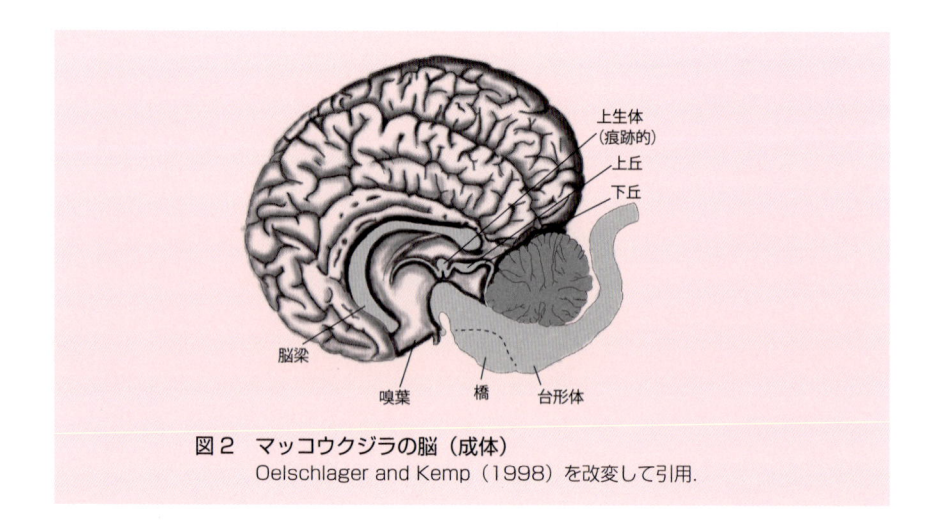

哺乳類はなぜ脳が大きいのか

　哺乳類の祖先にあたるキノドン類は，それほど大きな脳はもっていません（Rowe *et al.*, 2011）．つまり，哺乳類はその進化の過程で脳を巨大化させてきたと考えられます．それでは，哺乳類の系統ではなぜこのような巨大な終脳が進化したのでしょうか？　この質問に対しては，いくつか異なる回答が用意されています．まず，生理学的な観点からいうと，哺乳類はその進化の過程で内温性，すなわち代謝の能力を上げ，それにともなって生じる熱エネルギーによって高い体温を維持するようになりました．この代謝活性の上昇が脳の拡大につながったと考えられます．哺乳類と同様に高い体温を維持している鳥類でも脳が大きくなっており，外温性（体温を太陽など外部からのエネルギーに依存する性質）では，脳のサイズがそれほど大きくないことはこの仮説を支持しています（Shimizu, 2001）．一方，この本の主題である発生学の見地から考えてみると，脳が拡大するためには，その中にある細胞の数が増える必要があります．つまり，哺乳類や鳥類では脳のニューロン（やグリア）の増殖・分化のしくみに何らかの変化が生じ，発生期の終脳原基において神経前駆細胞の数が増加したと考えられます．それでは，哺乳類の新皮質の構造と発生を見ていくことにしましょう．

新皮質の構造

　これから新皮質の層構造について簡単に説明します．まずⅠ層には，カハール・レチウス細胞（CR細胞）と呼ばれる特殊な細胞があり，発生期の層構造構築に重要な役割を果たします（図10.12）．Ⅱ～Ⅲ層は比較的小さな細胞体をもつニューロンから構成されており，これらのニューロンは他の大脳皮質の領域に連合線維を出しています．左右の大脳半球を連絡する脳梁は，Ⅱ～Ⅲ層のニューロンの軸索によって構成されています．Ⅳ層は内顆粒層と呼ばれ，小さな顆粒細胞からなり，視床からの入力を受けています．Ⅴ～Ⅵ層のニューロンは特徴的な錐体型の細胞体をもっており，これらの軸索は大脳の外に出力しています（図10.12）．Ⅴ層のニューロンは，脳幹および脊髄と連絡しており，Ⅵ層のニューロンは視床に軸索を出しています．この構成は，哺乳類の系統の中で高度に保存されています．単孔類のハリモグラや，有袋類の新皮質も同様の構造になっています（Dann and Buhl, 1995）．ただし，これら真獣類以外の哺乳類には脳梁は認められません（第10.3節参照）．興味深いことに，クジラ類など一部の哺乳類では，内顆粒層すなわちⅣ層が確認されていません（図10.12）．そうしたら視床の線維は入るところがないじゃないか，と思われるかもしれませんが，クジラの視床線維は肥大したⅠ層に入力し，そこでⅡ層のニューロンの樹状突起に接続すると考えられています（Marino, 2007）．霊長類でもこのようなⅠ層への連絡が確認されています．ちなみにクジラ類は最近の研究により，偶蹄類のカバに近縁であることがわかりました．そのため，最近ではクジラ偶蹄目という名称で呼ばれています（column「クジラ類の進化」）．それならば，クジラのもつ特異な層形態はカバにも見られるのでしょうか？　クジラのもつ特異な層形態をカバのそれと比較してみると，興味深いことにカバの新皮質でもⅣ層が見られず，Ⅰ層が肥大していることがわかりました（Butti *et al.*, 2011）．つまり，この特徴は少なくともカバとクジラの共通祖先の段階で確立されていたと考えられます．

　いくつか例外も示しましたが，哺乳類に見られるこうした6層構造は，情報の入力，情報処理，そして出力を行うにあたり，シンプルでよくできた構造だといえるでしょう．そしてこの単位が機能的なモジュールとしてはたらくならば，それを拡大させることで，情報処理の場をどんどん大きくしていくこと

が可能です．これが，哺乳類の新皮質が備えている特徴であり，哺乳類の脳の高性能化において極めて重要な役割を果たしてきたと考えられます．哺乳類（特にヒト）の終脳の特徴として最も注目すべきものは，「知性」あるいは「心」というものをつくりだすことでしょう．これは，II～III 層のニューロンがつくる皮質内ネットワークによってもたらされていると考えられます．哺乳類では，この線維連絡が他の動物には類を見ないほどのレベルで発達しています．それにより，哺乳類は外界とは別に脳の中にもう 1 つの世界，いわゆる「内的世界」とでもいうべきものをつくり上げているのかもしれません．ヒトではこれが発達し，ときには我々は多くの時間をその世界の中で過ごします．そんなものをもつことがよいことなのか悪いことなのかは，この本の守備範囲を越えますのでみなさんご自身で考えていただきたいですが，とにかくそれを生み出す鍵となったものは，他の動物には見られない新皮質の形態なのではないでしょうか．

哺乳類の終脳ニューロンの発生

これまで見てきたように，哺乳類では他に類を見ないほど終脳が大きくなります．この終脳サイズの拡大には，発生初期に何らかの細胞増殖シグナルがはたらいていると考えられます．前に述べましたが，発生期の終脳原基の前端には吻側神経稜（ANR）あるいは交連板（CP）と呼ばれるオーガナイザー領域があり，ここから分泌される Fgf8[1] が終脳の形成にかかわります（図 10.4）．

また，脳のサイズの増加には，形成される神経細胞の数も重要です．神経系の前駆細胞の分裂速度の制御や分化の制御（ニューロンになるかグリアになるか）によって，脳のサイズが決定されると考えられます．この過程では，さまざまなタイプの細胞を適切なタイミングで適切な数だけつくりだすことが重要です．そのしくみについて，哺乳類では発生の時期に応じてニューロンへの分

---

[1] 最近の研究から，この Fgf8 の発現制御領域に，SINE と呼ばれるレトロポゾン（いわゆる動く遺伝子）が挿入されていることがわかりました（Sasaki et al., 2008）．その挿入された SINE はエンハンサーとしてはたらき，間脳で Fgf8 の発現を上昇させ，視床の神経核の発生をコントロールします．つまり，終脳への主要な中継核となる視床にはたらきかけることで，視床―終脳神経回路の発達に関与してきた可能性があります．もしこの仮説が正しければ，我々哺乳類の終脳サイズの拡大には，動く遺伝子が関与しているということになります．脳進化においてこのような異所的な遺伝子挿入がかかわっているとすれば，たいへん重要かつ興味深いことだと思います．

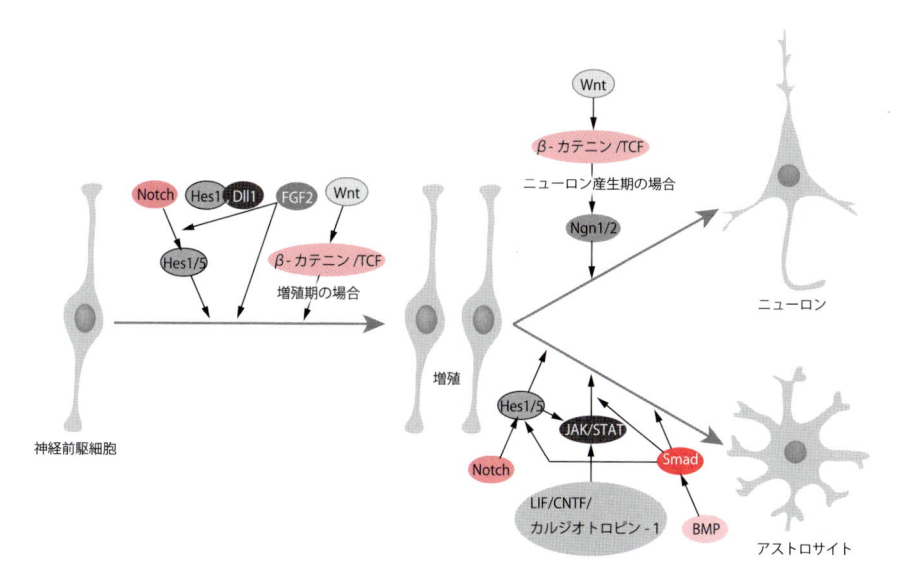

図 10.13　哺乳類でニューロンとグリアの産生にかかわる分子
宮田・山本（2013）を改変して引用．

化が制御されていることがわかっています．つまり，神経前駆細胞の増殖と，その未分化な状態を維持するための精巧なしくみが存在しているのです．この過程には，Foxg1 などの転写因子や Notch や FGF2 などのシグナル分子が関与することがわかっています（宮田・山本，2013）．さらにニューロンへの分化は，Wnt をはじめとする分子機構がかかわっており，それに続くグリアへの分化についても BMP などの分子がかかわることがわかっています（図 10.13）．

哺乳類特異的なニューロンの分化

　上記のようなしくみによって終脳のサイズが大きくなったとしたら，その中にあるニューロン産生の過程にも，他の系統には見られないような変化が生じているかもしれません．

　哺乳類がもつ高性能な終脳が進化するには，大脳皮質間の連絡にかかわるニューロンの増加，すなわち II, III 層の拡大が重要だったと考えられます．霊長類になるとこれらの領域は肥大し，ニューロンの数が増加する傾向が見られま

第10章 終 脳

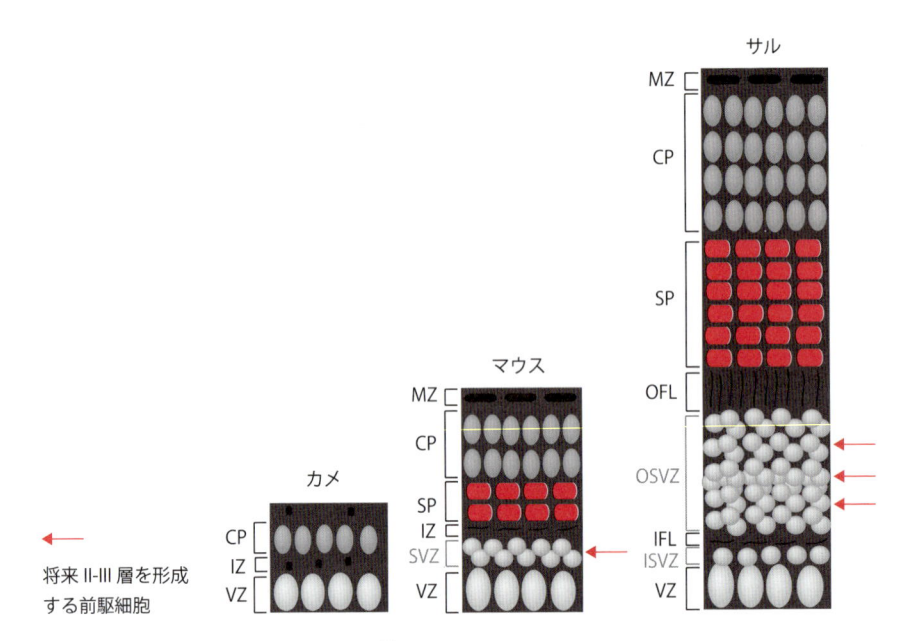

図 10.14 発生期の羊膜類の終脳皮質
カメの背側皮質とマウス・サルの新皮質の模式図．マウスには将来 II-III 層を形成する SVZ が見られ，サルではさらにその細胞数が増加する．CP：皮質板，IFL：内繊維層，IZ：中間帯，ISVZ：内側脳室下帯，MZ：辺縁帯，OFL：外繊維層，OSVZ：外側脳室下帯，SP：サブプレート，SVZ：脳室下帯，VZ：脳室帯．Molnar et al.（2006）を改変して引用．

す．II-III 層の細胞は発生期に脳室下帯（SVZ）の前駆細胞からつくられることがわかっています（図10.14）．SVZ は霊長類で際立っており，外側脳室下帯（OSVZ）と内側脳室下帯（ISVZ）に分かれ，前者が幅広く発達しています（Molnar et al., 2006）．ちなみに，SVZ は鳥類にはあるようですが，両生類，爬虫類，有袋類の背側皮質には SVZ らしきものは見られません（ただし，外套下部には SVZ が確認されています；Charvet et al., 2009）．したがって，外套領域での SVZ の確立が，哺乳類の有胎盤類（あるいは鳥類）の終脳の進化に関係している可能性があります．哺乳類の中でも霊長目の動物は新皮質の II, III 層が肥大していることが知られていますが，これらの動物で発生期の脳を調べると SVZ の領域が大きいことが知られています．つまり，霊長類では SVZ が大きいため，他の動物よりも多くの II, III 層ニューロンを産生するこ

とができると思われます．このことにより，新皮質内で多くの神経連絡をつくることが可能になり，霊長類に見られる新皮質の高性能化をもたらしたという考えがあります．

　SVZには中間前駆細胞（basal progenitor）と呼ばれる神経前駆細胞があります．先述のように霊長類ではSVZが拡大し，内側（ISVZ）と外側（OSVZ）の2つに分かれます．マウスのSVZでは中間前駆細胞の形に極性は見られませんが，霊長類のOSVZにある中間前駆細胞は極性をもつ形態をしており，増殖を続けるという性質があります．すなわちマウスのそれとは異なり，霊長類では中間前駆細胞がリニューアルされるのです．そのことが発生期のSVZの拡大につながり，結果としてII，III層ニューロンが大量に生産され，進化の過程で新皮質が拡大してきた要因となったのではないかと考えられています（Fietz and Huttner, 2011; Lui *et al.*, 2011; Borrell and Reillo, 2012）．

　また，中間前駆細胞が増殖するためには細胞外マトリックスタンパク質（ECM）のはたらきが重要であることがわかってきました．新皮質があまり発達しないマウスでは，新皮質の発生の早い段階でECMの産生が抑えられているようです．そこで，StenzelらがECMのレセプターであるintegrin $\alpha_v \beta_3$ を過剰発現させたところ，神経前駆細胞の数が増えるという結果が得られました（Stenzel *et al.*, 2014）．新皮質の拡大にECMが重要なはたらきをしているということは，ECMの発現レベルを上昇させるだけで脳を巨大化させうることを示唆しており，霊長類など遺伝子組成に差がほとんどない系統で脳のサイズの違いを生み出した要因となっている可能性があります．

新皮質の領野について

　哺乳類の新皮質は，視覚野，聴覚野，体性感覚野，運動野といった領野構造で特徴づけられます．これらの領野には特定の感覚情報が選択的に集まり，たとえば網膜からくる視覚の情報は視覚野に，内耳からくる聴覚の情報は聴覚野に入力します．また，体を動かす運動ニューロンへの指令は運動野から出力します．こうした明瞭な領野構造は，哺乳類の系統で独自に発展しています（図10.15；Krubitzer and Hunt, 2007）．新皮質の領野のうち，体性感覚野には末梢の感覚受容器の空間分布と対応した体性感覚地図（somatotopic map）

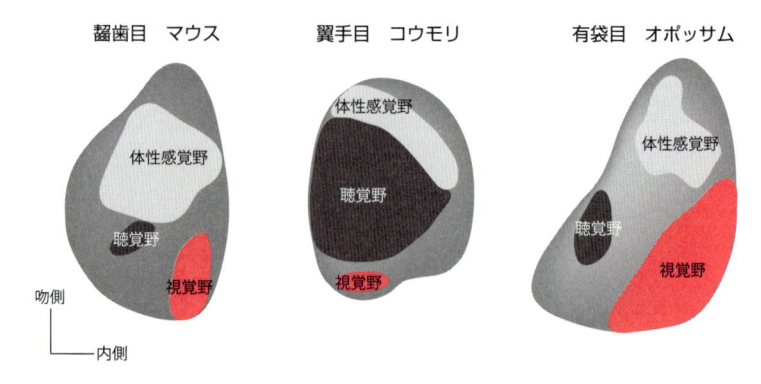

図 10.15 **哺乳類の領野**
洞毛などからの体性感覚に頼って生活している齧歯目マウスでは，体性感覚野が大きく視覚野や聴覚野は相対的に小さい．また，視覚に頼って生活をしている霊長目オポッサムでは相対的に視覚野が大きい．聴覚によるエコーロケーションを行う翼手目のコウモリでは聴覚野が相対的に大きい．Krubitzer and Kahn（2003）を改変して引用．

が存在します（図 6.3 参照）．サルとネコの視覚野には，左右の目からの入力を受けとる眼優位円柱（ocular dominance column）が存在しています（column「眼優位円柱」）．超音波で定位を行うコウモリ類では，聴覚野の細胞が前後軸に沿って音の周波数に対応するように並んでおり，最も感受性の高い周波数を受けとる領域が，ほかよりも大きくなっています（Suga et al., 1997）．

　これらの動物で，体性感覚野，聴覚野，視覚野のサイズを見てみると興味深いことがわかります．視覚が優れた霊長目では，視覚野が大きく体性感覚野はそれに比べると小さいのに対し，体性感覚（洞毛からの触覚）の発達した齧歯目では，体性感覚野が大きい代わりに視覚野はそれほど大きくありません．さらに，聴覚（超音波によるエコーロケーション能力）の発達した翼手目では，聴覚野が他の領野に比べて大きくなっています（図 10.15；Krubitzer and Kahn, 2003）．ある領野が大きくなると，それ以外の領野が相対的に小さくなるようです．新皮質の領域は限られているので，このようなトレードオフが生じるのは当然かもしれません．これにかかわる分子的背景として，いくつかの転写調節因子の濃度勾配が重要な役割をもっていることが示唆されています（図 10.6, 10.9）．また，下郡らの実験では，マウス胚（E11.5）で Fgf8 を過

column 眼優位円柱

哺乳類の視神経は，右目の場合は右半分の視神経は交叉せずに脳に入り，左半分のものは交叉します．左目も同様に，左半分の視神経は交叉せず，右半分のものは交叉します．したがって，終脳の右半球には右側の視界をカバーする視神経が，左半球には左側の視界をカバーする視神経が入ります．すなわち，各半球では，右目の視神経と左目の視神経からの情報が混ざり合うように入力することになります．このとき，右と左の視神経は乱雑に混ざり合ったりほどけ合ったりするのではなく，極めて特徴的なパターンで入力しています．デイヴィッド・ヒューベルとトルステン・ウィーゼルは猫を用い，片目の視神経に放射性ラベルを入れることで，片目の視神経の投射先を可視化させることに成功し，それらの神経がどのように入力しているのかを明らかにしました（Hubel and Wiesel, 1979）．驚くべきことに，片目からの視神経は，まるで脳サンゴの模様のように入り組んだ様式で視覚野に入力していました．その形態を眼優位円柱と呼んでいます．これは，食肉類や霊長類のように左右の目の視界が重なり，立体的にものを見ることができる哺乳類で発達しています（Krubitzer and Hunt, 2007）．ちなみに哺乳類以外の脊椎動物では，視神経は完全交叉して反対側にある視蓋に送られるので，哺乳類とはかなり様子が異なります．哺乳類の終脳で眼優位円柱が進化した背景には，視神経が半交叉するという独特のしくみが深くかかわっていると考えられます．

剰発現すると，体性感覚野のバレル構造（第6章，図6.3参照）が後方にずれ，そのサイズも小さくなります．一方，Fgf8の活性を阻害する作用をもつ改変受容体を注入すると，バレル構造が前方にずれます（図10.16；Fukuchi-Shimogori and Grove, 2001）．このことは領野のサイズと位置の決定には，吻側神経稜からのFg8のシグナルが重要な役割をもっていることを示しています．また，皮質縁（cortical hem）からのBMP，Wntシグナルの勾配が，領野のサイズと位置の決定に重要であることもわかっています（図10.4；Medina and Abellan, 2009）．

新皮質の発生

哺乳類の新皮質の細胞は，神経上皮で新しく生まれた細胞が，古い細胞を乗り越えて表層に移動する（inside-out様式）という特徴をもちます（図

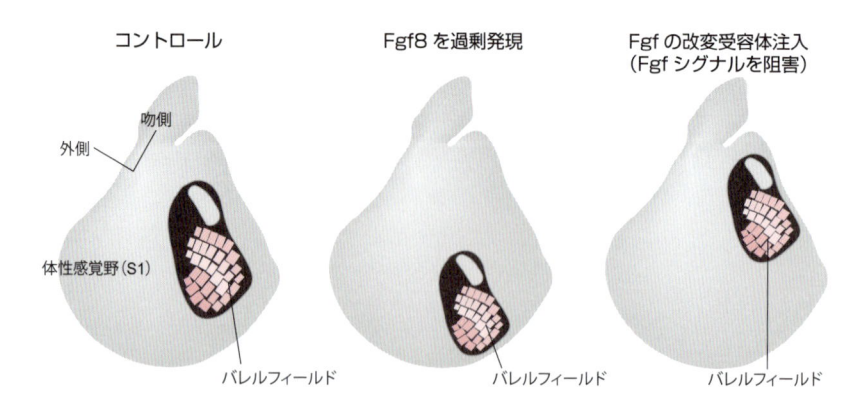

図 10.16　Fgf8 が新皮質の領野のサイズを決める
Fgf8 の量を増やしたり押さえたりすることで，体性感覚野のバレルフィールドの位置とサイズが変動する．Fukuchi-Shimogori（2001）を改変して引用．

10.17）．この細胞移動過程には，終脳の表層に分布するカハール・レチウス細胞（CR 細胞）と，その細胞に発現するリーリンという分子が深くかかわっています（D'Arcangelo *et al.*, 1995）．リーリンは円口類ヤツメウナギの脳でも発現していますが，CR 細胞が確認できるのは，これまでのところ羊膜類のみです（Perez-Costas *et al.*, 2002; Tissir *et al.*, 2003; Abellan *et al.*, 2010）．そして，リーリンをもつ細胞の数は，爬虫類や鳥類よりも哺乳類のほうが多く，そのため哺乳類ではリーリンのシグナルが増幅されているのではないかといわれています（Bernier *et al.*, 1999, 2000; Goffinet *et al.*, 2000）．また，哺乳類の終脳形成には放射状グリア（radial glia）と呼ばれる細胞が深くかかわっています．放射状グリアはそれ自身が神経幹細胞としての性質をもち，非対称分裂によりニューロンを産生します（図 10.17；Anthony *et al.*, 2004; Merkle *et al.*, 2004）．さらに，放射状グリアはニューロンが表層へ向けて移動するための足場となります．これまでの研究から，放射状グリアと CR 細胞の関与するシステムが外套のパターニングにおいて重要な役割を担うようになったのは羊膜類からと考えられています．そして，哺乳類ではこのシステムの改変により，inside-out 様式の細胞移動や 6 層構造の確立につながった可能性が示唆されています．マウスでは先述の Foxg1 が，CR 細胞の運命決定に重要な役割を果たすという報告があります（Kumamoto

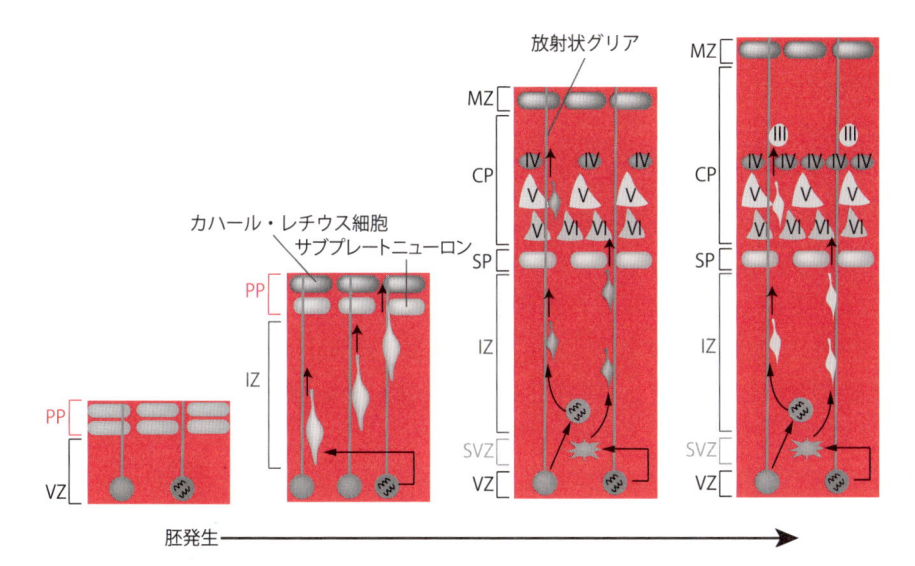

図 10.17 哺乳類の新皮質の発生
早くに生まれたニューロンは皮質の深いところに位置し，遅くに生まれたニューロンが早く生まれたニューロンを乗り越えて表層に移動する．この inside-out 様式の細胞移動により，6 層の新皮質が形成される．I-IV：新皮質の細胞層，CP：皮質板，IZ：中間帯，MZ：辺縁帯，PP：プレプレート，SP：サブプレート，SVZ：脳室下帯，VZ：脳室帯．Molnar et al. (2006) を改変して引用．

et al., 2013)．ただし，CR 細胞をなくすような遺伝子操作をしたマウスでも層構造はちゃんとできるという報告もあるので (Yoshida et al., 2006)，今後さらなる検証が必要となるでしょう．

発生期間と脳のサイズとの関係

　神経細胞は発生期の間につくられるので，発生期間が長くなればなるほどつくられる神経の数が増えると考えられます．つまり，脳のサイズが拡大した要因を探るには，発生期の長さについて考慮する必要があります．ただし，動物ごとに細胞分裂に要する時間（細胞周期）が異なるので，たとえ発生期間が長くても，同時に細胞周期も長くなれば，それほど多くの神経はつくられない可能性があります．サルの細胞周期の長さは，マウスの 5 倍もあります．したがって，サルではマウスよりもゆっくりと細胞の増殖が起こりますが，実際，

発生期が長くなることで，サルではマウスよりもたくさんの神経がつくられ，新皮質が大きくなるようです（Kornack and Rakic, 1998; Nomura et al., 2014）.

外套と外套下部の境界付近からは，扁桃体などが発生します（図10.2）．この領域は辺縁系と呼ばれ，感情の創出などにかかわります．最初はただあどけなく可愛らしかった子供が，ある日こちらに面と向かって「キモい」，「うざい」などと言い出すようになるのは，扁桃体のはたらきによるものと考えられます．扁桃体は，外套に属する部分と外套下部に属する部分が混在した極めて複雑な組織です．したがって，その発生のしくみもたいへん煩雑であり，簡単に理解することは困難です．その進化の過程ともなるとなおさらです．ただし最近では，スペインのMedinaらのグループが中心となって扁桃体の起源と進化について精力的に研究を進め，脊椎動物間での相同性について熱く議論しています（Martinez-Garcia et al., 2002; Medina et al., 2011）．興味のある方は彼女らの論文を読んでみてください．

また，外套下部から発生する大脳基底核からは，線条体や淡蒼球などが形成されますが，これらの場所から伸びる神経は大脳新皮質や視床と連絡し，大脳皮質運動野の制御回路として，直接路と間接路と呼ばれる神経回路が形成されます．この2つの経路が明瞭に見られるのは哺乳類と鳥類です．このループができたおかげで羊膜類で随意運動が発達し，陸上生活に適応する上で有利にはたらいたのではないかと考えられています（Reiner, 2002）．しかしながらGrillnerの研究グループは，ヤツメウナギにも黒質や大脳基底核（線条体や淡蒼球）が存在すると報告しており，さらに哺乳類の直接路，間接路に相同な神経回路があることを示唆しています（Stephenson-Jones et al., 2011, 2012）．これが正しければ，運動制御のための基本回路は，脊椎動物の共通祖先の段階で存在していたことになります．

10.8.2　ヒトの脳の進化

ヒトの祖先はおよそ600万年前にアフリカで誕生しました．アフリカにはヒト以外にもいくつかの高等霊長類がおり，それらのうちチンパンジー属（ボノボとチンパンジー）がヒトに最も近縁であると考えられています．

哺乳類の脳に関する化石証拠

column

　哺乳類の祖先はおよそ 3 億年前の石炭紀に，祖先的な羊膜類から分岐したと考えられています（Carroll, 1988, Ruta et al., 2013; Nomura et al, 2014）．現在のところ最も古い羊膜類としてヒロノムス Hylonomus が 3 億 1500 万年前のカナダの地層から見つかっており（van Tuinen et al., 2004），最古の単弓類としてはアーケオシリス Archaeothyris がおよそ 3 億 1000 万年前の地層から見つかっています（Falcon-Long et al., 2007）．これらの動物から哺乳形類が派生し，哺乳類へと進化したと考えられています．

　祖先的な哺乳類の脳形態については，脳函，すなわち頭蓋骨内の空洞を CT スキャンの装置で調べる研究によって，脳の外形を調べる方法が行われています．化石哺乳類を詳細に調べた Rowe らの研究によると，古の哺乳類の脳は現生のものよりずっと小さかったようです．二畳紀（ペルム紀）に生息していたキノドン類（pre-mammalian

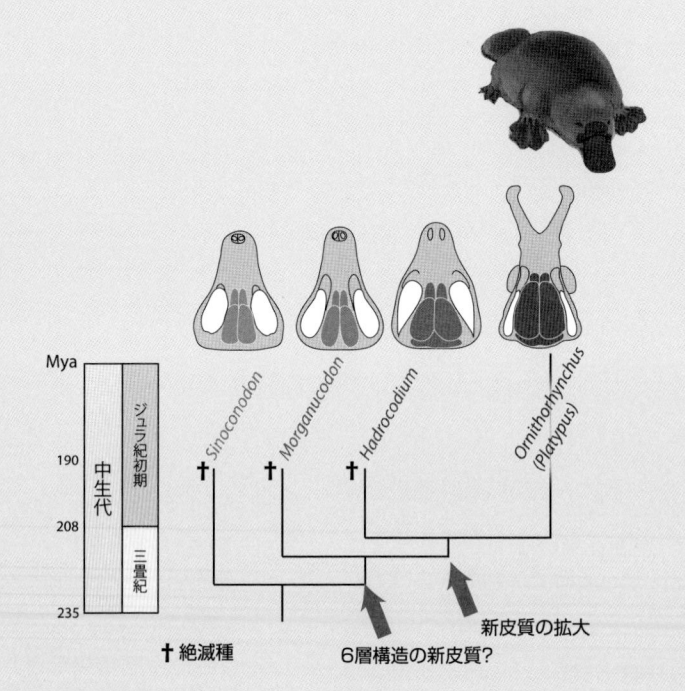

図　初期の哺乳類の脳
Nomura et al.（2014）を改変して引用（カモノハシのイラストは佐々木苑朱氏による）．

lineage）では，嗅球が小さく，終脳も幅がかなり狭いようです（Rowe et al., 2011）．このことから，哺乳類と鳥類の脳は，羊膜類の祖先から分岐した後，それぞれ独立に進化してきたと考えられます．嗅球や新皮質は，哺乳類の進化の過程で肥大してきたようです．嗅覚の発達は，哺乳類の進化においてとても重要です．Rowe らは，嗅球や嗅上皮が発達すると，より多くの匂い物質を感知できるようになり，さらに骨質の鼻甲介が発達し，そこに多くの嗅覚受容体が配置されることで，嗅覚がさらに発達したのではないかと考察しています（Rowe et al., 2011）．

　新皮質の痕跡は，哺乳形類のモルガヌコドン Morganucodon の化石から推測されています．もしこれが新皮質であるならば，この動物の近縁種であるカストロカウダ Castrocauda が体毛らしきものをもっていたことを考えると，体毛は触覚の感覚器としてはたらくため体毛の基部には感覚性の神経があり，その情報は脳へと送られ，終脳には触覚情報を集めて情報の統合を行う体性感覚野があった可能性があります．現生哺乳類の中では最も早い時期に分岐した単孔類のカモノハシに 6 層構造の新皮質と体性感覚野（体性感覚地図もある）が存在することから（Krubitzer, 1998），感覚野をもつ 6 層構造の新皮質の起源は，哺乳形類にまで遡るのかもしれません．また，哺乳類の特徴として嗅覚の発達については頻繁に言及されますが，その他の感覚では聴覚がよく発達しています．多くの哺乳類は可動式の耳介（ウサギやサイの耳を思い出してください）をもち，音にたいへん敏感です．この聴覚の高性能化は，哺乳類の顎関節が他の羊膜類と異なる進化を遂げたことと関係があります．哺乳類では従来の関節の前方に新しい関節ができ，古い関節は耳の骨に変わっているのです．そしてこれら耳小骨が音の振動を増幅しています．このように耳の骨が下顎から分離して独立した耳小骨ができることで聴覚が発達してきたと考えられます（第 2 章 column「哺乳類の頭部の進化」）．また，小脳も哺乳類の進化とともに拡大していきますが，これによって脊髄から脊髄小脳路によってやってくる体性感覚の情報を処理する能力が上がり，感覚―運動の連携が進んだと考えられます．

チンパンジーとヒトでの脳形成機構の違い

　Pollard らによるヒトのゲノムとチンパンジーなど他の哺乳類のゲノムとの比較から，ヒトにおいて特に配列の違いが生じている場所（human accelerated regions, すなわちヒトにおいて進化が加速されている箇所）を探したところ，HarT1 という遺伝子が見つかっています（Pollard et al., 2006）．これはタンパク質をコードしていない RNA 遺伝子で，興味深いことにそれは発生期のヒトの脳において CR 細胞に特異的に発現していました．そ

してそれはリーリンと共発現していることもわかりました．これらの Har 遺伝子を調べていくことで，ヒトの脳の進化についてより明らかにされていくであろうと考えられます．

ヒト脳の未来

　進化的に見れば，昨今のテレビやインターネットによってもたらされる膨大な情報は，これまでのヒトの進化の過程では遭遇しなかったものでしょう．そして，車を運転する際には時速 100 キロを超える速度で体が動いていきますが，そのような高速移動する状況も，ヒトの進化ではありえなかったことでしょう．そうした予想しない状況におかれても，我々はきちんと対処することができます．これは，脳のもつポテンシャルの高さを示しているといえます．しかし今後，脳の進化速度をはるかに超えるスピードで人類の技術が発展していったとき，脳はどこまでついてこられるのでしょうか．人類が，増えすぎた人口を宇宙に移民させたりした場合，左右も上下もない宇宙空間でパワードスーツやらモビルスーツやら，あるいはそれに類した二足歩行型装甲機械を操縦しなければならないとしたら，果たしてやっていけるのでしょうか．ヒトの脳が，過度の情報の奔流によるストレスに耐えながらどこまでやれるのか，興味深いところです（ちなみに筆者の脳は，これ以上のストレスにはもう耐えられそうにありません）．そうした可塑性がある一方で，ヒトの脳は頑ななまでの保守性を示すこともあります．数千年前のギリシャ神話に描かれた愛憎劇が未だに生々しく心に伝わってきたり，ルーブル美術館に陳列された古代美術の数々が心に深く響いてくるのは，我々の脳の中に数千年ほどの時間ではほとんど変わらない回路が存在していることを示しているのでしょう．

ミラーニューロン

　霊長類の新皮質には，自らが行動するときと，他の個体が行動しているのを見ているときにともに発火する神経細胞が存在しています．つまり，他の個体の行動を見て，まるで自分が行動しているかのような反応を示すわけです．このようにまるで「鏡」のような一面をもつことから，これらの神経はミラーニューロンと呼ばれ (Rissolatti and Craighero, 2004; Bonini and Ferrari, 2011)，他個体の行動を見て，まるで我が事のように感じる「共感」に関す

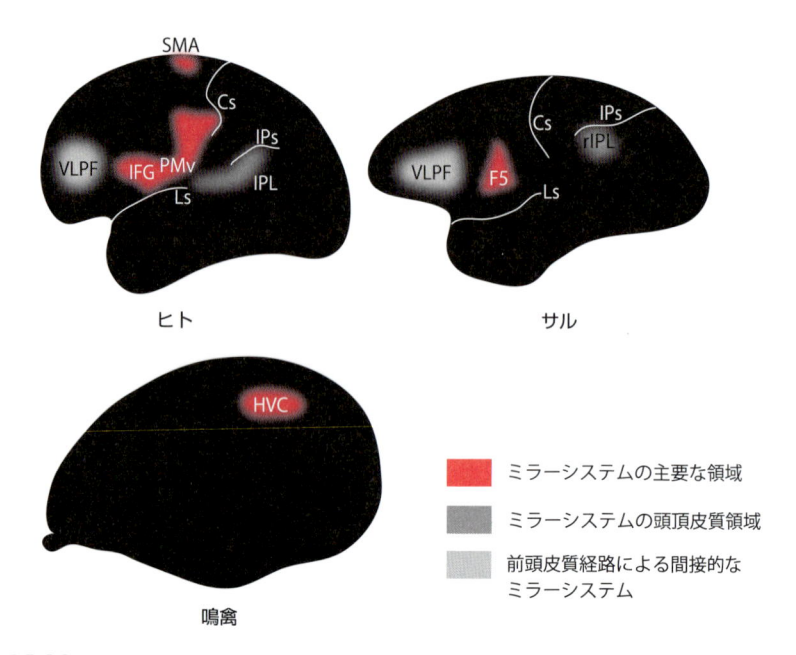

図 10.18　ミラーニューロンシステム
　哺乳類と鳥類の終脳を横から見た模式図を示す．VLPF：腹外側前頭皮質，IFG：下前頭回，PMv：腹側前運動皮質，SMA：補足運動野，IPL：下頭頂小葉，Cs：中心溝，Ls：外側溝，IPs：頭頂間溝，rIPL：前下頭頂小葉，HVC：high vocal center（HVC核）．Bonini and Ferrari（2011）を改変して引用．

るものとされます．このニューロンシステムは，認知・学習・共感につながる脳の極めて高次の機能にかかわっていると考えられます．ミラーニューロンはマカクザルで最初に見い出され，ヒトにも同様のものが存在することが確認されています（図10.18）．

　興味深いことに，ミラーニューロンは鳴禽の高外套（のHVC核）でも見い出されています（Prather *et al.*, 2008）．これは霊長類以外では最初の例となります．鳴禽が行う複雑な歌の学習や，仲間とのコミュニケーションのために役立っているのかもしれません．系統が全く異なり，終脳の形態も著しく異なるこれらの動物で，認識や共感にかかわる共通の神経が形成されていることは，脳の進化を考える上で極めて興味深いといえます．

10.8.3 爬虫類・鳥類

　最近の系統学で爬虫類は，トカゲ・ヘビ・ムカシトカゲからなる鱗竜類，カメ類，そしてワニ・鳥類からなる主竜類に分けられています．これらの動物の終脳を見ると，ワニやカメなどの爬虫類では前方に突き出した嗅球が目立っています（図1.1，10.19）．一方，鳥類では嗅球はあまり発達していません．これは鳥類が，嗅覚にあまり依存しない生活をしているためでしょう．ただし，ニュージーランドに棲む奇鳥キウイや海鳥の一部は，嗅覚を餌探しに使うようです．そのためキウイの終脳には，よく発達した嗅球が付属しています（バークヘッド，2013）．一般的には鳥類の嗅球は小さく，スズメ目などのグループでは左右の嗅球が退化していくうちに融合し，1つになっています．こうした鳥類の嗅球では，その断面もとても奇妙で，糸球体が融合した嗅球の外縁をぐるっと囲んでいます（第8章 column「飛行動物の脳」図2参照）．

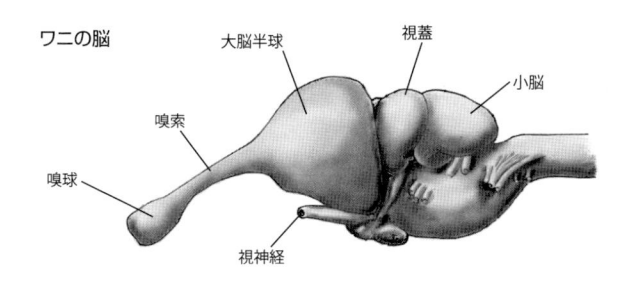

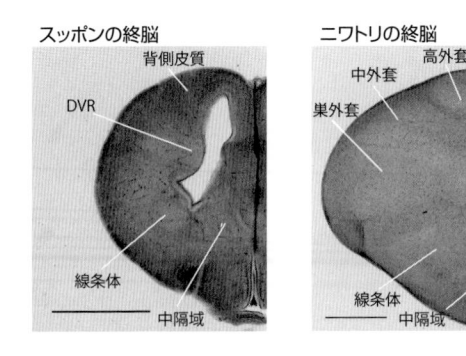

図10.19　爬虫類と鳥類の発生期の終脳
　　　　　スケールバーは1mm（写真提供：大内美咲氏）．

鳥類に見られる終脳の拡大

　鳥類では終脳半球がよく発達します．そうして終脳が後方へと肥大していく過程で，中脳の視蓋は左右に押しやられ，脳の両側に位置するようになることは第8章column「飛行動物の脳」で述べたとおりです．鳥類の終脳は，他の脊椎動物と同じく，背側の外套と腹側の外套下部に分けられています．鳥類の外套は背側から高外套，中外套，巣外套（外套巣部），外套弓状部に分かれ，さらに後背側には海馬があります．脳の断面を見ると，細胞がぎっしり詰まっており，哺乳類や爬虫類に見られるような層構造も見い出だせません（図10.19，10.20）．この外套領域での層構造の消失が，鳥類の終脳の大きな特徴となっています．では，このような鳥類における終脳の肥大化・特殊化はいつ生じたのでしょうか？　初期の主竜類の脳があまり発達していないことから考えると，主竜類から鳥類が派生していく過程で終脳が大きくなってきたと考えられます．これについては，最近進んできた恐竜の脳形態の研究がヒントを与えてくれます．恐竜は大きく竜盤目，鳥盤目，竜脚目に分けられていますが，これらのうち，竜盤目のグループから鳥類が進化してきたとされています（"鳥"盤目ではないことに注意）．頭蓋骨の形態を見ても，恐竜と鳥の形態には類似した特徴が多くあります（図10.21）．竜盤目の恐竜の脳の外形をCTスキャンで調べてみると，オヴィラプトル類の脳では，終脳半球に比べて嗅球が相対

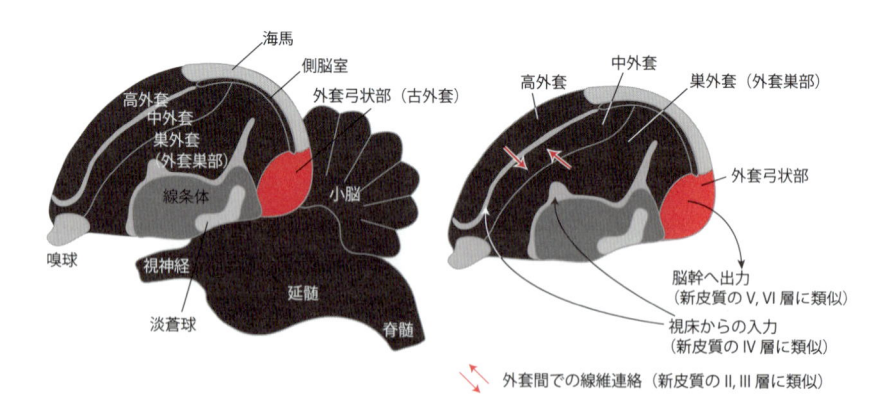

図 10.20　鳥類の脳
終脳の構造を示す．Jarvis（2013）を改変して引用．

10.8 羊膜類

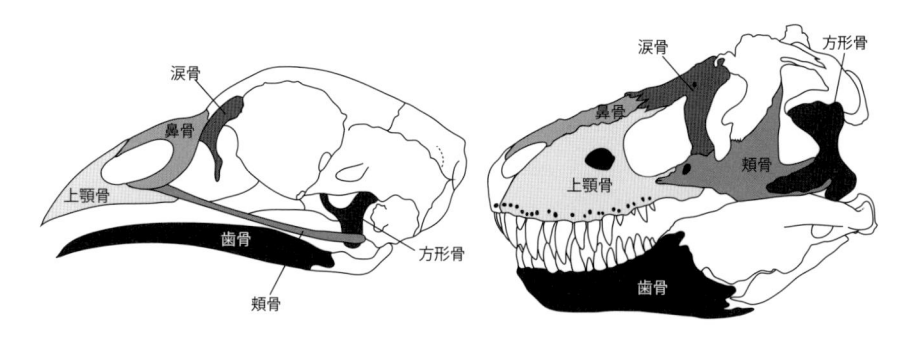

図 10.21 鳥類と恐竜の類似性
鳥類とティラノサウルスの頭骨を示す．骨の位置や形が互いによく似ている（イラスト：松原生実氏）．

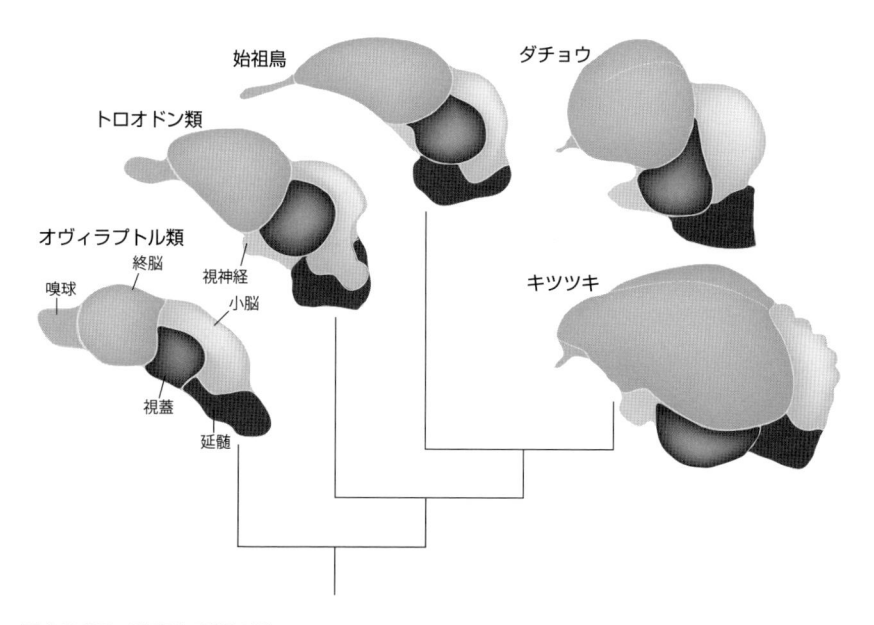

図 10.22 恐竜と鳥類の脳
鳥類へと進化していく過程で嗅球が縮小し，終脳半球が拡大していく様子がわかる．Balanoff et al. (2013) を改変して引用．

的に大きいのですが，鳥類に近いトロオドンの系統では嗅球が縮小し，大脳半球が相対的に大きくなります（図 10.22；Witmer and Ridgery, 2009; Balanoff et al., 2013）．体重と脳重量の関係を見ても，現生鳥類に近い値と

なります（図 5.1 参照）．現在では終脳の大型化は，恐竜の段階で複数回生じたと考えられています．恐竜のうち鳥類に近いグループは，羽毛や洗練された骨格系をもっているため，現生鳥類や現生哺乳類のような内温性であったと考えられています．さらに，ある種の恐竜は卵を孵卵していたという報告もあります．孵卵によって胚発生期に安定した温度条件が約束されるなら，脳の細胞増殖にとっても都合がいいと思われます．こうした生理・行動様式が，鳥類型の脳形態の進化に関係している可能性があります．

爬虫類・鳥類の大脳半球

鱗竜類でも主竜類でも，嗅球の後方には大脳半球があります．その背側外套には層構造が見られますが，その皮質（背側皮質）は 3 層からなり，哺乳類の新皮質と領域の相同性はあるものの，細胞構築などでは異なる点が多いとされています（図 10.19, 10.23）．

鳥類の皮質相当領域は高外套とされていますが，そこには先述のように層構造が見られません（図 10.23）．カメやワニなど他の主竜類の相同領域である背側皮質には上述のように層がありますので，鳥類では二次的に層構造を失った可能性が高いと考えられます．その代わり，鳥類の終脳は神経核構造（ドメイン構造）に特化し，巨大な神経塊が脳の各所に散らばっています．鳴鳥ではこうした神経核がさえずりのコントロールにかかわります[2]（Jarvis, 2007）．鳥類の脳がもつこうした形態が，層構造をもつ哺乳類の終脳との比較を困難にしてきました．かつては，鳥類の終脳のほとんどは哺乳類の線条体に相同と考えられ，「新線条体」，「高線条体」という名称が与えられていましたが，最近になってさまざまな形態学的ツールの進歩により，それらの領域は外套巣部，中外套，高外套という名称に改められています（Reiner et al., 2004）．

---

2) 最近の研究で，鳥類と哺乳類の類似性は，従来いわれていたよりも高いのではないかとの指摘がなされています．さえずりを行う鳥，いわゆる鳴鳥では，歌の学習の際に Foxp2 遺伝子がかかわることが知られています（Scharff et al., 2013）．Foxp2 はヒトの言語機能の発現にとって重要な遺伝子です（第 6.3 節参照）．つまり，鳥類も哺乳類も音声コミュニケーションの分子基盤として Foxp2 という共通の分子を使っていることになります．

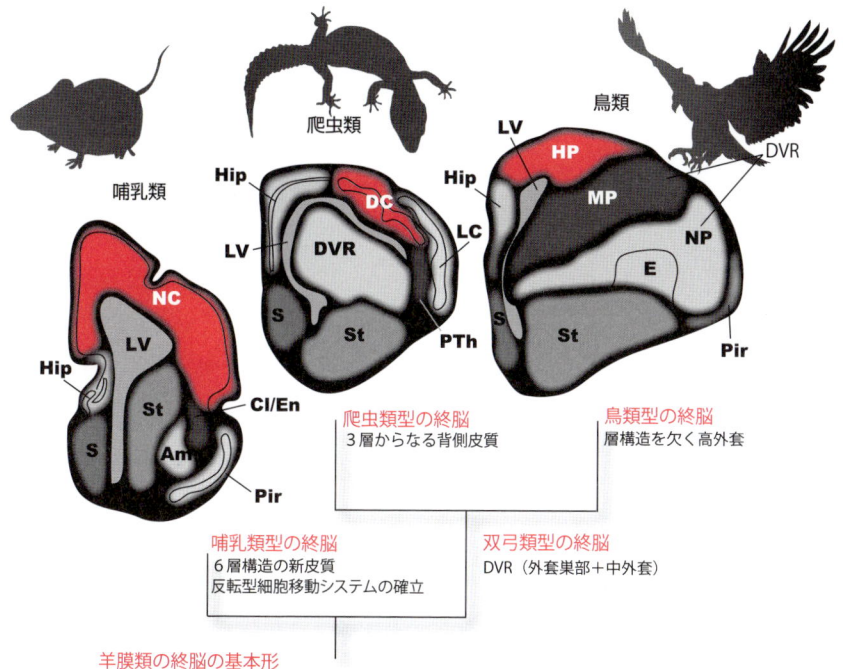

図 10.23 羊膜類の終脳の形態と，推測される進化過程
Am：扁桃体核群，Cl/En：前障／内梨状核，DC：背側皮質，DVR：背側脳室隆起，E：内外套，Hip：海馬，HP：高外套，LC：側皮質，LV：側脳室，MP：中外套，NC：新皮質，NP：巣外套（外套巣部），Pir：梨状葉，PTh：外套肥大部，S：中隔域，St：線条体．Bruce LL（2007）を改変して引用（動物のイラストは松原生実氏・野口佳奈実氏による）．

鳥類の終脳

　鳥類の終脳は，進化の過程で大きく特殊化してきたため，多くの比較形態学者を悩ませてきました．特に，哺乳類の新皮質との相同性については，現在でも議論が続いています．哺乳類の新皮質の6つの層に対応する構造は，鳥類ではどうなっているのでしょうか？　鈴木らの研究によると，哺乳類の特定の層に発現する遺伝子は鳥類の終脳にも発現していますが，そのパターンは層状ではなくむしろ，II, III層ニューロンのクラスターは終脳の外側部に，V, VI層ニューロンのクラスターが内側部に，といったように空間的に分散しているよ

うです．これは，鳥類も哺乳類の新皮質と同様のニューロンを時間軸に沿って生み出す機構をもってはいるけれども，鳥類の終脳ではニューロンの分化機序が内側と外側でそれぞれ異なった方法で制御されるため，このような異所的な配置が生ずると考えられています（Suzuki *et al*., 2012）．不思議なことに，それら層特異的マーカー遺伝子の発現には，哺乳類と鳥類で場所的に大きく異なる場合があります．たとえば，哺乳類の新皮質のIV層のマーカーであるRor βは，鳥類では（新皮質に相同とされる）高外套ではなく外套巣部に発現します（図10.24；Dugas-Ford *et al*., 2012）．ただし，興味深いことにRor βが発現する哺乳類のIV層は，主に視床からの入力を受けますが，鳥類ではやはりRor βの発現する外套巣部が視床からの多くの入力を受けています．すなわち，「領域的に」相同な領域ではなく，神経接続の形態が似ている「機能的に相同な」領域にこの遺伝子が発現しているということになります．そこで，こうした遺伝子発現や神経接続の様式から，最近は鳥類の終脳の相同性について再考しようとする議論がもち上がっています．たとえば，Jarvisらが提唱している考えは次のようになります．鳥類の高外套と中外套の境界部，および巣外套と線条体の境界部が視床からの感覚入力を受け，これはちょうど哺乳類のIV層と似ています．そして，高外套と巣外套は中外套に線維を送っています．この外套内での線維連絡は哺乳類のII, III層に見られるパターンとよく似ています．そして，鳥類では外套弓状部（古外套）から脳幹への出力が生じます．これは哺乳類のV, VI層と似ています（図10.20；Jarvis *et al*., 2013）．つまり，鳥類の終脳では情報の入力と出力について，高外套，中外套，巣外套，古外套などのさまざまな場所を使って哺乳類の背側外套（新皮質）に見られるようなパターンを構築しているのです．これは鳥類の系統で独自に生じたのでしょうか．それとも，羊膜類の祖先に基盤となるようなしくみがあり，哺乳類ではそれをもとにして新皮質を構築したのでしょうか．後者が正しいとすれば，哺乳類の新皮質と鳥類の高外套が相同であるという従来の説は怪しくなってきます．ただし，鳥類の高外套・中外套・巣外套と哺乳類の新皮質との相同性については研究者の間で論争が続いており，最終的な結論が出ていないことを言い添えておきます．

10.8 羊膜類

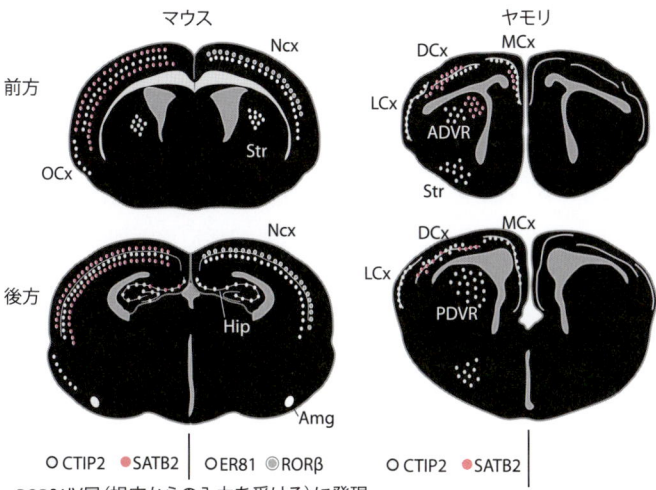

○ CTIP2　● SATB2　○ ER81　◉ RORβ
RORβ：IV層（視床からの入力を受ける）に発現
CTIP2/ER81：V層（終脳から出力する）に発現
SATB2：V層以外の層に発現

○ CTIP2　● SATB2

○ CTIP2　● SATB2　○ ER81　◉ RORβ

○ CTIP2　● SATB2　○ ER81　◉ RORβ

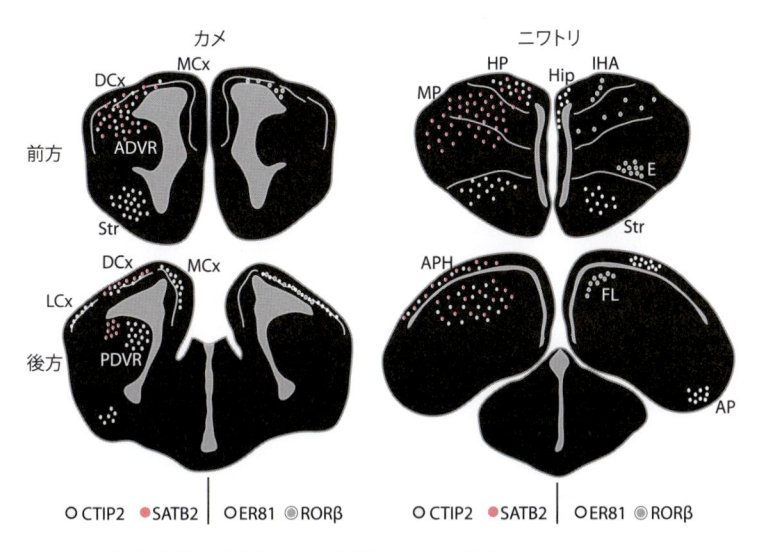

図 10.24　**哺乳類と鳥類，爬虫類の層特異的マーカーの発現**
哺乳類の新皮質で特定の層に発現する遺伝子は，鳥類や爬虫類では終脳のさまざまな領域に発現している．Ncx：新皮質，Hip・OCx：嗅覚皮質，Hip：海馬，Amg：扁桃体，MCx：中皮質，DCx：背側皮質，LCx：外側皮質，ADVR：前側背側脳室稜，PDVR：後側背側脳室稜，HP：高外套，MP：中外套，APH：area parahippocampalis, FL：field L, E：entopallium, IHA：interstitial part of the hyperpallium apicale. Nomura *et al.* (2014) を改変して引用．

235

背側脳室稜について

　爬虫類・鳥類の終脳を語る上で最も重要な構造は，背側脳室稜（dorsal ventricular ridge：DVR）でしょう．この領域はハンターによって最初に記載されました（Hunter, 1861）．鳥類では，外套巣部と中外套がこれに相当します（図10.19，10.20，10.23）．DVRは終脳の中で皮質よりも腹側（腹側外套）に位置し，その相同性については哺乳類の新皮質と相同であるという考えと，前障や扁桃体の一部と相同であるという考えが対立しています（Nomura *et al.*, 2013）．近年では先ほど述べたように，遺伝子発現や神経軸索の入出力の様式をもとに，新たな説が提案されています（Jarvis *et al.*, 2013）．DVRは脳室に向けて大きく肥大した領域であり，竜弓類の動物ではこの領域が終脳の中で最大の面積を占めています（図10.23）．DVR（その中でも前方にあるADVR）は視覚，聴覚，体性感覚などの入力を受け，高次機能の発現にかかわっています（ten Donkelaar, 1997）．爬虫類や鳥類では，DVRの中に哺乳類の新皮質のような感覚の局在が見られ，爬虫類では前から聴覚，体性感覚，視覚の順で並んでいます（図10.25）．一方，鳥類では，前から視覚，体性感覚，聴覚の順で並び，さらに後述する体性感覚の特殊な核であるbasalis核が終脳の前方に存在していて，ここに体性感覚地図が形成されています（図10.25）．

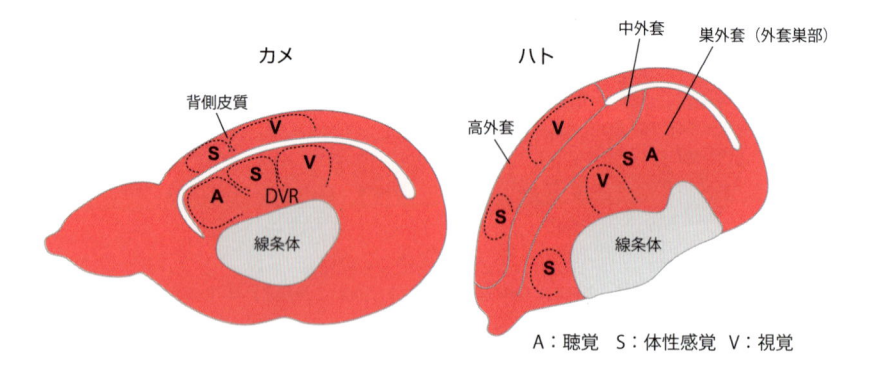

図10.25　爬虫類と鳥類の終脳
　爬虫類カメと鳥類ハトの終脳を横から見た模式図．どちらもDVR（鳥類ではDVRに相当する巣外套）に，特定の感覚が局在をもって投射している．これらの動物では，哺乳類の新皮質に相同な領域（背側皮質と高外套）にも感覚系に対応した局在が見られる．ten Donkelaar（1997）を改変して引用．

爬虫類や鳥類の終脳の「主役」は，おそらくこの DVR 領域であり，今後さらなる発生学的・機能的解析が進むことが期待されます．しかし，これらの動物が採用しているこのしくみは，脳を大きくするという観点では最良の方法とはいえないかもしれません．DVR を脳室に向けて拡大させていくと，脳室の容積には限りがありますので，やがていっぱいいっぱいになってしまいます．鳥の終脳ではすでにこの傾向が見られます．これがさらに進めば，ヌタウナギの終脳のように脳室が塞がってしまい，それ以上は脳を大きくすることができなくなるでしょう．哺乳類は inside-out 様式の細胞移動により，新たに生まれた細胞が外側に移動していくので，脳は外側に向けて大きくなります（ただし側脳室も成体ではかなり狭くなります）．そして，哺乳類は外側に広がった脳を頭蓋骨の中に収めるために，終脳に脳回と脳溝による皺をつくる機構をもっています．哺乳類はこのように新皮質をしわくちゃにすることで，ちょうど新聞紙を丸めて小さい箱に収めるように，拡大した新皮質を狭い頭蓋骨内にしまいこむことが可能になります．これを可能にする脳回のしくみはたいへん重要で，脳進化における画期的なシステムといえるでしょう（column「脳回のあるところとないところ」）．ちなみに，鳥類や軟骨魚類でも小脳に皺ができますが，脳回形成と同じしくみがはたらいているかどうかは不明です．とにかく，哺乳類は新皮質構築のために脳回というしくみを利用することで，他の動物にはありえないほど巨大な脳を発達させることができたと考えられます．

10.9　2つの脳の進化

　先程述べたように，哺乳類と竜弓類（爬虫類・鳥類）は，地上という環境で大きな成功を収めた脊椎動物といえるでしょう．事実，現在の地球上には約 4500 種の哺乳類と，およそ 18000 種もの竜弓類が生息しているのです．この適応放散に生体制御装置である脳が一役買っていることは疑いがありません．陸上生活に適応した羊膜類のグループでは，顕著に脳化（終脳が肥大化）しており，すべての感覚情報が終脳に収束し，中央集権的な情報処理システムをつくり上げています．これらの動物では，脳の中でも終脳（大脳）の発達が顕著であり，その脳形態には 2 つの異なる型が見い出されています．大脳新

第 10 章　終　脳

皮質をもつ哺乳類型（単弓類型），および背側脳室稜（DVR）を有する竜弓類型（爬虫類・鳥類型）です（図 10.23，10.25）．前述のように，哺乳類では，6 層構造をもつ新皮質が知覚機能の最上位中枢として機能しています．一方，竜弓類の終脳では，哺乳類の新皮質に相同な領域は，終脳半球の中では相対的に小さく（ただし，鳥類の高外套はそれなりに発達し，爬虫類でも鳥類でも背側皮質と高外套には体性感覚や視覚系の経路が局在をもって入力します；図 10.25），DVR は非常に発達して感覚情報の統合などの重要な機能を担っています（解説「終脳の領域相同性」）．すなわち，羊膜類における「2 つの脳」は，陸上環境に生息する動物が，有効な生存戦略としてそれぞれ独立に進化させ，

column 脳回のあるところとないところ

　興味深いことに，脊椎動物の脳を概観してみると，脳回のある場所とない場所があることに気づきます．前述のように，終脳には哺乳類で脳回が極めてよく発達しています．終脳の脳回は，ささやかですが鳥類や真骨類にも見られます．そして，ほかに皺のある領域を探してみると，間脳や中脳には脳回がほとんど見られません．中脳（視蓋）は真骨類や鳥類でよく発達し，さまざまな感覚情報が集まる中枢となっていますが，脳回というべき皺はほとんど見られません．一方，小脳には多くの顎口類で皺（小脳回）が見られます．サメにもはっきりと皺がありますし，鳥類や哺乳類ではよく発達します．魚類でもモルミルス類にはたいへん複雑な皺があります．皺というのはつまり，広くなった領域を，頭蓋の中にコンパクトに収めるための構造といえます．言い換えれば，皺のある場所というのは，大きく拡大することができる場所です．すなわち，発生期に大きく発生できるしくみをもった領域といえるでしょう．このことから考えると，脊椎動物の脳では，終脳と小脳が，大きく拡大可能な発生プログラムを備えていると考えられます．実際にはたらいている分子としては，Fgf8 や Fgf2，そしてその下流ではたらく因子がその候補ではないかと思われます*．哺乳類の系統で終脳と小脳が非常に発達していることを見ると，哺乳類はこの「脳拡大プログラム」をフル稼動させて進化してきたのかもしれません．

*近年，脳のサイズの拡大にかかわる遺伝子がいくつか同定されてきています．そのうちの 1 つである Fgf2 をニワトリ胚にインジェクションすると，視蓋が大きくなるという結果が得られています（McGowan et al., 2012）．面白いことに，拡大した視蓋では層構造の様子がおかしくなることに加え，終脳や小脳に見られるような皺が生じます．

完成させた形態と見なせるでしょう．言い換えれば，脊椎動物の脳にはその高次機能をフルに発揮させるために2つの大きな選択肢が内包されており，哺乳類と竜弓類はそれらを実現させた成功者といえるでしょう．そして，このように異なる脳システムを発展させた動物が2つ，この地球上に存在していることは，脳の進化やその潜在的な可能性を探る上で実に興味深いことではないかと思います．

　先述のように，羊膜類の終脳進化には，羊膜類が共通にもつ発生システムを基盤として，そこから大脳皮質を発達させるか（哺乳類），DVRを発達させるか（爬虫類・鳥類）という2つの流れがあったように見えます．ではどういった理由でこれら2つの脳が進化したのでしょうか？　2つの独自の脳システムを進化せしめた原因を読み解くヒントの1つは，その神経回路でしょう．哺乳類と竜弓類では，終脳に入る主要な神経回路には2つの異なる様式があります（第9章参照）．一般的に羊膜類の視床では，視蓋を介するコロタラミック経路にかかわる神経核（コロタラミック神経核）が発達していますが，哺乳類ではこれに加え，視蓋を介さない経路（レムノタラミック経路）の発達によって，視床ではレムノタラミック経路にかかわる神経核が多数出現しています（図9.4，9.5参照）．そして，それらの神経核からの軸索が，新皮質に入力しています．一方，竜弓類では，視床のコロタラミック神経核からの線維はDVRに入力します（Puelles, 2001）．すなわち，視蓋が発達している爬虫類と鳥類は，それと連携するDVRを進化させ，視蓋がそれほど発達していない哺乳類は，終脳の中で視蓋を介さないレムノタラミック経路と，それを強く受ける新皮質を進化させたのではないかと考えられます．つまり，羊膜類において2つの脳進化をもたらした要因は，まず1つは視床の発達，そしてもう1つは，中脳，その中でも視蓋ではないかと考えられます．このような違いをもたらした要因を，進化生態学的な視点から考えてみると，哺乳類が進化の黎明期に夜行性の生態になったことが挙げられるかもしれません．このため視覚よりも嗅覚がより重要になり，嗅覚を司る終脳が発達していきました．事実，初期の哺乳類の化石からは，嗅覚を司る終脳領域が発達していったことを示唆する結果が得られています（Rowe *et al.*, 2011）．また，聴覚や触覚など，光情報以外の情報を感知する耳や洞毛も発達したようです．一方，視覚の中枢で

ある視蓋（上丘）はそれほど発達せず，その代わりに新皮質が最高中枢として進化し，嗅覚，聴覚，体性感覚など，さまざまな感覚を連合させるシステムも発達したと推察されます．そして，哺乳類の新皮質はさらに小脳（哺乳類で新たに獲得した新小脳）と密接に連携して，情報の集積と階層化を確立させていきました．一方で竜弓類のDVRは，中脳と密接に関係することで高次中枢としての機能を発揮するようになったと考えられます．もしかしたら地上の覇権をめぐって争ってきた哺乳類と竜弓類の間で競争原理がはたらき，両者の脳の進化が加速されたかもしれません．ただし，上記のような進化的変遷を裏づけるような神経発生機構の変化については，今のところほとんどわかっていません．これはたいへん興味深い問題です．今後の研究により，これら2つのシステムの起源と変遷を知ることで，哺乳類とは全く異なる設計思想によってつくられたもう1つの高次中枢の形成基盤を理解し，さらには脳中枢の多様化にかかわる発生原理の本質に迫ることができると考えられます．

解説　終脳の領域相同性

　これまで何度となく鳥類と哺乳類の終脳の相同性に基づいた議論をしてきましたが，残念なことに，現時点ではまだその相同性について不明な点が多い状況にあります．これは比較形態学でいうところのホモロジー（領域相同性）がうまくあてはまらないために生じています．終脳では同じ神経伝達物質をもっていたり，似たような形態をしている細胞が脳内の至る所にありますし，ある領域には細胞が他所から入ってきて由来の違う細胞が混ざったりするため，細胞の由来から相同性を探ることが困難です．したがって，哺乳類とそれ以外の羊膜類の終脳は発生過程を見て「こことここは相同」と一概にはいえません．さらに，領域のマーカーとしてよく使われる転写因子の発現で比較するにしても，細胞レベルで見ると対応しない例もあります．たとえば，Tbr2という遺伝子が発現する細胞は真獣類では脳室下帯（SVZ）の神経前駆細胞であり，増殖を行いますが，有袋類や爬虫類のTbr2が発現している細胞にはそのような分裂能は見られません（Pussolo et al., 2010; Nomura et al., 2013）．最近では，竜弓類のDVRも哺乳類の新皮質と相同な領域ではないかとする議論もあります（Jarvis et al., 2013）．これからは詳細な発生学的解析や，ゲノムデータを用いた大規模な解析によって，羊膜類内での終脳の相同性が明らかになっていくことが望まれます．

ソメワケササクレヤモリを用いた脳進化研究の進展

column

　京都府立医大の野村らは，ヤモリの一種ソメワケササクレヤモリ *Paroedura picta* を用いて，背側皮質の発生過程における細胞分裂や細胞分化の割合を調べました（Nomura et al., 2013）. その結果，ヤモリの細胞は非常にゆっくりと分裂すること，また，神経細胞の産生スピードも哺乳類や鳥類と比べて非常に遅いことが明らかとなりました．さらに，胚発生が完了する期間（60 日）と比較して，大脳皮質の形成は産卵後わずか 2 週間ほどで終了することもわかりました．したがって爬虫類の脳は，単位時間あたりの神経細胞の産生率が非常に低く，これが爬虫類の背側皮質が相対的に小さいことの要因の 1 つであると考えられます．さらに，ヤモリではなぜ神経細胞の産生率が低いのかについて，その分子メカニズムを調べた結果，マウス（哺乳類），ニワトリ（鳥類）と比較して，ヤモリでは細胞の運命をコントロールする「ノッチシグナル」が強い（活性化レベルが高い）ことが明らかになりました．以前の研究により，ノッチシグナルが活性化されると神経細胞の産生率が低下することが知られています．そこで野村らの研究グループは，ノッチシグナルを阻害する遺伝子を電気穿孔法という技術を使ってヤモリの脳へ導入することで，人為的にヤモリの神経細胞の産生率を増加させることに成功しました．

　また，野村らは，ヤモリの背側皮質にも哺乳類の新皮質で見られるようなさまざまなタイプの神経細胞が存在するのかどうかを検討しました．その結果，ヤモリの大脳皮質にも哺乳類大脳皮質と同様となる種類の遺伝子を発現する神経細胞が存在し，こうした神経細胞は，脳の発生時期に依存して産生されることもわかりました．最近の研究では，

図　ソメワケササクレヤモリ
写真提供：平尾綾子氏

> 鳥類にも同様の神経細胞が存在することも明らかとなっています．このことから，大脳皮質の層特異的な神経細胞は，哺乳類，爬虫類，鳥類を含む羊膜類の共通祖先ですでに形成されていた可能性があります．これは，祖先型動物がどのような脳をもっていたのか，という謎に迫る画期的な発見です．

10.10 神経の新生

　かねてよりヒトの脳については，神経細胞は発生期に大量につくられた後はもう分裂することはなく，あとは減る一方であるというようにいわれてきました．神経細胞は胚発生の過程でその多くがつくられ，生後には減っていくという考えはおおむね正しいのですが，最近の研究により，哺乳類の終脳では，成体になっても側脳室のSVZや海馬歯状回のsubgranular zone（SGZ）で神経新生が見られることが明らかになってきました（宮田・山本，2013）．また，神経の新生は脊椎動物の間で広く見られることもわかってきました．真骨類のうちゼブラフィッシュなどでは，成体になっても神経細胞をつくる幹細胞が脳の広い範囲に存在しています（Kizil *et al.*, 2012）．また，爬虫類のトカゲ類でも大規模な神経新生が起こることがわかっています（Lopez-Garcia *et al.*, 1992）．驚くべきことに，これらの動物では，脳が大規模に損傷されてもなお再生が可能なのです（Molowny *et al.*, 1995）．哺乳類の我々からすればうらやましい話です．なお，哺乳類ではアストロサイトが神経幹細胞としてはたらきますが，爬虫類で神経幹細胞の性質をもつのは上衣細胞（ependymal cell）ではないかと考えられています（Nacher *et al.*, 1999）．今後はips細胞などを用いた再生医療がさらに進んでいくと思われますが，哺乳類以外の動物の脳が備えている神経新生機構についての理解が進むことで，ヒトの神経細胞の再生や新生についてのヒントが得られるかもしれません．たとえば爬虫類の脳の再生にかかわる遺伝子がわかったら，ips細胞にそれを発現させてヒトの脳に移植したら何かいいことが起こりそうな気がするのですが，いかがでしょうか．

10.11　まとめ：終脳の進化戦略

　終脳を進化させた羊膜類は，概して適応度が高いように見えます．これらの動物に共通するポイントは，いずれも広い分布域をもち，陸海空いずれの環境にも適応放散していることです．終脳が小さな条鰭類は種類数は多いものの，陸上を生活圏にしている種はトビハゼなどごく少数です．また，空を生活圏にするものはいないようです．トビウオは滑空がとても上手ですが，あくまでグライダーのような滑空であり，動力飛行ではありません．しかし，これらの動物も独自の方法で進化的に成功を収めています．魚類の終脳はそれほど発達していませんが，その代わり，コイの迷走葉やナマズの顔面葉に見られるように，感覚—運動の統合中枢が，菱脳や小脳，さらには脊髄など，各所に散在しています（図 10.26）．羊膜類における「脳化」が，陸上環境に生息する動物にお

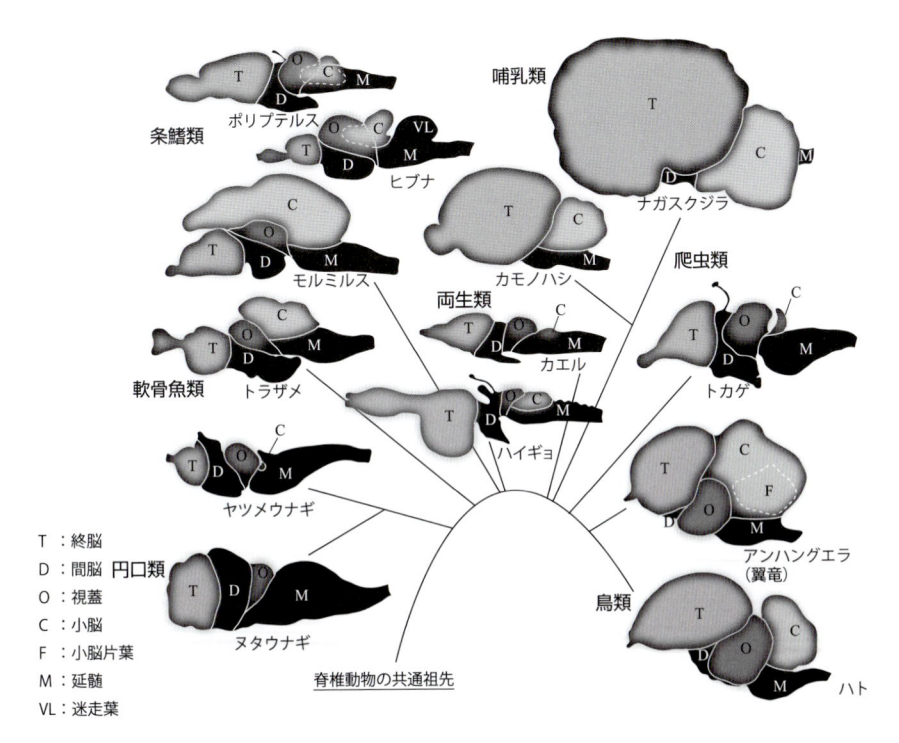

T：終脳
D：間脳
O：視蓋
C：小脳
F：小脳片葉
M：延髄
VL：迷走葉

図 10.26　さまざまな脊椎動物の脳
宮田・山本（2013）を改変して引用．

ける1つの生存戦略であるのに対し，条鰭類の「中枢分散化」は，もう1つの情報処理システムとして進化し，完成された形態と見なせるでしょう．羊膜類では脳化を推し進め，終脳に統合中枢をつくることによってさまざまな感覚を統合し，高度な判断に基づく複雑な運動出力を可能にしているといえるかもしれません．その最たるものは霊長類の前頭連合野でしょうか．しかし，その代償（トレードオフ）により，その脆弱性も露呈しています．哺乳類では，脳が高次機能を発揮するために最適化され，摂取しなければならないエネルギー量は膨大なものになります．また，中枢が1カ所に集められ，そこが損傷されるとシステム自体が崩壊してしまう危険性をはらんでいます．魚や両生類は脳がかなり破壊されても生きていますが，哺乳類では適切な処理を施さなければ死に至ります．これは，終脳を発達させた動物がもつ宿命なのかもしれません．しかし，人類は新皮質の進化を推し進めた結果，脳の巨大化による不利益を帳消しにするような飛躍，すなわち知性を生み出すに至りました．これは脊椎動物の脳が進化の果てに辿り着いた驚くべき能力です．進化が導いた奇蹟といってもいいかもしれません．筆者は，自分が普段考えていることや戦争だらけの人類の歴史を振り返ると，人類の脳がそれほどいいものとはとても思えませんが，今後の人類にはこの脳をさらに進化させ，明るい未来を拓いていってもらいたいと願います．

▶▶▶ Q & A ◀◀◀

Q いろいろな場所の層構造が出てきましたが，層構造の利点と欠点を詳しく教えてください．

A 神経が層状に配列することで，特定の機能をもつ細胞が特定の場所に位置するようになり，外部から神経が入力する際に混線のようなことが起こりにくくなると思われます．また，このようなシート状の構造であれば，それを単純に二次元的に拡大させることで情報処理能力を上げることができます．逆に層構造になっておらず，三次元的に入出力をするようなシステムの場合，中枢を大きくしようとするとその領域全体を三次元的に大きくしないといけません．層構造にはこのような利点があると考えられます．欠点としては，ある程度の広さが必要になる

といったことでしょうか．脳をコンパクトかつ軽量にしたい場合には，層構造は不向きなのかもしれません．鳥類の終脳に層構造が見られないのは，飛翔のために無駄をなるべく省くような淘汰圧がかかっているのかもしれません．

Q 「動く遺伝子」と呼ばれるのはなぜですか．

A トランスポゾン (transposon) とは，細胞内において核内のゲノム DNA 上の位置を転移 (transposition) することができる遺伝子配列のことです．転移因子 (transposable element) とも呼ばれます．バーバラ・マクリントックによってトウモロコシを用いた研究から発見されました．この研究は 1983 年にノーベル医学・生理学賞を受賞しています．

Q 「共感」に関するミラーニューロンは霊長類以外には鳴禽のみで見い出されているとありますが，イヌにも共感の能力はありそうに見えます．イヌにミラーニューロンはないのですか．

A 今のところ見つかっていないようです．

Q 脳回についてですが，哺乳類の脳を比較したサイト (Comparative Mammalian Brain Collections, http://brainmuseum.org/) で見てみると，カピバラはネズミの仲間で大きな動物ですが，ラットやマウスと違って，脳回があります．逆に，小型の霊長類であるマーモセットでは脳回があまりありません．動物の大きさ（重さ）との関係はあるのでしょうか．

A おっしゃるとおり，哺乳類の終脳に見られる脳回については，動物のサイズと関係があるのかもしれません．

11 神経回路

11.1 神経回路網

　脊椎動物の脳には，各領域を結ぶ神経回路網があります．これら神経回路網が脳のさまざまな領域をつなぎ，情報の伝達や処理を担っており，これらの回路が神経系の本質といっても過言ではありません．これまで述べてきたように，菱脳から終脳に至る中枢神経系の基本骨格は，脊椎動物の進化の過程で保存されてきたと考えられます．そして，その中に張りめぐらされた神経回路も，基本フレームは脊椎動物間で相同性が高いことが知られています．これはおそらく，発生期に形成される初期神経回路（基本的神経路）の形態が種を越えて保存されていることもあるでしょう（第3章参照）．しかしながら，神経回路の基本骨格はよく似ているように見えても，より詳しく見てみると，その配線様式は系統間での違いが著しいことがわかります．たとえば，皮質脊髄路（錐体路）をもっているのは哺乳類の特徴です（ただし鳥類の鳴禽類では，高外套の前部から脳幹・脊髄へと伸びる錐体路によく似た経路が存在することがわかっています；Wild and Williams, 2000）．錐体路は運動皮質の第Ⅴ層のニューロンから起こり，脊髄に接続しています．哺乳類では，運動皮質に感覚野のような「ホムンクルス」が描かれており，その地図に従って脊髄に接続することで，繊細な運動が可能となります．その結果，我々は指を精緻に動かし，小さなものをつまんだり楽器を演奏したりすることができます．霊長類の進化にとって，この経路は不可欠なものだったでしょう．この錐体路の形成には

FEZF2という遺伝子が関与することが知られています（Shim et al., 2012）.
この遺伝子のエンハンサー領域を欠失させると，錐体路が失われてしまいます．
すなわち，この遺伝子を介する発生機構が哺乳類の新皮質で確立されたことが，
錐体路の進化と関係がある可能性があります[1]．また，左右の半球をつなぐ線
維束である脳梁をもつのは，真獣類のみです（第10章参照）．ただし，有袋
類は前交連や海馬交連によって半球間の連絡を行っているようです．脳梁の形
成にはSlitやRoboといった神経ガイド因子がかかわることは以前から指摘
されていました（Shu et al., 2001）．そして最近になって，Satb2という転
写因子がその形成にかかわることがわかりました（Britanoba et al., 2008）．
これについては，新皮質の深層に発現するSatb2のエンハンサーが外部から
の遺伝子挿入によって活性化され，腹側の脳梁形成が促されたという興味深い
話もあります（Tashiro et al., 2011）．このことから，哺乳類の真獣類が進
化する過程で重要な改変が起こってきたと考えられます．

　神経回路のうち，最もよく知られているのは感覚系です．脊椎動物の感覚系
には，視覚系（光情報），嗅覚系（主嗅覚系と副嗅覚系：空気中の化学物質），
聴覚系（空気の振動），側線系（水の振動），電気受容系（水中の電気），味覚
系（口腔内や水中の化学分子），一般体性感覚系（三叉神経系と脊髄上行系：
触覚，冷温覚，固有感覚）があります．これら感覚系は，末梢の受容器が検出
した刺激を，脳内の神経回路によって中脳，終脳などの高次中枢に送り，情報
処理を行っています．ナメクジウオやホヤには上記のような明瞭な感覚神経回
路網は見い出されませんが，円口類になると上記の感覚系はほぼすべて見られ
ます（以前はヤツメウナギに副嗅覚系は見られないとされていたものの，最近
の研究で萌芽となるような神経路があることがわかりました．後述）．したが
って，これらの回路をつくる発生プログラムは，脊椎動物の共通祖先の段階で
獲得されたのでしょう．そして進化の過程で失われた発生機構もあれば，系統
ごとに改変されてきたものもあるでしょう．たとえば視覚系は，羊膜類で哺乳

---

1) 錐体路との相同性については不明ですが，最近ヤツメウナギの外套にも，基底核や中脳脳幹に線維を出し，運動にかかわる領域が存在することが明らかになりました（Ocana et al., 2015）．このことは，終脳からの出力線維が運動を制御するしくみが，脊椎動物の共通祖先の段階で進化した可能性を示唆しています．

第 11 章　神経回路

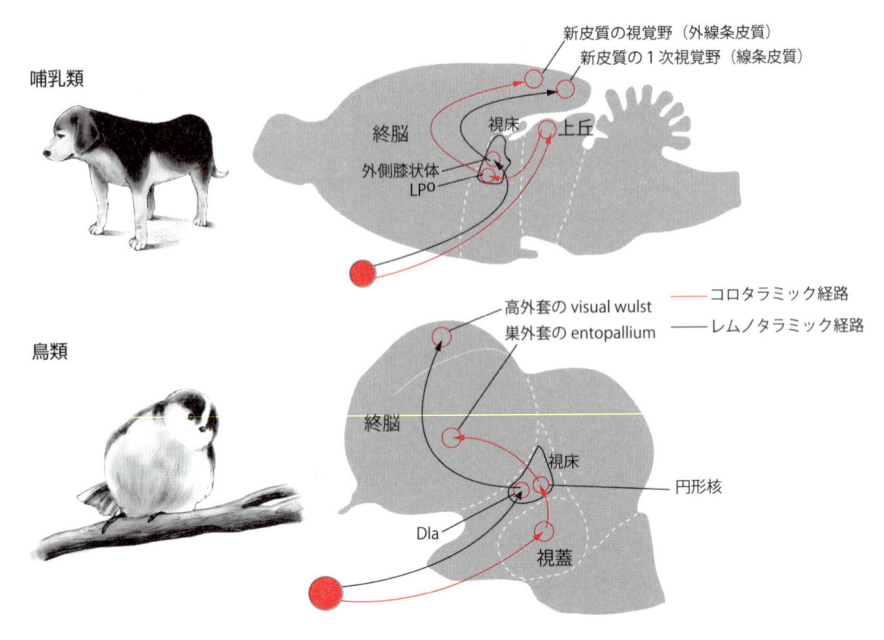

哺乳類

鳥類

図 11.1　哺乳類と鳥類における 2 つの視覚系神経回路
動物のイラストは佐々木苑朱氏による．

類と鳥類では，その主要な投射先が異なっていますが（哺乳類では線条皮質，鳥類では視蓋），どちらの動物にも視蓋を介する経路（コロタラミック経路）と視蓋を介さない経路（レムノタラミック経路）が見い出されます（図 9.5，11.1）．これは共通の祖先から受け継いだシステムを踏襲しながら，それぞれ発展してきたことを示しています．

　これらの回路のうち，羊膜類には側線系が見られません．おそらく，羊膜類の祖先が陸上生活に移行する過程で，水流や電気を感知する側線系は失われたのでしょう．再び水中環境に適応した羊膜類（ウミヘビやクジラ）で側線神経が復活する例は見つかっていません．ただ，三叉神経系が二次的に電気受容を行うようになった例が，カモノハシやイルカで知られています（後述）．また，マナティ類は体中に感覚毛（vibrissae）を発生させ，側線器の代わりに使っているらしいことがわかっています（Reep *et al.*, 2001, 2002, 2011；後述）．側線系の消失は，脳の研究をしている人々にすらあまり注目されてはいないよ

うですが，脳の進化史における最大級の事件ではないかと考えられます．何しろそれまで最大級の感覚神経系として君臨していた神経ネットワークが，その末梢神経から中枢の神経核を含めて，ごっそりなくなってしまったのです．どのような発生機構の改変が，この「神経系における大量絶滅」とでもいうべきイベントの鍵を握っているのでしょうか？ それはまだ謎ですが，現代の地球にはこれを調べるために最適な動物がいます．成長の過程で側線神経系が発生し，そして失われていく両生類（無尾類）です．オタマジャクシの段階では側線神経系をもっていますが，変態によって失われます（ただしアフリカツメガエルなど一部の種では成体でも側線神経系が残ります）．これらの種を詳しく調べていくことで，神経系消失にかかわる謎が明らかになるかもしれません．

　側線系の消失にリンクするように，羊膜類では空気の振動を感知するのに適した聴覚系が発達してきます．聴覚系は魚類にも存在していますが，陸上に進出した動物で発達する傾向があります．翼手類や歯クジラ類では，この経路を改変して高度なエコーロケーション能力を進化させています．電気感覚系も羊膜類では見られなくなりますが，例外的に，哺乳類の単孔目カモノハシ *Ornithorhynchus anatinus* とクジラ偶蹄目のギアナコビトイルカ *Sotalia guianensis* の吻部には電気受容器が分布しています（Pettigrew *et al.*, 1998; Czech-Damal *et al.*, 2011）．ただし，これらは三叉神経系が変形したものであるため，側線神経系が担っていた電気感覚とは大きく異なるものとなっているでしょう．

　話が三叉神経系に移ったところで，それが支配する顎の領域について見てみましょう．脊椎動物は顎を獲得した後，めざましい適応放散を遂げていきます．この発展の過程で顎はさまざまな変化をしていきます．たとえば，哺乳類では洞毛と呼ばれる感覚毛が発生して，体性感覚（触覚）のための重要な場所になります（Sarko *et al.*, 2011）．鳥類では，上下の顎を稼動させることができるようになります（羊膜類は基本的に下顎しか動きません）．さらに水鳥の仲間では，グランドリ触小体やライスネル小体などの特殊な触覚受容器が発達します．これらの感覚器は，三叉神経系によって支配されています．三叉神経系は，爬虫類のヘビで興味深い特殊化が見られます．ヒゲミズヘビ *Erpeton tentaculatus* は，その名のとおり口先に触覚か角のような目立つ突起をもっ

ています．この触角は機械受容器で，水流などを感知して餌の魚などの補食に役立っているようです（Catania et al., 2011）．ボア科とクサリヘビ科のヘビでは，赤外線を受容できるように特殊化しています（Molenaar, 1974）．これらの動物では lateral ascending system という独自の神経回路ができます．また，哺乳類の中でも南米に生息するチスイコウモリ Desmodus rotundus は赤外線を感知することができ，ボアやクサリヘビと同じく，三叉神経系を特殊化させた神経回路をもっています（Kishida et al, 1984; Gracheva et al., 2011）．また，一部の魚類や両生類，そして鳥類などでは，三叉神経は磁力の検出も行うことができます（Able, 1994; Beason and Semm, 1996, Diebel et al., 2000; Walker et al., 1997; Williams and Wild, 2001）．渡りをする鳥類ではこの能力により，地磁気を検出して方角を知ることができるようです．脊椎動物における顎の著しい多様性に対応するかのように，顎を支配する三叉神経系は極めて興味深い変化にあふれているといえるでしょう．加えて，三叉神経系は，その中継核において体性感覚地図をつくるという特徴があるため，これまで多くの研究がなされてきました．体性感覚地図は真骨類のナマズの顔面葉で見られ（この地図は顔面神経と三叉神経によってつくられます；Kiyohara and Caprio, 1996），羊膜類では哺乳類の終脳新皮質の体性感覚野（S1）と，そこと連絡する中継核に，三叉神経系と脊髄上行系の感覚情報を投影した地図が形成されます（図 11.2）．鳥類の終脳にも体性感覚地図は存在していますが（Dubbeldam, 1984; Wild et al., 1997），それは哺乳類とは異なる場所（basalis 核）にあり[2]，また，その地図は哺乳類のほうが明らかに大きく，精密です．哺乳類の体性感覚野では，たとえば，洞毛（感覚毛）をもつ動物ではそれらが分布するところの地図が相対的に大きくなるといったように，主要な感覚器の密度や感度を反映した地図が

---

2) 興味深いことに，basalis 核には菱脳の三叉神経主知覚核（PrV）からの線維がダイレクトに入力します．これは，PrV の軸索が視床に入力し，それから終脳へ入る哺乳類の様式とは大きく異なっています．哺乳類では視床から終脳への入力には EphA4 という神経ガイド分子がかかわっています．実は EphA4 は PrV にも発現しています（Erzurumlu et al., 2010, Rhinn et al., 2013）．もしかしたら鳥類で独自に進化したと思われる PrV ―終脳の回路形成には，哺乳類の視床―終脳路と同じく Eph によるガイダンス機構がはたらいているのかもしれません．

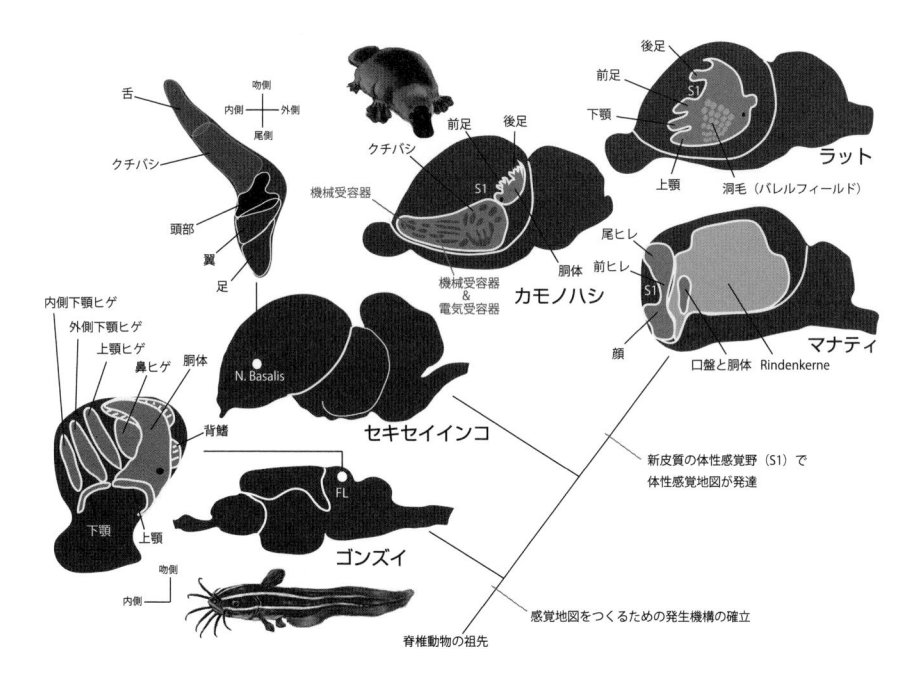

図 11.2　さまざまな動物で見られる感覚地図
　　ゴンズイでは顔面葉（FL），セキセイインコでは終脳の nucleus basalis，哺乳類では新皮質の体性感覚野（S1）に地図が形成される．マナティの新皮質には皮質核（Rindenkerne）が見られる．Kiyohara and Caprio (1996), Wild et al. (1997), Pettigrew et al. (1998), Reep et al. (1993), 宮田・山本 (2013) を改変して引用．ゴンズイのイラストは，スーの串本図鑑（http://tsk723leon.wix.com/zukanmokuzi#!zukanmokuzi/c1v6c）の写真を管理者の許可を得て改変（動物のイラストは佐々木苑朱氏による）．

できます（図 11.2）．ホシハナモグラでは口周囲の肉質突起，ハダカデバネズミ *Heterocephalus glaber* では門歯が大きくデフォルメされて描かれています（Catania and Kaas, 1995）．マナティ類（海牛目）は感覚毛が体全体にあり，ちょうど側線のようになっています．先述したように，まるで側線の喪失を一般体性感覚で補おうとしてるかのようです．この動物の終脳では体性感覚野に加えて，それ以外の広大な部分にも，感覚毛の情報を受ける領域（Rindenkerne，皮質核）が存在しています（Reep et al., 2001, 2002, 2011）．これら体性感覚地図の進化的起源については，こうした地図が単孔類のカモノハシでも見つかっているので，地図作成にかかわる発生システムは

哺乳類の祖先で進化したと思われます．おそらく哺乳類の祖先において，地中生活や夜間の生活に適応する過程で，一般体性感覚系に強い淘汰圧がかかった結果，このようなシステムが進化したのでしょう．水棲へ移行する過程でも同様の淘汰圧がかかり，マナティ類で独自の地図が発達したのかもしれません．

副嗅覚系の起源

脊椎動物は2つの嗅覚系をもっています．1つは主嗅覚系で，これはいわゆる嗅覚であり，空気中の化学物質を受容しています．もう1つが副嗅覚系です．哺乳類などでよく発達し，フェロモン（同種間での情報伝達にかかわる化学分子）の受容に関与しています．この神経系は以前は両生類（四足類）の段階から出現すると考えられていましたが，最近になって肉鰭類のハイギョ *Protopterus dolloi* で，その存在が確認されました（Gonzalez et al., 2010）．ハイギョには鋤鼻器のマーカー遺伝子の発現が見られ，その軸索は副嗅球に相当する場所に入力し，さらに二次ニューロンは扁桃体内側部（medial amygdala）に投射しているようです．このことから，副嗅覚系にかかわる神経回路の起源は，少なくともハイギョ類と四足類の共通祖先の段階まで遡ると考えられます．そしてさらに，円口類のヤツメウナギにも副嗅覚系と相同とおぼしき経路が存在する可能性が示唆されています（Chang et al., 2013）．この動物には単一の鼻孔しかありませんが，その奥には顎口類に似た嗅上皮と鋤鼻上皮があるようです．鋤鼻上皮は終脳の特定の場所に入力しており，その領域の線維は視床下部への入力が見られます．この経路が四足類に見られる副嗅覚系の先駆けのようなものではないかと考えられています．

ヘビ，トカゲ（鱗竜類）の副嗅覚系は，通常の匂い情報も感知しています．これらの動物は，舌で匂い分子を拾い，口蓋に位置する鋤鼻感覚器でそれを検出します．副嗅覚系がよく発達した鱗竜類では，副嗅球が主嗅球よりも大きい例もあります（Eisthen and Polese, 2007）．副嗅覚系は，主竜類ではワニと鳥の系統で二次的に失われたようです．ただし，カメでは種間で発達の度合いは異なりますが，鋤鼻器官が存在することがわかっています．

これら感覚神経回路を形成する発生メカニズムについては，マウスやニワトリ，ゼブラフィッシュなどのモデル動物で研究が進んでいます．特に，網膜か

ら視蓋に至る経路（網膜視蓋投射系）は古くから鳥類で精力的に研究がなされ，Eph/ephrinなどの分子がその形成にかかわっていることがわかっています．また，嗅覚系や三叉神経系での研究も，マウスを基点として多くの知見が集まっています．近い将来，発生期の爬虫類や魚類を用いて研究を進めることで，これら神経回路の進化について，分子発生学的な視点から答えが得られると期待されます．

▶▶▶ Q & A ◀◀◀

Q 脳梁を損傷し，左右の大脳半球の連絡が途絶えてしまったらどうなりますか．

A 脳梁の損傷により，分離脳と呼ばれる有名な状態になります．分離脳となった患者は，その患者の左視野（つまり両目の視野の左半分）に画像を呈示された際，それが何の画像なのかを答えることができなくなります．この理由は，言語優位性半球は左半球なのですが，左視野にある画像は脳の右半球にのみ伝えられるためと考えられます．そうなると右半球に伝えられた情報が脳梁が壊れているために左側に伝えられず，答えることができなくなるわけです．

Q 側線系の消失が「神経系における大量絶滅」にあたるとのことですが，ほかにごっそりなくなってしまった例はないのですか．

A 洞窟魚やクジラ類などの末梢神経では，視覚系や嗅覚系の退化により視神経や嗅神経が消失する例はあります．ただし，脊椎動物の羊膜類という系統全体で特定の末梢神経が消失する例はほかにないと思われます．

Q ヤツメウナギには単一の鼻孔しかないとありますが，なぜ私たちの鼻孔は2つなのですか．目は立体視のため，聴覚は方向を感知するために2つ必要であることは納得できるのですが，鼻孔は2つないといけないのでしょうか．

A 鼻孔が左右に離れている種ならば鼻孔が2つあれば左右の嗅上皮で匂い分子の濃度を比較することで，その匂いが左右どちらの方向から来たものかを探ることができます．ヤツメウナギやヌタウナギで鼻孔が1つなのは，その発生過程において鼻プラコードと下垂体プラコードの発生位置や神経堤細胞の移動様式が違うためと考えられています（Shigetani *et al*., 2002）．

第 11 章 神経回路

Q 本書を通して，いろいろな動物がいて，いろいろな脳の形があることがよくわかりました．それぞれの種は，それぞれにうまくできていると思いました．それでも絶滅することがあるのは，環境が急に大きく変わったときに，ついていけない場合と考えていいのでしょうか．

A 生物はその生息環境に適応するように進化しているため，いかに優れた形質を進化させたとしても，棲んでいる環境が大きく変われば絶滅してしまうでしょう．

おわりに

　脳の進化でも他の形態進化と同じく，自然選択や中立変異，遺伝的浮動がその進化の原動力となってきたと考えられます．進化発生学的な視点で眺めると，脳進化を促した原因は，まず第1に系統進化の過程で何度か生じた全ゲノム重複により，使用可能な「遺伝子素材」の数が増えたことが挙げられます．その結果として，転写調節因子やシグナル分子など，形態形成制御を担うタンパク質をコードする遺伝子の数が増え，また，新たな発現領域を獲得したことで新規の形質が進化した可能性が高いでしょう．それらのいくつかが脳進化における鍵革新につながってきたと考えられます．ただし，顎口類の脳に存在する制御遺伝子の多くについて，その相同物（オーソログ）がホヤ，ナメクジウオ，ギボシムシ，さらにはショウジョウバエにも存在しており，脳形成にかかわるオーガナイザー領域がこれらの動物で見い出されることから，脊椎動物の脳はその共通祖先の段階で，現在でも使われているシステムの多くを脊索動物から引き継いでいたと考えられます．それらの多くは，「深い相同性（deep homology）」という名称で呼ばれるようになってきたシステムの中に見い出すことができるでしょう．このように，新規に獲得された発生機構と，古くから高度に保存されてきた機構によって脳がつくられることにより，脊椎動物の脳は保守性と多様性の両面を備えた興味深いシステムとなったと考えられます（図）．

　おそらく，脊椎動物の脳の基本型は，脊椎動物の共通祖先の段階で確立されたのでしょう．その後，脊椎動物の進化の過程で，脳をつくる発生機構がさまざまな系統ごとに異なる淘汰圧を受けた結果，その系統で独自の脳システムが進化したと考えられます．哺乳類に見られる脳の大型化や，新皮質の進化がそれにあたるでしょう．そして，我々ヒトでは他に類を見ない「自意識」のよう

おわりに

なものが生じたと考えられます．このように，ヒトの脳は脳進化の極致として捉えられていますが，動物全体の生存戦略としては，巨大な脳を進化させることが必ずしも生物の生存にとって有利であったかどうかはわかりません．脳の巨大化を成し得た系統は，そのトレードオフとして脳の形成や維持にかかるコストで，適応度を低下させてきたかもしれないのです．実際，脊椎動物の系統で最も種類数が多いのは魚類ですが，これらの動物の脳はヒトとは違う進化戦略をとっていることは本書で紹介してきたとおりです．

また，形態変化には制約（発生拘束）もあります．生物は発生拘束の枠組みの中で進化をせねばならず，その壁を越えて形態変化をすることは不可能に見えます．今後，齧歯目や霊長目で得られるめざましい成果を横目で見つつ，ヌタウナギやモルミルス類やクジラ類など，極めて変わった脳をもつ動物の発生を解析することで，脳の進化についてより興味深い洞察が得られると期待されます．

おわりに

脊椎動物の脳の進化

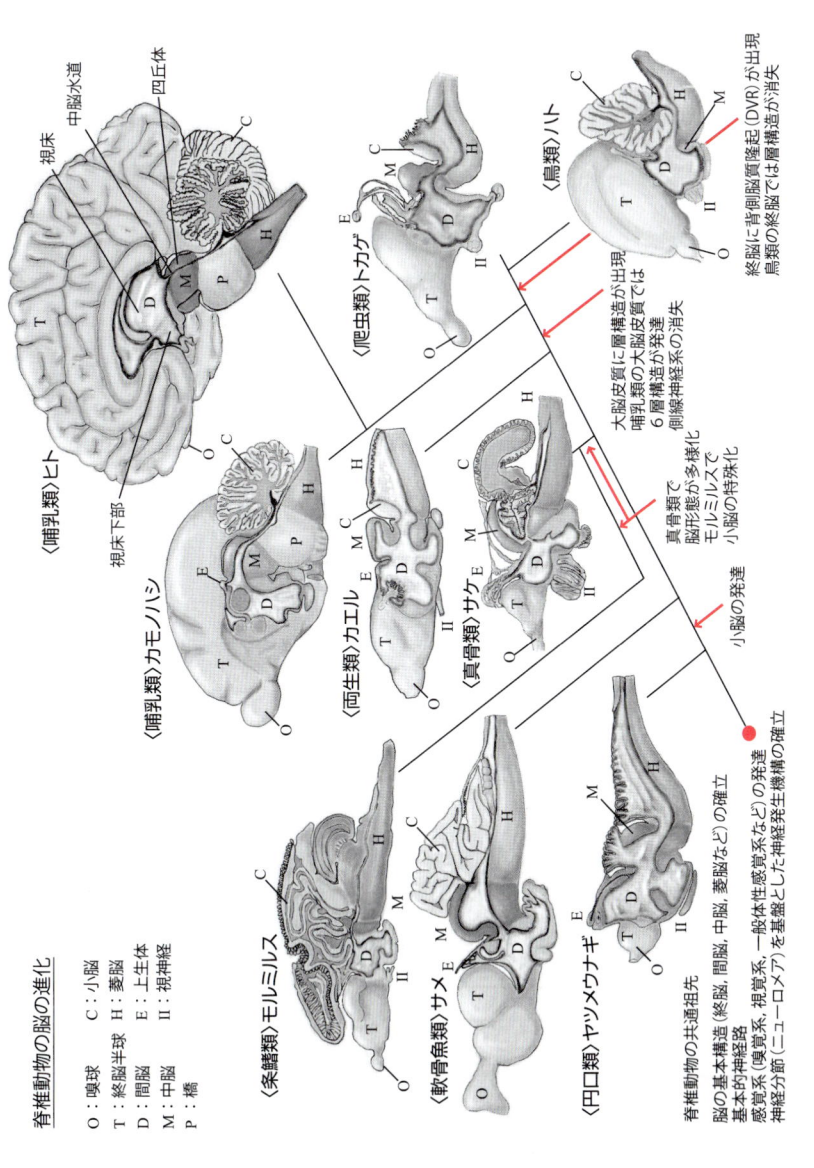

O：嗅球　C：小脳　H：菱脳
T：終脳半球　E：上生体
D：間脳　II：視神経
M：中脳
P：橋

〈哺乳類〉ヒト
視床
中脳水道
四丘体
視床下部

〈哺乳類〉カモノハシ

〈条鰭類〉モルミルス

〈軟骨魚類〉サメ

〈円口類〉ヤツメウナギ

〈爬虫類〉トカゲ

〈両生類〉カエル

〈真骨類〉サケ

〈鳥類〉ハト

終脳に背側脳質隆起（DVR）が出現
鳥類の終脳では層構造が消失

大脳皮質に層構造が出現
哺乳類の大脳皮質は発達
6層構造が発達
側線神経系の消失

真骨類で
脳形態が多様化
モルミルスで
小脳の特殊化

小脳の発達

脊椎動物の共通祖先
脳の基本構造（終脳，間脳，中脳，菱脳など）の発達
基本的神経回路
感覚系（嗅覚系，視覚系，一般体性感覚系など）の発達
神経分節（ニューロメア）を基盤とした神経発生機構の確立

図　脊椎動物の脳の進化過程の概略

257

引用文献

Abellan A, Menuet A, Dehay C, Medina L, Retaux S (2010) Differential expression of LIM-homeodomain factors in Cajal-Retzius cells of primates, rodents, and birds. *Cereb Cortex* **20**, 1788-1798.

Abi-Rached L, Gilles A, Shiina T, Pontarotti P, Inoko H (2002) Evidence of en bloc duplication in vertebrate genomes. *Nat Genet* **31**, 100-105.

Able KP (1994) Magnetic orientation and magnetoreception in birds. *Prog Neurobiol* **42**, 449-473.

Aboitiz F, Montiel J (2003) One hundred million years of interhemispheric communication: the history of the corpus callosum. *Braz J Med Biol Res* **36**, 409-420.

Agata K, Umesono Y (2008) Brain regeneration from pluripotent stem cells in planarian. *Philos Trans R Soc Lond B Biol Sci* **363**, 2071-2078.

Aguinaldo AM, Turbeville JM, Linford LS, Rivera MC, Garey JR, Raff RA, Lake JA (1997) Evidence for a clade of nematodes, arthropods and other moulting animals. *Nature* **387**, 489-493.

Amemiya CT, Alfoldi J, Lee AP, Fan S, Philippe H, Maccallum I, et al. (2013) The African coelacanth genome provides insights into tetrapod evolution. *Nature* **496**, 311-316.

Anadon R, De Miguel E, Gonzalez-Fuentes MJ, Rodicio C (1989) HRP study of the central components of the trigeminal nerve in the larval sea lamprey: organization and homology of the primary medullary and spinal nucleus of the trigeminus. *J Comp Neurol* **283**, 602-610.

Anderson RB, Key B (1999) Novel guidance cues during neuronal pathfinding in the early scaffold of axon tracts in the rostral brain. *Development* **126**, 1859-1868.

Anthony TE, Klein C, Fishell G, Heintz N (2004) Radial glia serve as neuronal progenitors in all regions of the central nervous system. *Neuron* 41, 881-890.

Apesteguia S, Zaher H (2006) A Cretaceous terrestrial snake with robust hindlimbs and a sacrum. *Nature* **440**, 1037-1040.

Ari C, Kalman M (2008) Glial architecture of the ghost shark (Callorhinchus milii, Holocephali, Chondrichthyes) as revealed by different immunohistochemical markers. *J Exp Zool B Mol Dev Evol* **310**, 504-519.

Ashwell KW, Watson CR (1983) The development of facial motoneurones in the mouse--neuronal death and the innervation of the facial muscles. *J Embryol Exp Morphol* **77**, 117-141.

引用文献

Auclair F, Valdes N, Marchand R (1996) Rhombomere-specific origin of branchial and visceral motoneurons of the facial nerve in the rat embryo. *J Comp Neurol* **369**, 451-461.

Azevedo FA, Carvalho LR, Grinberg LT, Farfel JM, Ferretti RE, Leite RE, et al. (2009) Equal numbers of neuronal and nonneuronal cells make the human brain an isometrically scaled-up primate brain. *J Comp Neurol* **513**, 532-541.

Bachy I, Vernier P, Retaux S (2001) The LIM-homeodomain gene family in the developing Xenopus brain: conservation and divergences with the mouse related to the evolution of the forebrain. *J Neurosci* **21**, 7620-7629.

Bagri A, Marin O, Plump AS, Mak J, Pleasure SJ, Rubenstein JL, Tessier-Lavigne M (2002) Slit proteins prevent midline crossing and determine the dorsoventral position of major axonal pathways in the mammalian forebrain. *Neuron* **33**, 233-248.

Balanoff AM, Bever GS, Rowe TB, Norell MA (2013) Evolutionary origins of the avian brain. *Nature* **501**, 93-96.

Balter M (2013) Paleontology. The ears have it: first snakes were burrowers, not swimmers. *Science* **342**, 683.

Barreiro-Iglesias A, Villar-Cheda B, Abalo XM, Anadon R, Rodicio MC (2008) The early scaffold of axon tracts in the brain of a primitive vertebrate, the sea lamprey. *Brain Res Bull* **75**, 42-52.

バリー・コックス，RJG サヴェージ，ブライアン・ガーディナー，ドゥーガル・ディクソン 著，岡崎淳子 訳（1993）『恐竜・絶滅動物図鑑』大日本絵画

Bass A, Baker R (1991) Evolution of homologous vocal control traits. *Brain Behav Evol* **38**, 240-254.

Bass AH, Gilland EH, Baker R (2008) Evolutionary origins for social vocalization in a vertebrate hindbrain-spinal compartment. *Science* **321**, 417-421.

Beason R, Semm P (1996) Does the avian ophthalmic nerve carry magnetic navigational information? *J Exp Biol* **199**, 241-1244.

Beccari L, Marco-Ferreres R, Bovolenta P (2013) The logic of gene regulatory networks in early vertebrate forebrain patterning. *Mech Dev* **130**, 95-111.

Berner RA, Vandenbrooks JM, Ward PD (2007) Evolution. Oxygen and evolution. *Science* **316**, 557-558.

Bernier B, Bar I, D'Arcangelo G, Curran T, Goffinet AM (2000) Reelin mRNA expression during embryonic brain development in the chick. *J Comp Neurol* **422**, 448-463.

Bernier B, Bar I, Pieau C, Lambert De Rouvroit C, Goffinet AM (1999) Reelin mRNA expression during embryonic brain development in the turtle Emys orbicularis. *J Comp Neurol* **413**, 463-479.

Betancur P, Bronner-Fraser M, Sauka-Spengler T (2010) Assembling neural crest regulatory circuits into a gene regulatory network. *Annu Rev Cell Dev Biol* **26**, 581-603.

バークヘッド T 著，沼田由起子 訳（2013）『鳥たちの驚異的な感覚世界』河出書房新社

Bonini L, Ferrari PF (2011) Evolution of mirror systems: a simple mechanism for complex cognitive functions. *Ann N Y Acad Sci* **1225**, 166-175.

Borrell V, Reillo I (2012) Emerging roles of neural stem cells in cerebral cortex development and evolution. *Dev Neurobiol* **72**, 955-971.

Braisted JE, Tuttle R, O'leary DDM (1999) Thalamocortical axons are influenced by chemorepellent and chemoattractant activities localized to decision points along their path. *Dev Biol* **208**, 430-440.

Braisted JE, Catalano SM, Stimac R, Kennedy TE, Tessier-Lavigne M, Shatz CJ, O'Leary DDM (2000) Netrin-1 promotes thalamic axon growth and is required for proper development of the thalamocortical projection. *J Neurosc.* **20**, 5792-5801.

Britanova O, de Juan Romero C, Cheung A, Kwan KY, Schwark M, Gyorgy A, et al. (2008) Satb2 is a postmitotic determinant for upper-layer neuron specification in the neocortex. *Neuron* **57**, 378-392.

Broccoli V, Boncinelli E, Wurst W (1999) The caudal limit of Otx2 expression positions the isthmic organizer. *Nature* **401**, 164-168.

Bruce, LL (2007) *Evolution of Nervous Systems* (eds. Kaas JH, Bullock TH). Academic Press, 125-156.

Butler AB (1994) The evolution of the dorsal pallium in the telencephalon of amniotes: cladistic analysis and a new hypothesis. *Brain Res Brain Res Rev* **19**, 66-101.

Butler AB, Hodos W (2005) *Comparative vertebate neuroanatomy evolution and adaptation 2nd Ed.* Wiley.

Butti C, Raghanti MA, Sherwood CC, Hof PR (2011) The neocortex of cetaceans: cytoarchitecture and comparison with other aquatic and terrestrial species. *Ann N Y Acad Sci* **1225**, 47-58.

Butts T, Modrell MS, Baker CV, Wingate RJ (2014) The evolution of the vertebrate cerebellum: absence of a proliferative external granular layer in a non-teleost ray-finned fish. *Evol Dev* **16**, 92-100.

Carlson BA, Hasan SM, Hollmann M, Miller DB, Harmon LJ, Arnegard ME (2011) Brain evolution triggers increased diversification of electric fishes. *Science* **332**, 583-586.

Caron JB, Morris SC, Cameron CB (2013) Tubicolous enteropneusts from the Cambrian period. *Nature* **495**, 503-506.

Carrera I, Ferreiro-Galve S, Sueiro C, Anadon R, Rodriguez-Moldes I (2008) Tangentially migrating GABAergic cells of subpallial origin invade massively the pallium in developing sharks. *Brain Res Bull* **75**, 405-409.

Carroll CB, Grenier JK, Weatherbee SD (2004) *From DNA to Diversity: Molecular Genetics and the Evolution of Animal Design.* Blackwell Science.

Carroll SB (2008) Evo-devo and an expanding evolutionary synthesis: a genetic theory of morphological evolution. *Cell* **134**, 25-36.

Castoe TA, de Koning AP, Hall KT, Card DC, Schield DR, Fujita MK, et al. (2013) The

Burmese python genome reveals the molecular basis for extreme adaptation in snakes. *Proc Natl Acad Sci U S A* **110**, 20645-20650.

Catania KC (2011) The brain and behavior of the tentacled snake. *Ann N Y Acad Sci* **1225**, 83-89.

Catania KC, Kaas JH (1995) Organization of the somatosensory cortex of the star-nosed mole. *J Comp Neurol* **351**, 549-567.

Catania KC, Henry EC (2006) Touching on somatosensory specializations in mammals. *Curr Opin Neurobiol* **16**, 467-473.

Chang S, Chung-Davidson YW, Libants SV, Nanlohy KG, Kiupel M, Brown CT, et al. (2013) The sea lamprey has a primordial accessory olfactory system. *BMC Evol Biol* **13**, 172.

Charvet CJ, Owerkowicz T, Striedter GF (2009) Phylogeny of the telencephalic subventricular zone in sauropsids: evidence for the sequential evolution of pallial and subpallial subventricular zones. *Brain Behav Evol* **9**, 285-294.

Chitnis AB, Kuwada JY (1990) Axonogenesis in the brain of zebrafish embryos. *J Neurosci* **10**, 1892-1905.

Clack JA (2002) *Gaining Ground: The Origin and Evolution of Tetrapods.* Indiana University Press.

Clarke JD, Lumsden A (1993) Segmental repetition of neuronal phenotype sets in the chick embryo hindbrain. *Development* **118**, 151-162.

Cong P, Ma X, Hou X, Edgecombe GD, Strausfeld NJ (2014) Brain structure resolves the segmental affinity of anomalocaridid appendages. *Nature* **513**, 538-542.

Cooke J, Moens C, Roth L, Durbin L, Shiomi K, Brennan C, et al. (2001) Eph signalling functions downstream of Val to regulate cell sorting and boundary formation in the caudal hindbrain. *Development* **128**, 571-580.

Crish SD, Comer CM, Marasco PD, Catania KC (2003) Somatosensation in the superior colliculus of the star-nosed mole. *J Comp Neurol* **464**, 415-425.

Crow KD, Smith CD, Cheng JF, Wagner GP, Amemiya CT (2012) An independent genome duplication inferred from Hox paralogs in the American paddlefish--a representative basal ray-finned fish and important comparative reference. *Genome Biol Evol* **4**, 937-953.

Czech-Damal NU, Liebschner A, Miersch L, Klauer G, Hanke FD, Marshall C, et al. (2012) Electroreception in the Guiana dolphin (Sotalia guianensis). *Proc Biol Sci* **279**, 663-668.

Dann JF, Buhl EH (1995) Patterns of connectivity in the neocortex of the echidna (Tachyglossus aculeatus). *Cereb Cortex* **5**, 363-373.

D'Arcangelo G, Miao GG, Chen SC, Soares HD, Morgan JI, Curran T (1995) A protein related to extracellular matrix proteins deleted in the mouse mutant reeler. *Nature* **374**, 719-723.

Davis SP, Finarelli JA, Coates MI (2012) Acanthodes and shark-like conditions in the last common ancestor of modern gnathostomes. *Nature* **486**, 247-250.

Dehal P, Satou Y, Campbell RK, Chapman J, Degnan B, De Tomaso A, *et al.* (2002) The draft genome of Ciona intestinalis: insights into chordate and vertebrate origins. *Science* **298**, 2157-2167.

De Robertis EM, Sasai Y (1996) A common plan for dorsoventral patterning in Bilateria. *Nature* **380**, 37-40.

Devine CA, Key B (2008) Robo-Slit interactions regulate longitudinal axon pathfinding in the embryonic vertebrate brain. *Dev Biol* **313**, 371-383.

Diaz-Regueira S, Anadon R (2000) Calretinin expression in specific neuronal systems in the brain of an advanced teleost, the grey mullet (Chelon labrosus). *J Comp Neurol* **426**, 81-105.

Dicke U, Roth G (2007) Evolution of the Amphibian Nervous System. In: *Evolution of nervous systems, Vol. 2* (ed. Kaas JH). Academic Press, 61-124.

Dickson BJ (2002) Molecular mechanisms of axon guidance. *Science* **298**, 1959-1964.

Diebel CE, Proksch R, Green CR, Neilson P, Walker MM (2000) Magnetite defines a vertebrate magnetoreceptor. *Nature* **406**, 299-302.

Ding YQ, Yin J, Xu HM, Jacquin MF, Chen ZF (2003) Formation of whisker-related principal sensory nucleus-based lemniscal pathway requires a paired homeodomain transcription factor, *Drg11*. *J Neurosci* **23**, 7246-7254.

Doetsch F, Caille I, Lim DA, Garcia-Verdugo JM, Alvarez-Buylla A (1999) Subventricular zone astrocytes are neural stem cells in the adult mammalian brain. *Cell* **97**, 703-716.

Doldan MJ, Prego B, Holmqvist B, Helvik JV, de Miguel E (2000) Emergence of axonal tracts in the developing brain of the turbot (Psetta maxima). *Brain Behav Evol* **56**, 300-309.

Donoghue PC, Benton MJ (2007) Rocks and clocks: calibrating the Tree of Life using fossils and molecules. *Trends Ecol Evol* **22**, 424-431.

Dubbeldam JL (1984) Brainstem mechanisms for feeding in birds: interaction or plasticity. A functional-anatomical consideration of the pathways. *Brain Behav Evol* **25**, 85-98.

Dugas-Ford J, Rowell JJ, Ragsdale CW (2012) Cell-type homologies and the origins of the neocortex. *Proc Natl Acad Sci U S A* **109**, 16974-16979.

Dunn CW, Hejnol A, Matus DQ, Pang K, Browne WE, Smith SA, *et al.* (2008) Broad phylogenomic sampling improves resolution of the animal tree of life. *Nature* **452**, 745-749.

Dupret V, Sanchez S, Goujet D, Tafforeau P, Ahlberg PE (2014) A primitive placoderm sheds light on the origin of the jawed vertebrate face. *Nature* **507**, 500-503.

Dupret V, Sanchez S, Goujet D, Tafforeau P, Ahlberg PE (2014) MON PUSHLIVE TEST A primitive placoderm sheds light on the origin of the jawed vertebrate face. *Nature*.

Easter SS, Jr., Ross LS, Frankfurter A (1993) Initial tract formation in the mouse brain. *J Neurosci* **13**, 285-299.

Echelard Y, Epstein DJ, St-Jacques B, Shen L, Mohler J, McMahon JA, McMahon AP (1993) Sonic hedgehog, a member of a family of putative signaling molecules, is implicated in

the regulation of CNS polarity. *Cell* **75**, 1417-1430.
Eckert R, Shibaoka T (1967) Bioelectric regulation of tentacle movement in a dinoflagellate. *J Exp Biol* **47**, 433-446.
Echevarria D, Vieira C, Gimeno L, Martinez S (2003) Neuroepithelial secondary organizers and cell fate specification in the developing brain. *Brain Res Brain Res Rev* **43**, 179-191.
Eisthen HL, Polese G (2007) *Evolution of Nervous Systems* (eds. Kaas JH, Bullock TH). Academic Press, 356-406.
Enard W, Gehre S, Hammerschmidt K, Holter SM, Blass T, Somel M, Bruckner MK, et al. (2009) A humanized version of Foxp2 affects cortico-basal ganglia circuits in mice. *Cell* **137**, 961-971.
Engelkamp D, Rashbass P, Seawright A, van Heyningen V (1999) Role of Pax6 in development of the cerebellar system. *Development* **126**, 3585-3596.
Erzurumlu RS, Murakami Y, Rijli FM (2010) Mapping the face in the somatosensory brainstem. *Nat Rev Neurosci* **11**, 252-263.
ファーブル 著, 山田吉彦・林 達夫 訳 (1987)『昆虫記』岩波書店
Farago AF, Awatramani RB, Dymecki SM (2006) Assembly of the brainstem cochlear nuclear complex is revealed by intersectional and subtractive genetic fate maps. *Neuron* **50**, 205-218.
Ferran JL, Sanchez-Arrones L, Sandoval JE, Puelles L (2007) A model of early molecular regionalization in the chicken embryonic pretectum. *J Comp Neurol* **505**, 379-403.
Field DJ, Gauthier JA, King BL, Pisani D, Lyson TR, Peterson KJ (2014) Toward consilience in reptile phylogeny: miRNAs support an archosaur, not lepidosaur, affinity for turtles. *Evol Dev* **16**, 189-196.
Fietz SA, Huttner WB (2011) Cortical progenitor expansion, self-renewal and neurogenesis-a polarized perspective. *Curr Opin Neurobiol* **21**, 23-35.
Finger TE (2000) Ascending spinal systems in the fish, Prionotus carolinus. *J Comp Neurol* **422**, 106-122.
Finger TE, Kalil K (1985) Organization of motoneuronal pools in the rostral spinal cord of the sea robin, Prionotus carolinus. *J Comp Neurol* **239**, 384-390.
Flanagan JG (2006) Neural map specification by gradients. *Curr Opi Neurobiol* **16**, 59-66.
Frey E, Sues H-D, Munk W (1997) Gliding mechanism in the late Permian reptile Coelurosauravus, *Science* **275**, 1450-1452.
Fukuchi-Shimogori T, Grove EA (2001) Neocortex patterning by the secreted signaling molecule FGF8. *Science* **294**, 1071-1074.
Gai Z, Donoghue PC, Zhu M, Janvier P, Stampanoni M (2011) Fossil jawless fish from China foreshadows early jawed vertebrate anatomy. *Nature* **476**, 324-327.
Ganz J, Kaslin J, Freudenreich D, Machate A, Geffarth M, Brand M (2012) Subdivisions of the adult zebrafish subpallium by molecular marker analysis. *J Comp Neurol* **520**, 633-655.

Garel S, Garcia-Dominguez M, Charnay P (2000) Control of the migratory pathway of facial branchiomotor neurones. *Development* **127**, 5297-5307.

Gaufo GO, Wu S, Capecchi MR (2004) Contribution of Hox genes to the diversity of the hindbrain sensory system. *Development* **131**, 1259-1266.

Gegenbaur (1901) *Vergleichende anatomie der wirbelthiere*. Kimura Buchhandlung.

Gehring WJ (1996) The master control gene for morphogenesis and evolution of the eye. *Genes Cells* **1**, 11-15.

Geisen MJ, Di Meglio T, Pasqualetti M, Ducret S, Brunet JF, Chedotal A, et al. (2008) Hox paralog group 2 genes control the migration of mouse pontine neurons through slit-robo signaling. *PLoS Biol* **6**, e142.

Gess RW, Coates MI, Rubidge BS (2006) A lamprey from the Devonian period of South Africa. *Nature* **443**, 981-984.

Gilland E, Baker R (1993) Conservation of neuroepithelial and mesodermal segments in the embryonic vertebrate head. *Acta Anat (Basel)* **148**, 110-123.

Goffinet AM, Bar I, Bernier B, Trujillo C, Raynaud A, Meyer G (1999) Reelin expression during embryonic brain development in lacertilian lizards. *J Comp Neurol* **414**, 533-550.

Gonzalez A, Morona R, Lopez JM, Moreno N, Northcutt RG (2010) Lungfishes, like tetrapods, possess a vomeronasal system. *Front Neuroanat* **4**.

Gorbman A, Nozaki M, Kubokawa K (1999) A brain-Hatschek's pit connection in amphioxus. *Gen Comp Endocrinol* **113**, 251-254.

Gracheva EO, Cordero-Morales JF, Gonzalez-Carcacia JA, Ingolia NT, Manno C, Aranguren CI, et al. (2011) Ganglion-specific splicing of TRPV1 underlies infrared sensation in vampire bats. *Nature* **476**, 88-91.

Granger EM, Masterton RB, Glendenning KK (1985) Origin of interhemispheric fibers in acallosal opossum (with a comparison to callosal origins in rat). *J Comp Neurol* **241**, 82-98.

Hanashima C, Shen L, Li SC, Lai E (2002) Brain factor-1 controls the proliferation and differentiation of neocortical progenitor cells through independent mechanisms. *J Neurosci* **22**, 6526-6536.

Hanneman E, Trevarrow B, Metcalfe WK, Kimmel CB, Westerfield M (1988) Segmental pattern of development of the hindbrain and spinal cord of the zebrafish embryo. *Development* **103**, 49-58.

Hanström B (1928) *Vergleichende anatomie des nervensystems der wirbellosen tiere*. Springer.

Hashimoto M, Hibi M (2012) Development and evolution of cerebellar neural circuits. *Dev Growth Differ* **54**, 373-389.

He Z, Koprivica V (2004) The Nogo signaling pathway for regeneration block. *Annu Rev Neurosci* **27**, 341-368.

Hildebrand M (1995) *Analysis of Vertebrate Structure*. John Wiley.

Hocking JC, Hehr CL, Bertolesi GE, Wu JY, McFarlane S (2010) Distinct roles for Robo2 in the regulation of axon and dendrite growth by retinal ganglion cells. *Mech Dev* **127**, 36-48.

Hodge LK, Klassen MP, Han BX, Yiu G, Hurrell J, Howell A, et al. (2007) Retrograde BMP signaling regulates trigeminal sensory neuron identities and the formation of precise face maps. *Neuron* **55**, 572-586.

Holland LZ (2013) Evolution of new characters after whole genome duplications: insights from amphioxus. *Semin Cell Dev Biol* **24**, 101-109.

Hubel DH, Wiesel TN (1979) Brain mechanisms of vision. *Sci Am* **241**, 150-162.

Huber AB, Kania A, Tran TS, Gu C, De Marco Garcia N, et al. (2005) Distinct roles for secreted semaphorin signaling in spinal motor axon guidance. *Neuron* **48**, 949-964.

Huber R, van Staaden MJ, Kaufman LS, Liem KF (1997) Microhabitat use, trophic patterns, and the evolution of brain structure in African cichlids. *Brain Behav Evol* **50**, 167-182.

Hunter J (1861) *Essays and observations on natural history, anatomy, physiology, and geology*. Van Voorst.

Hunt P, Gulisano M, Cook M, Sham MH, Faiella A, Wilkinson D, et al. (1991) A distinct Hox code for the branchial region of the vertebrate head. *Nature* **353**, 861-864.

Imai KS, Satoh N, Satou Y (2002) Region specific gene expressions in the central nervous system of the ascidian embryo. *Mech Dev* **119**, Suppl 1, S275-277.

Irie N, Kuratani S (2011) Comparative transcriptome analysis reveals vertebrate phylotypic period during organogenesis. *Nat Commun* **2**, 248.

伊藤博信・吉本正美（1991）「神経系」『魚類生理学』（板沢靖男・羽生 功 編）恒星社厚生閣, 363-402.

Ishikawa Y, Kage T, Yamamoto N, Yoshimoto M, Yasuda T, Matsumoto A, et al. (2004) Axonogenesis in the medaka embryonic brain. *J Comp Neurol* **476**, 240-253.

Jacobs JR, Goodman CS (1989) Embryonic development of axon pathways in the Drosophila CNS. II. Behavior of pioneer growth cones. *J Neurosci* **9**, 2412-2422.

Jacobson M (1991) *Developmental neurobiology*. Plenum press.

Janvier P (2002) *Early vertebrates*. Oxford University Press.

Jarvis ED (2007) *Evolution of Nervous Systems* (eds. Kaas, JH, Bullock TH), Academic Press, 214-227.

Jarvis ED, Yu J, Rivas MV, Horita H, Feenders G, Whitney O, et al. (2013) Global view of the functional molecular organization of the avian cerebrum: mirror images and functional columns. *J Comp Neurol* **521**, 3614-3665.

Jeffery WR, Strickler AG, Yamamoto Y (2004) Migratory neural crest-like cells form body pigmentation in a urochordate embryo. *Nature* **431**, 696-699.

Jerison HJ (1985) Animal intelligence as encephalization. *Philos Trans R Soc Lond B Biol Sci* **308**, 21-35.

Johnston JB (1906) *The nervous system of vertebrates*. The Maple Press.

Jorgensen JM, Shichiri M, Genese FA (1998) Morphology of the hagfish inner ear. *Acta Zoologica* **79**, 251-256.

Kahle W 著, 長島聖司・岩堀修明 訳 (2003) 『分冊解剖学アトラス 3』文光堂

Katahira T, Sato T, Sugiyama S, Okafuji T, Araki I, Funahashi J, Nakamura H (2000) Interaction between Otx2 and Gbx2 defines the organizing center for the optic tectum. *Mech Dev* **91**, 43-52.

Kardong KV (2006) *Vertebrates: omparative anatomy, function, evolution, fourth edition.* McGraw-Hill.

Kato T, Yamada Y, Yamamoto N (2012) Ascending gustatory pathways to the telencephalon in goldfish. *J Comp Neurol* **520**, 2475-2499.

Kawakami Y, Esteban CR, Matsui T, Rodriguez-Leon J, Kato S, Izpisua Belmonte JC (2004) Sp8 and Sp9, two closely related buttonhead-like transcription factors, regulate Fgf8 expression and limb outgrowth in vertebrate embryos. *Development* **131**, 4763-4774.

Kennedy TE, Serafini T, de la Torre JR, Tessier-Lavigne M (1994) Netrins are diffusible chemotropic factors for commissural axons in the embryonic spinal cord. *Cell* **78**, 425-435.

Kiecker C, Lumsden A (2005) Compartments and their boundaries in vertebrate brain development. *Nat Rev Neurosci* **6**, 553-564.

Kimmel CB, Sepich DS, Trevarrow B (1988) Development of segmentation in zebrafish. *Development* **104** Suppl, 197-207.

Kimura S, Hara Y, Pineau T, Fernandez-Salguero P, Fox CH, Ward JM, *et al.* (1996) The T/ebp null mouse: thyroid-specific enhancer-binding protein is essential for the organogenesis of the thyroid, lung, ventral forebrain, and pituitary. *Genes Dev* **10**, 60-69.

Kishida R, Goris RC, Nishizawa H, Koyama H, Kadota T, Amemiya F (1987) Primary neurons of the lateral line nerves and their central projections in hagfishes. *J Comp Neurol* **264**, 303-310.

Kishida R, Goris RC, Terashima S, Dubbeldam JL (1984) A suspected infrared-recipient nucleus in the brainstem of the vampire bat, Desmodus rotundus. *Brain Res* **322**, 351-355.

北野宏明・竹内 薫 (2007) 『したたかな生命』ダイアモンド社

Kitsukawa T, Shimizu M, Sanbo M, Hirata T, Taniguchi M, Bekku Y, *et al.* (1997) Neuropilin-semaphorin III/D-mediated chemorepulsive signals play a crucial role in peripheral nerve projection in mice. *Neuron* **19**, 995-1005.

清原貞夫・桐野正人 (2009) 「魚の味覚と摂餌行動」『さまざまな神経系をもつ動物たち』(小泉 修 編) 共立出版, 192-215.

Kiyohara S, Caprio J (1996) Somatotopic organization of the facial lobe of the sea catfish Arius felis studied by transganglionic transport of horseradish peroxidase. *J Comp Neurol* **368**, 121-135.

Kiyohara S, Sakata Y, Yoshitomi T, Tsukahara J (2002) The 'goatee' of goatfish: innervation of taste buds in the barbels and their representation in the brain. *Proc Biol Sci* **269**, 1773-1780.

Kizil C, Kaslin J, Kroehne V, Brand M (2012) Adult neurogenesis and brain regeneration in zebrafish. *Dev Neurobiol* **72**, 429-461.

Kobayakawa K, Kobayakawa R, Matsumoto H, Oka Y, Imai T, Ikawa M, et al. (2007) Innate versus learned odour processing in the mouse olfactory bulb. *Nature* **450**, 503-508.

Kobayashi H, Kawauchi D, Hashimoto Y, Ogata T, Murakami F (2013) The control of precerebellar neuron migration by RNA-binding protein Csde1. *Neuroscience* **253**, 292-303.

Konishi M (2006) Behavioral guides for sensory neurophysiology. *J Comp Physiol A Neuroethol Sens Neural Behav Physiol* **192**, 671-676.

Kornack DR, Rakic P (1998) Changes in cell-cycle kinetics during the development and evolution of primate neocortex. *Proc Natl Acad Sci U S A* **95**, 1242-1246.

Kozmik Z, Holland LZ, Schubert M, Lacalli TC, Kreslova J, Vlcek C, et al. (2001) Characterization of Amphioxus AmphiVent, an evolutionarily conserved marker for chordate ventral mesoderm. *Genesis* **29**, 172-179.

Krubitzer L (1998) What can monotremes tell us about brain evolution? *Philos Trans R Soc Lond B Biol Sci* **353**, 1127-1146.

Krubitzer L, Kahn DM (2003) Nature versus nurture revisited: an old idea with a new twist. *Prog Neurobiol* **70**, 33-52.

Krubitzer L, Hunt DL (2007) *Evolution of Nervous Systems* (eds. Kaas JH, Krubitzer L). Academic Press, 49-72.

Krumlauf R, Hunt P, Sham MH, Whiting J, Nonchev S, Marshall H, et al. (1993) Hox genes: a molecular code for patterning regional diversity in the nervous system and branchial structures. *Restor Neurol Neurosci* **5**, 10-12.

Kumamoto T, Toma K, Gunadi, McKenna WL, Kasukawa T, Katzman S, et al. (2013) Foxg1 coordinates the switch from nonradially to radially migrating glutamatergic subtypes in the neocortex through spatiotemporal repression. *Cell Rep* **3**, 931-945.

Kuratani S, Horigome N (2000) Developmental morphology of branchiomeric nerves in a cat shark, Scyliorhinus torazame, with special reference to rhombomeres, cephalic mesoderm, and distribution patterns of cephalic crest cells. *Zoological Science* **17**, 893-909.

日下部岳広（2009）「ホヤの神経系と行動」『さまざまな神経系をもつ動物たち』（小泉 修 編）共立出版, 168-191.

Kusunoki T, Amemiya F (1983) Retinal projections in the hagfish, Eptatretus burgeri. *Brain Res* **262**, 295-298.

Laberge F, Muhlenbrock-Lenter S, Dicke U, Roth G (2008) Thalamo-telencephalic pathways in the fire-bellied toad Bombina orientalis. *J Comp Neurol* **508**, 806-823.

Lai CS, Fisher SE, Hurst JA, Vargha-Khadem F, Monaco AP (2001) A forkhead-domain gene is mutated in a severe speech and language disorder. *Nature* **413**, 519-523.

Lance-Jones C, Landmesser L (1980) Motoneurone projection patterns in the chick hind limb following early partial reversals of the spinal cord. *J Physiol* **302**, 581-602.

Lance-Jones C, Landmesser L (1981) Pathway selection by embryonic chick motoneurons in an experimentally altered environment. *Proc R Soc Lond B Biol Sci* **214**, 19-52.

Lannoo MJ, Hawkes R (1997) A search for primitive Purkinje cells: zebrin II expression in sea lampreys (Petromyzon marinus). *Neurosci Lett* **237**, 53-55.

Lee MS (2005) Molecular evidence and marine snake origins. *Biol Lett* **1**, 227-230.

Lee RK, Eaton RC, Zottoli SJ (1993) Segmental arrangement of reticulospinal neurons in the goldfish hindbrain. *J Comp Neurol* **329**, 539-556.

Li C, Wu XC, Rieppel O, Wang LT, Zhao LJ (2008) An ancestral turtle from the Late Triassic of southwestern China. *Nature* **456**, 497-501.

Liem KF, Bemis WE, Walker WF, Grande L (2001) The sense organs. In: *Functional Anatomy of the Vertebrates*. Harcourt College Publishers, 396-436.

Locy WA (1905) On a newly recognized nerve connected with the forebrain of selachians. *Anat Anz* **26**, 33–123.

Logan C, Wizenmann A, Drescher U, Monschau B, Bonhoeffer F, Lumsden A (1996) Rostral optic tectum acquires caudal characteristics following ectopic engrailed expression. *Curr Biol* **6**, 1006-1014.

Lopez-Bendito G, Flames N, Ma L, Fouquet C, Di Meglio T, Chedotal A, et al. (2007) Robo1 and Robo2 cooperate to control the guidance of major axonal tracts in the mammalian forebrain. *J Neurosci* **27**, 3395-3407.

Longrich NR, Bhullar BA, Gauthier JA (2012) A transitional snake from the Late Cretaceous period of North America. *Nature* **488**, 205-208.

Lopez-Garcia C, Molowny A, Martinez-Guijarro FJ, Blasco-Ibanez JM, Luis de la Iglesia JA, Bernabeu A, et al. (1992) Lesion and regeneration in the medial cerebral cortex of lizards. *Histol Histopathol* **7**, 725-746.

Love CE, Prince VE (2012) Expression and retinoic acid regulation of the zebrafish nr2f orphan nuclear receptor genes. *Dev Dyn* **241**, 1603-1615.

Lu B, Yang W, Dai Q, Fu J (2013) Using genes as characters and a parsimony analysis to explore the phylogenetic position of turtles. *PLoS One* **8**, e79348.

Lui JH, Hansen DV, Kriegstein AR (2011) Development and evolution of the human neocortex. *Cell* **146**, 18-36.

Lumsden A, Keynes R (1989) Segmental patterns of neuronal development in the chick hindbrain. *Nature* **337**, 424-428.

Lumsden A, Krumlauf R (1996) Patterning the vertebrate neuraxis. *Science* **274**, 1109-1115.

Lyon DC (2007) The evolution of visual cortex and visual systems. In: *Evolution of nervous systems*, Vol. 3 (ed. Kaas JH). Academic Press, 267-306.

引用文献

MacLean. PD (1990) *Triune brain in evolution. Role of paleocerebral functions*. Plenumpress.

Marin F, Puelles L (1995) Morphological fate of rhombomeres in quail/chick chimeras: a segmental analysis of hindbrain nuclei. *Eur J Neurosci* **7**, 1714-1738.

Marin O, Anderson SA, Rubenstein JL (2000) Origin and molecular specification of striatal interneurons. *J Neurosci* **20**, 6063-6076.

Marin O, Baker J, Puelles L, Rubenstein JLR (2002) Patterning of the basal telencephalon and hypothalamus is essential for guidance of cortical projections. *Development* **129**, 761-773.

Marino L (2007) Cetacean Brain Evolution. In: *Evolution of nervous systems, Vol. 3* (ed. Kaas JH). Academic Press, 261-266.

Martinez-Garcia F, Martinez-Marcos A, Lanuza E (2002) The pallial amygdala of amniote vertebrates: evolution of the concept, evolution of the structure. *Brain Res Bull* **57**, 463-469.

鳥居雅樹・深田吉孝 (2009)「時を刻む体内時計」『見える光, 見えない光』(寺北明久・蟻川謙太郎 編) 共立出版, 155-173.

Matsui A, Go Y, Niimura Y (2010) Degeneration of olfactory receptor gene repertories in primates: no direct link to full trichromatic vision. *Mol Biol Evol* **27**, 1192-1200.

Matsunaga E, Katahira T, Nakamura H (2002) Role of Lmx1b and Wnt1 in mesencephalon and metencephalon development. *Development* **129**, 5269-5277.

Mazet F, Hutt JA, Milloz J, Millard J, Graham A, Shimeld SM (2005) Molecular evidence from Ciona intestinalis for the evolutionary origin of vertebrate sensory placodes. *Dev Biol* **282**, 494-508.

McGowan LD, Alaama RA, Freise AC, Huang JC, Charvet CJ, Striedter GF (2012) Expansion, folding, and abnormal lamination of the chick optic tectum after intraventricular injections of FGF2. *Proc Natl Acad Sci U S A* **109**, Suppl 1, 10640-10646.

McLysaght A, Hokamp K, Wolfe KH (2002) Extensive genomic duplication during early chordate evolution. *Nat Genet* **31**, 200-204.

Medina L, Abellan A (2009) Development and evolution of the pallium. *Semin Cell Dev Biol* **20**, 698-711.

Medina L, Bupesh M, Abellan A (2011) Contribution of genoarchitecture to understanding forebrain evolution and development, with particular emphasis on the amygdala. *Brain Behav Evol* **78**, 216-236.

Mehta TK, Ravi V, Yamasaki S, Lee AP, Lian MM, Tay BH, *et al.* (2013) Evidence for at least six Hox clusters in the Japanese lamprey (Lethenteron japonicum). *Proc Natl Acad Sci U S A* **110**, 16044-16049.

Melendez-Ferro M, Perez-Costas E, Villar-Cheda B, Abalo XM, Rodriguez-Munoz R, Rodicio MC, *et al.* (2002) Ontogeny of gamma-aminobutyric acid-immunoreactive neuronal populations in the forebrain and midbrain of the sea lamprey. *J Comp Neurol* **446**, 360-376.

Mendelson B (1986) Development of reticulospinal neurons of the zebrafish. II. Early axonal outgrowth and cell body position. *J Comp Neurol* **251**, 172-184.

Merkle FT, Tramontin AD, Garcia-Verdugo JM, Alvarez-Buylla A (2004) Radial glia give rise to adult neural stem cells in the subventricular zone. *Proc Natl Acad Sci U S A* **101**, 17528-17532.

Metcalfe WK, Mendelson B, Kimmel CB (1986) Segmental homologies among reticulospinal neurons in the hindbrain of the zebrafish larva. *J Comp Neurol* **251**, 147-159.

Meyer A, Van de Peer Y (2005) From 2R to 3R: evidence for a fish-specific genome duplication (FSGD). *Bioessays* **27**, 937-945.

Milan FJ, Puelles L (2000) Patterns of calretinin, calbindin, and tyrosine-hydroxylase expression are consistent with the prosomeric map of the frog diencephalon. *J Comp Neurol* **419**, 96-121.

Milet C, Monsoro-Burq AH (2012) Neural crest induction at the neural plate border in vertebrates. *Dev Biol* **366**, 22-33.

Millet S, Campbell K, Epstein DJ, Losos K, Harris E, Joyner AL (1999) A role for Gbx2 in repression of Otx2 and positioning the mid/hindbrain organizer. *Nature* **401**, 161-164.

Misof B, Liu S, Meusemann K, Peters RS, Donath A, Mayer C, et al. (2014) Phylogenomics resolves the timing and pattern of insect evolution. *Science* **346**, 763-767.

Miyamoto N, Wada H (2013) Hemichordate neurulation and the origin of the neural tube. *Nat Commun* **4**, 2713.

Miyata T, Suga H (2001) Divergence pattern of animal gene families and relationship with the Cambrian explosion. *Bioessays* **23**, 1018-1027.

宮田卓樹・山本亘彦 編 (2013) 『脳の発生学』化学同人

水波 誠 (2006) 『昆虫-驚異の微小脳』中公新書

Modrell MS, Bemis WE, Northcutt RG, Davis MC, Baker CV (2011) Electrosensory ampullary organs are derived from lateral line placodes in bony fishes. *Nat Commun* **2**, 496.

Molenaar GJ (1974) An additional trigeminal system in certain snakes possessing infrared receptors. *Brain Res* **78**, 340-344.

Molnar Z, Metin C, Stoykova A, Tarabykin V, Price DJ, Francis F, et al. (2006) Comparative aspects of cerebral cortical development. *Eur J Neurosci* **23**, 921-934.

Molowny A, Nacher J, Lopez-Garcia C (1995) Reactive neurogenesis during regeneration of the lesioned medial cerebral cortex of lizards. *Neuroscience* **68**, 823-836.

Morris SC, Caron JB (2014) A primitive fish from the Cambrian of North America. *Nature*.

Mueller T (2012) What is the Thalamus in Zebrafish? *Front Neurosci* **6**, 1-14.

Murakami T, Fukuoka T, Ito H (1986) Telencephalic ascending acousticolateral system in a teleost (Sebastiscus marmoratus), with special reference to the fiber connections of the nucleus preglomerulosus. *J Comp Neurol* **247**, 383-397.

Murakami T, Morita Y (1987) Morphology and distribution of the projection neurons in the cerebellum in a teleost, Sebastiscus marmoratus. *J Comp Neurol* **256**, 607-623.

Murakami Y, Ogasawara M, Sugahara F, Hirano S, Satoh N, Kuratani S (2001) Identification and expression of the lamprey Pax6 gene: evolutionary origin of the segmented brain of vertebrates. *Development* **128**, 3521-3531.

Murakami Y, Pasqualetti M, Takio Y, Hirano S, Rijli FM, Kuratani S (2004) Segmental development of reticulospinal and branchiomotor neurons in lamprey: insights into the evolution of the vertebrate hindbrain. *Development* **131**, 983-995.

Murakami Y, Watanabe A (2009) Development of the central and peripheral nervous systems in the lamprey. *Dev Growth Differ* **51**, 197-205.

Murakami Y, Uchida K, Rijli FM, Kuratani S (2005) Evolution of the brain developmental plan: Insights from agnathans. *Dev Biol* **280**, 249-259.

Muto A, Ohkura M, Abe G, Nakai J, Kawakami K (2013) Real-time visualization of neuronal activity during perception. *Curr Biol* **23**, 307-311.

Nacher J, Ramirez C, Palop JJ, Molowny A, Luis de la Iglesia JA, Lopez-Garcia C (1999) Radial glia and cell debris removal during lesion-regeneration of the lizard medial cortex. *Histol Histopathol* **14**, 89-101.

Nakajima Y, Kohno K (1978) Fine structure of the Mauthner cell synaptic topography and comparative study. In: *Neurobiology of the Mauthner cell* (eds. Faber DS, Korn H). Raven, 133-166.

Naito, Y (1982) *Protozoa. Electric conduction and behaviour in "Simple" invertebrates* (ed. Shelton GAB). Claredon Press, 1-48.

Neal HV (1896) A summary of studies on the segmentation of the nervous system in Squalus acanthias. *Anat Anz* **12**, 377-391.

Nieuwenhuys R (1964) Comparative Anatomy of Spinal Cord. *Prog Brain Res* **11**, 1-57.

Nieuwenhuys R (1967) Comparative anatomy of the cerebellum. *Prog Brain Res* **25**, 1-93.

Nieuwenhuys R (1967) Comparative anatomy of olfactory centres and tracts. *Prog Brain Res* **23**, 1-64.

Nieuwenhuys R (1997) *The central nervous system of vertebrates* (eds. Nieuwenhuys R, ten Donkelaar HJ, Nicholson C). Springer.

Nieuwenhuys R (2009) The forebrain of actinopterygians revisited. *Brain Behav Evol* **73**, 229-252.

西田宏記・西駕秀俊（2007）「背側神経管の出現」『神経系の多様性：その起源と進化』（阿形清和・小泉 修 編）培風館, 133-175.

Nishizawa H, Kishida R, Kadota T, Goris RC (1988) Somatotopic organization of the primary sensory trigeminal neurons in the hagfish, Eptatretus burgeri. *J Comp Neurol* **267**, 281-295.

Noden DM (1991) Vertebrate craniofacial development: the relation between ontogenetic process and morphological outcome. *Brain Behav Evol* **38**, 190-225.

Nomura T, Gotoh H, Ono K (2013) Changes in the regulation of cortical neurogenesis contribute to encephalization during amniote brain evolution. *Nat Commun* **4**, 2206.

Nomura T, Murakami Y, Gotoh H, Ono K (2014) *Reconstruction of ancestral brains: Exploring the evolutionary process of encephalization in amniotes*. Neurosci Res.

Northcutt RG, Gonzalez A (2011) A reinterpretation of the cytoarchitectonics of the telencephalon of the comoran coelacanth. *Front Neuroanat* **5**, 9.

Nowak RT, Brodie ED (1978) Rib penetration and associated antipredator adaptations in the salamander Pleurodeles walti (Salamandridae). *Copeia* **3**, 424-429.

Ocana FM, Suryanarayana SM, Saitoh K, Kardamakis AA, Capantini L, Robertson B, Grillner S (2015) The lamprey pallium provides a blueprint of the Mammalian motor projections from cortex. *Curr Biol* **25**, 413-423.

O'Leary DD, Chou SJ, Sahara S (2007) Area patterning of the mammalian cortex. *Neuron* **56**, 252-269.

O'Leary MA, Bloch JI, Flynn JJ, Gaudin TJ, Giallombardo A, Giannini NP, et al. (2013) The placental mammal ancestor and the post-K-Pg radiation of placentals. *Science* **339**, 662-667.

Oelschlager HH, Kemp B (1998) Ontogenesis of the sperm whale brain. *J Comp Neurol* **399**, 210-228.

Ogasawara M (2000) Overlapping expression of amphioxus homologs of the thyroid transcription factor-1 gene and thyroid peroxidase gene in the endostyle: insight into evolution of the thyroid gland. *Dev Genes Evol* **210**, 231-242.

Oisi Y, Ota KG, Kuraku S, Fujimoto S, Kuratani S (2013) Craniofacial development of hagfishes and the evolution of vertebrates. *Nature* **493**, 175-180.

Oka Y, Satou M, Ueda K (1986) Ascending pathways from the spinal cord in the hime salmon (landlocked red salmon, Oncorhynchus nerka). *J Comp Neurol* **254**, 104-112.

Ota KG, Kuraku S, Kuratani S (2007) Hagfish embryology with reference to the evolution of the neural crest. *Nature* **446**, 672-675.

Oury F, Murakami Y, Renaud JS, Pasqualetti M, Charnay P, Ren SY, et al. (2006) Hoxa2- and rhombomere-dependent development of the mouse facial somatosensory map. *Science* **313**, 1408-1413.

Pani AM, Mullarkey EE, Aronowicz J, Assimacopoulos S, Grove EA, Lowe CJ (2012) Ancient deuterostome origins of vertebrate brain signalling centres. *Nature* **483**, 289-294.

Passamaneck YJ, Di Gregorio A (2005) Ciona intestinalis: chordate development made simple. *Dev Dyn* **233**, 1-19.

Parker HJ, Bronner ME, Krumlauf R (2014) A Hox regulatory network of hindbrain segmentation is conserved to the base of vertebrates. *Nature*.

Perez-Costas E, Melendez-Ferro M, Santos Y, Anadon R, Rodicio MC, Caruncho HJ (2002) Reelin immunoreactivity in the larval sea lamprey brain. *J Chem Neuroanat* **23**, 211-221.

Pettigrew JD, Manger PR, Fine SL (1998) The sensory world of the platypus. *Philos Trans R Soc Lond B Biol Sci* **353**, 1199-1210.

Pietsch TW (2009) *Oceanic anglerfishes*. University of California Press

Piotrowski T, Baker CV (2014) The development of lateral line placodes: taking a broader view. *Dev Biol* **389**, 68-81.

Plump AS, Erskine L, Sabatier C, Brose K, Epstein CJ, Goodman CS, et al. (2002) Slit1 and Slit2 cooperate to prevent premature midline crossing of retinal axons in the mouse visual system. *Neuron* **33**, 219-232.

Pollard KS, Salama SR, Lambert N, Lambot MA, Coppens S, Pedersen JS, et al. (2006) An RNA gene expressed during cortical development evolved rapidly in humans. *Nature* **443**, 167-172.

Pombal MA, Megias M, Bardet SM, Puelles L (2009) New and old thoughts on the segmental organization of the forebrain in lampreys. *Brain Behav Evol* **74**, 7-19.

Portavella M, Vargas JP, Torres B, Salas C (2002) The effects of telencephalic pallial lesions on spatial, temporal, and emotional learning in goldfish. *Brain Res Bull* **57**, 397-399.

ポルトマン A 著, 島崎三郎 訳 (1979)『脊椎動物比較形態学』岩波書店

Pose-Mendez S, Candal E, Adrio F, Rodriguez-Moldes I (2014) Development of the cerebellar afferent system in the shark Scyliorhinus canicula: insights into the basal organization of precerebellar nuclei in gnathostomes. *J Comp Neurol* **522**, 131-168.

Prather JF, Peters S, Nowicki S, Mooney R (2008) Precise auditory-vocal mirroring in neurons for learned vocal communication. *Nature* **451**, 305-310.

Preuss TM (2012) Human brain evolution: from gene discovery to phenotype discovery. *Proc Natl Acad Sci U S A* **109**, Suppl 1, 10709-10716.

Prufer K, Racimo F, Patterson N, Jay F, Sankararaman S, Sawyer S, et al. (2014) The complete genome sequence of a Neanderthal from the Altai Mountains. *Nature* **505**, 43-49.

Puelles L (2001) Thoughts on the development, structure and evolution of the mammalian and avian telencephalic pallium. *Philos Trans R Soc Lond B Biol Sci* **356**, 1583-1598.

Puelles L, Rubenstein JL (1993) Expression patterns of homeobox and other putative regulatory genes in the embryonic mouse forebrain suggest a neuromeric organization. *Trends Neurosci* **16**, 472-479.

Puelles L, Kuwana E, Puelles E, Bulfone A, Shimamura K, Keleher J, et al. (2000) Pallial and subpallial derivatives in the embryonic chick and mouse telencephalon, traced by the expression of the genes Dlx-2, Emx-1, Nkx-2.1, Pax-6, and Tbr-1. *J Comp Neurol* **424**, 409-438.

Puelles L, Rubenstein JL (2003) Forebrain gene expression domains and the evolving prosomeric model. *Trends Neurosci* **26**, 469-476.

Purves D (1998) *Body and Brain a trophic theory of neural connections*. Harvard University Press.

Putnam NH, Butts T, Ferrier DE, Furlong RF, Hellsten U, Kawashima T, et al. (2008) The amphioxus genome and the evolution of the chordate karyotype. *Nature* **453**, 1064-

1071.
Puzzolo E, Mallamaci A (2010) Cortico-cerebral histogenesis in the opossum Monodelphis domestica: generation of a hexalaminar neocortex in the absence of a basal proliferative compartment. *Neural Dev* **5**, 8.

Ramon y, Cajal S (1995) *Historogy of the nervous system of man and vertebrates*. Oxford University Press.

Redies C, Ast M, Nakagawa S, Takeichi M, Martinez-de-la-Torre M, Puelles L (2000) Morphologic fate of diencephalic prosomeres and their subdivisions revealed by mapping cadherin expression. *J Comp Neurol* **421**, 481-514.

Reece JB, Urry LA, Cain ML, Wasserman SA, Minorsky PV, Jackson RB 他, 池内昌彦・伊藤元己・箸本春樹 監訳 (2013)『キャンベル生物学 原書9版』丸善出版

Reep RL, Gaspard JC, 3rd, Sarko D, Rice FL, Mann DA, Bauer GB (2011) Manatee vibrissae: evidence for a "lateral line" function. *Ann N Y Acad Sci* **1225**, 101-109.

Reep RL, Marshall CD, Stoll ML (2002) Tactile hairs on the postcranial body in Florida manatees: a Mammalian lateral line? *Brain Behav Evol* **59**, 141-154.

Reep RL, Stoll ML, Marshall CD, Homer BL, Samuelson DA (2001) Microanatomy of facial vibrissae in the Florida manatee: the basis for specialized sensory function and oripulation. *Brain Behav Evol* **58**, 1-14.

Reiner A (2002) Functional circuitry of the avian basal ganglia: implications for basal ganglia organization in stem amniotes. *Brain Res Bull* **57**, 513-528.

Reiner A, Perkel DJ, LL Bruce, AB Butler, A Csillag, W Kuenze, et al. (2004) Revised nomenclature for avian telencephalon and some related brainstem nuclei. *J Comp Neurol* **473**, 377-414.

Rhinn M, Miyoshi K, Watanabe A, Kawaguchi M, Ito F, Kuratani S, Baker CV, et al. (2013) Evolutionary divergence of trigeminal nerve somatotopy in amniotes. *J Comp Neurol* **521**, 1378-1394.

Ricano-Cornejo I, Altick AL, Garcia-Pena CM, Nural HF, Echevarria D, Miquelajauregui A, et al. (2011) Slit-Robo signals regulate pioneer axon pathfinding of the tract of the postoptic commissure in the mammalian forebrain. *J Neurosci Res* **89**, 1531-1541.

Rijli FM, Gavalas A, Chambon P (1998) Segmentation and specification in the branchial region of the head: the role of the Hox selector genes. *Int J Dev Biol* **42**, 393-401.

Rijli FM, Mark M, Lakkaraju S, Dierich A, Dolle P, Chambon P (1993) A homeotic transformation is generated in the rostral branchial region of the head by disruption of Hoxa-2, which acts as a selector gene. *Cell* **75**, 1333-1349.

Rizzolatti G, Craighero L (2004) The mirror-neuron system. *Annu Rev Neurosci* **27**, 169-192.

Roelink H, Porter JA, Chiang C, Tanabe Y, Chang DT, Beachy PA, Jessell TM (1995) Floor plate and motor neuron induction by different concentrations of the amino-terminal cleavage product of sonic hedgehog autoproteolysis. *Cell* **81**, 445-455.

Rohner N, Jarosz DF, Kowalko JE, Yoshizawa M, Jeffery WR, Borowsky RL, et al. (2013)

Cryptic variation in morphological evolution: HSP90 as a capacitor for loss of eyes in cavefish. *Science* **342**, 1372-1375.
ローマー AS, パーソンズ TS 著, 平光厲司 訳 (1983)『脊椎動物のからだ』法政大学出版局
Ross LS, Parrett T, Easter SS, Jr. (1992) Axonogenesis and morphogenesis in the embryonic zebrafish brain. *J Neurosci* **12**, 467-482.
Rouquier S, Giorgi D (2007) Olfactory receptor gene repertoires in mammals. *Mutat Res* **616**, 95-102.
Rovainen CM (1967) Physiological and anatomical studies on large neurons of central nervous system of the sea lamprey (Petromyzon marinus). II. Dorsal cells and giant interneurons. *J Neurophysiol* **30**, 1024-1042.
Rowe TB, Macrini TE, Luo ZX (2011) Fossil evidence on origin of the mammalian brain. *Science* **332**, 955-957.
Rubenstein JL, Martinez S, Shimamura K, Puelles L (1994) The embryonic vertebrate forebrain: the prosomeric model. *Science* **266**, 578-580.
Ruta M, Botha-Brink J, Mitchell SA, Benton MJ (2013) The radiation of cynodonts and the ground plan of mammalian morphological diversity. *Proc Biol Sci* **280**, 20131865.
Sarko DK, Rice FL, Reep RL (2011) Mammalian tactile hair: divergence from a limited distribution. *Ann N Y Acad Sci* **1225**, 90-100.
Sasaki T, Nishihara H, Hirakawa M, Fujimura K, Tanaka M, Kokubo N, et al. (2008) Possible involvement of SINEs in mammalian-specific brain formation. *Proc Natl Acad Sci U S A* **105**, 4220-4225.
Sato T, Nakamura H (2004) The Fgf8 signal causes cerebellar differentiation by activating the Ras-ERK signaling pathway. *Development* **131**, 4275-4285.
Schachner ER, Cieri RL, Butler JP, Farmer CG (2014) Unidirectional pulmonary airflow patterns in the savannah monitor lizard. *Nature* **506**, 367-370.
Scharff C, Friederici AD, Petrides M (2013) Neurobiology of human language and its evolution: primate and non-primate perspectives. *Front Evol Neurosci* **5**, 1.
Schierwater B, Eitel M, Jakob W, Osigus HJ, Hadrys H, Dellaporta SL, et al. (2009) Concatenated analysis sheds light on early metazoan evolution and fuels a modern "urmetazoon" hypothesis. *PLoS Biol* **7**, e20.
Schilling TF, Knight RD (2001) Origins of anteroposterior patterning and Hox gene regulation during chordate evolution. *Philos Trans R Soc Lond B Biol Sci* **356**, 1599-1613.
Schlosser G (2006) Induction and specification of cranial placodes. *Dev Biol* **294**, 303-351.
Schneider-Maunoury S, Seitanidou T, Charnay P, Lumsden A (1997) Segmental and neuronal architecture of the hindbrain of Krox-20 mouse mutants. *Development* **124**, 1215-1226.
Serafini T, Kennedy TE, Galko MJ, Mirzayan C, Jessell TM, Tessier-Lavigne M (1994) The netrins define a family of axon outgrowth-promoting proteins homologous to C. elegans UNC-6. *Cell* **78**, 409-424.
Schubert M, Holland ND, Laudet V, Holland LZ (2006) A retinoic acid-Hox hierarchy controls

both anterior/posterior patterning and neuronal specification in the developing central nervous system of the cephalochordate amphioxus. *Dev Biol* **296**, 190-202.

Seri B, Garcia-Verdugo JM, McEwen BS, Alvarez-Buylla A (2001) Astrocytes give rise to new neurons in the adult mammalian hippocampus. *J Neurosci* **21**, 7153-7160.

Shigeno S, Ragsdale CW (2015) The gyri of the octopus vertical lobe have distinct neurochemical identities. *J Comp Neurol* (in press).

Shigetani Y, Funahashi JI, Nakamura H (1997) En-2 regulates the expression of the ligands for Eph type tyrosine kinases in chick embryonic tectum. *Neurosci Res* **27**, 211-217.

Shigetani Y, Sugahara F, Kawakami Y, Murakami Y, Hirano S, Kuratani S (2002) Heterotopic shift of epithelial-mesenchymal interactions in vertebrate jaw evolution. *Science* **296**, 1316-1319.

Shim S, Kwan KY, Li M, Lefebvre V, Sestan N (2012) Cis-regulatory control of corticospinal system development and evolution. *Nature* **486**, 74-79.

Shimamura K, Hartigan DJ, Martinez S, Puelles L, Rubenstein JL (1995) Longitudinal organization of the anterior neural plate and neural tube. *Development* **121**, 3923-3933.

Shimamura M, Yasue H, Ohshima K, Abe H, Kato H, Kishiro T, et al. (1997) Molecular evidence from retroposons that whales form a clade within even-toed ungulates. *Nature* **388**, 666-670.

Shimizu T (2001) Evolution of the forebrain in tetrapods. In: *Brain evolution and cognition* (eds. Roth G, Wulliman MF). Wiley/Spectrum, 135-184.

Shinya M, Koshida S, Sawada A, Kuroiwa A, Takeda H (2001) Fgf signalling through MAPK cascade is required for development of the subpallial telencephalon in zebrafish embryos. *Development* **128**, 4153-4164.

Shubin N, Tabin C, Carroll S (1997) Fossils, genes and the evolution of animal limbs. *Nature* **388**, 639-648.

Shu DG, Morris SC, Han J, Zhang ZF, Yasui K, Janvier P, et al. (2003) Head and backbone of the Early Cambrian vertebrate Haikouichthys. *Nature* **421**, 526-529.

Shu T, Richards LJ (2001) Cortical axon guidance by the glial wedge during the development of the corpus callosum. *J Neurosci* **21**, 2749-2758.

Shu T, Sundaresan V, McCarthy MM, Richards LJ (2003) Slit2 guides both precrossing and postcrossing callosal axons at the midline in vivo. *J Neurosci* **23**, 8176-8184.

Sidow A (1996) Gen(om)e duplications in the evolution of early vertebrates. *Curr Opin Genet Dev* **6**, 715-722.

Smeets WJAJ (1998) Cartilagious Fishes. In: *The Central Nervous System of Vertebrates*, Vol.1 (eds. Nieuwenhuys R, ten Donkelaar, Nicholson C). Springer, 551-654.

Smeets WJAJ (1998) *The central nervous system of vertebrates* (eds. Nieuwenhuys R, ten Donkelaar HJ, Nicholson C). Springer, 551-654.

Song H, Ming G, He Z, Lehmann M, McKerracher L, Tessier-Lavigne M, Poo M (1998)

Conversion of neuronal growth cone responses from repulsion to attraction by cyclic nucleotides. *Science* **281**, 1515-1518.

Stenzel D, Wilsch-Brauninger M, Wong FK, Heuer H, Huttner WB (2014) Integrin alphavbeta3 and thyroid hormones promote expansion of progenitors in embryonic neocortex. *Development* **141**, 795-806.

Stephenson-Jones M, Samuelsson E, Ericsson J, Robertson B, Grillner S (2011) Evolutionary conservation of the basal ganglia as a common vertebrate mechanism for action selection. *Curr Biol* **21**, 1081-1091.

Stephenson-Jones M, Ericsson J, Robertson B, Grillner S (2012) Evolution of the basal ganglia: dual-output pathways conserved throughout vertebrate phylogeny. *J Comp Neurol* **520**, 2957-2973.

Storm EE, Garel S, Borello U, Hebert JM, Martinez S, McConnell SK, et al. (2006) Dose-dependent functions of Fgf8 in regulating telencephalic patterning centers. *Development* **133**, 1831-1844.

Straka H, Baker R, Gilland E (2002) The frog as a unique vertebrate model for studying the rhombomeric organization of functionally identified hindbrain neurons. *Brain Res Bull* **57**, 301-305.

Strausfeld NJ, Hirth F (2013) Deep homology of arthropod central complex and vertebrate basal ganglia. *Science* **340**, 157-161.

Striedter GF (2005) *Principles of brain evolution*. Sinauer.

Studer M, Lumsden A, Ariza-McNaughton L, Bradley A, Krumlauf R (1996) Altered segmental identity and abnormal migration of motor neurons in mice lacking Hoxb-1. *Nature* **384**, 630-634.

Sugahara F, Aota S, Kuraku S, Murakami Y, Takio-Ogawa Y, Hirano S, et al. (2011) Involvement of Hedgehog and FGF signalling in the lamprey telencephalon: evolution of regionalization and dorsoventral patterning of the vertebrate forebrain. *Development* **138**, 1217-1226.

Suga N, Yan J, Zhang Y (1997) Cortical maps for hearing and egocentric selection for self-organization. *Trends Cogn Sci* **1**, 13-20.

Sugahara F, Murakami Y, Adachi N, Kuratani S (2013) Evolution of the regionalization and patterning of the vertebrate telencephalon: what can we learn from cyclostomes? *Curr Opin Genet Dev* **23**, 475-483.

州崎敏伸（2009）「単細胞生物の行動制御」『さまざまな神経系をもつ動物たち』（小泉 修 編）共立出版, 9-21.

Suzuki IK, Kawasaki T, Gojobori T, Hirata T (2012) The temporal sequence of the mammalian neocortical neurogenetic program drives mediolateral pattern in the chick pallium. *Dev Cell* **22**, 863-870.

Suzuki DG, Murakami Y, Escriva H, Wada H (2015) A comparative examination of neural circuit and brain patterning between the lamprey and amphioxus reveals the evolutionary origin of the vertebrate visual center. *J Comp Neurol* **523**, 251-261.

Suzuki M, Morita H, Ueno N (2012) Molecular mechanisms of cell shape changes that contribute to vertebrate neural tube closure. *Dev Growth Differ* **54**, 266-276.

Sylvester JB, Rich CA, Yi C, Peres JN, Houart C, Streelman JT (2013) Competing signals drive telencephalon diversity. *Nat Commun* **4**, 1745.

Takahashi T, Holland PW (2004) Amphioxus and ascidian Dmbx homeobox genes give clues to the vertebrate origins of midbrain development. *Development* **131**, 3285-3294.

保 智己（2009）「第3の目 松果体」『見える光，見えない光』（寺北明久・蟻川謙太郎 編）共立出版, 135-153.

Takio Y, Kuraku S, Murakami Y, Pasqualetti M, Rijli FM, Narita Y, et al. (2007) Hox gene expression patterns in Lethenteron japonicum embryos--insights into the evolution of the vertebrate Hox code. *Dev Biol* **308**, 606-620.

Tanaka DH, Oiwa R, Sasaki E, Nakajima K (2011) Changes in cortical interneuron migration contribute to the evolution of the neocortex. *Proc Natl Acad Sci U S A* **108**, 8015-8020.

Tanaka G, Hou X, Ma X, Edgecombe GD, Strausfeld NJ (2013) Chelicerate neural ground pattern in a Cambrian great appendage arthropod. *Nature* **502**, 364-367.

Taniguchi M, Yuasa S, Fujisawa H, Naruse I, Saga S, Mishina M, et al. (1997) Disruption of semaphorin III/D gene causes severe abnormality in peripheral nerve projection. *Neuron* **19**, 519-530.

Tashiro K, Teissier A, Kobayashi N, Nakanishi A, Sasaki T, Yan K, et al. (2011) A mammalian conserved element derived from SINE displays enhancer properties recapitulating Satb2 expression in early-born callosal projection neurons. *PLoS One* **6**, e28497.

ten Donkelaar HJ (1997) Reptiles. In: *The Central Nervous System of Vertebrates, Vol. 2* (eds. Nieuwenhuys R, Ten Donkelaar and Nicholson C). Springer, 1315-1524.

Theveneau E, Mayor R (2012) Neural crest delamination and migration: from epithelium-to-mesenchyme transition to collective cell migration. *Dev Biol* **366**, 34-54.

Tissir F, Lambert De Rouvroit C, Sire JY, Meyer G, Goffinet AM (2003) Reelin expression during embryonic brain development in Crocodylus niloticus. *J Comp Neurol* **457**, 250-262.

Todge C (2000) *The variety of life*. Oxford University Press.

Tomer R, Denes AS, Tessmar-Raible K, Arendt D (2010) Profiling by image registration reveals common origin of annelid mushroom bodies and vertebrate pallium. *Cell* **142**, 800-809.

Tosa Y, Hirao A, Matsubara I, Kawaguchi M, Fukui M, Kuratani S, Murakami Y (2015) Development of the thalamo-dorsal ventricular ridge tract in the Chinese soft-shelled turtle, Pelodiscus sinensis. *Dev Growth Differ* **57**, 40-57.

Tsuboi M, Gonzalez-Voyer A, Kolm N (2014) Phenotypic integration of brain size and head morphology in Lake Tanganyika Cichlids. *BMC Evol Biol* **14**, 39.

土屋 健（2013）『エディアカラ紀・カンブリア紀の生物』技術評論社

引用文献

植松一眞・岡良 隆・伊藤博信 編（2002）『魚類のニューロサイエンス』構成社厚生閣
宇佐見義之（2008）『カンブリア爆発の謎：チェンジャンモンスターが残した進化の足跡』技術評論社
Uziel D, Garcez P, Lent R, Peuckert C, Niehage R, Weth F, Bolz J (2006) Connecting thalamus and cortex: The role of ephrins. Anat. Rec. A Discov. Mol. Cell. Evol. Biol. **288A**, 135-142.
Van Le Q, Isbell LA, Matsumoto J, Nguyen M, Hori E, Maior RS, et al. (2013) Pulvinar neurons reveal neurobiological evidence of past selection for rapid detection of snakes. Proc Natl Acad Sci U S A **110**, 19000-19005.
van Tuinen M, Hadly EA (2004) Error in estimation of rate and time inferred from the early amniote fossil record and avian molecular clocks. J Mol Evol **59**, 267-276.
Venkatesh B, Lee AP, Ravi V, Maurya AK, Lian MM, Swann JB, et al. (2014) Elephant shark genome provides unique insights into gnathostome evolution. Nature **505**, 174-179.
Vidal N, Hedges SB (2004) Molecular evidence for a terrestrial origin of snakes. Proc Biol Sci **271**, Suppl 4, S226-229.
Voneida TJ, Sligar CM (1976) A comparative neuroanatomic study of retinal projections in two fishes: Astyanax hubbsi (the blind cave fish), and Astyanax mexicanus. J Neurosci **165**, 89-105.
Vonk FJ, Casewell NR, Henkel CV, Heimberg AM, Jansen HJ, McCleary RJ et al. (2013) The king cobra genome reveals dynamic gene evolution and adaptation in the snake venom system. Proc Natl Acad Sci U S A **110**, 20651-20656.
Voogd J, Glickstein M (1998) The anatomy of the cerebellum. Trends Neurosci **21**, 370-375.
Walker MM, Diebel CE, Haugh CV, Pankhurst PM, Montgomery JC, Green CR (1997) Structure and function of the vertebrate magnetic sense. Nature **390**, 371-376.
Wang F, Nemes A, Mendelsohn M, Axel R (1998) Odorant receptors govern the formation of a precise topographic map. Cell **93**, 47-60.
Wasowicz M, Ward R, Reperant J (1999) An investigation of astroglial morphology in torpedo and scyliorhinus. J Neurocytol **28**, 639-653.
Wicht H, Derouiche A, Korf HW (1994) An immunocytochemical investigation of glial morphology in the Pacific hagfish: radial and astrocyte-like glia have the same phylogenetic age. J Neurocytol **23**, 565-576.
Wicht H, Northcutt RG (1990) Retinofugal and retinopetal projections in the Pacific hagfish, Eptatretus stouti (Myxinoidea). Brain Behav Evol **36**, 315-328.
Wicht H, Northcutt RG (1992) The forebrain of the Pacific hagfish: a cladistic reconstruction of the ancestral craniate forebrain. Brain Behav Evol **40**, 25-64.
Wicht H, Northcutt RG (1995) Ontogeny of the head of the Pacific hagfish (Eptatretus stouti, Myxinoidea): development of the lateral line system. Philos Trans R Soc Lond B Biol Sci **349**, 119-134.

Wild JM, Reinke H, Farabaugh SM (1997) A non-thalamic pathway contributes to a whole body map in the brain of the budgerigar. *Brain Res* **755**, 137-141.

Wild JM, Williams MN (2000) Rostral wulst in passerine birds. I. Origin, course, and terminations of an avian pyramidal tract. *J Comp Neurol* **416**, 429-450.

Wilkinson DG, Bhatt S, Chavrier P, Bravo R, Charnay P (1989) Segment-specific expression of a zinc-finger gene in the developing nervous system of the mouse. *Nature* **337**, 461-464.

Will U (1991) Amphibian Mauthner cells. *Brain Behav Evol* **37**, 317-332.

Williams MN, Wild JM (2001) Trigeminally innervated iron-containing structures in the beak of homing pigeons, and other birds. *Brain Res* **889**, 243-246.

Witmer LM, Chatterjee S, Franzosa J, Rowe T (2003) Neuroanatomy of flying reptiles and implications for flight, posture and behaviour. *Nature* **425**, 950-953.

Witmer LM, Ridgely RC (2009) New insights into the brain, braincase, and ear region of tyrannosaurs (Dinosauria, Theropoda), with implications for sensory organization and behavior. *Anat Rec (Hoboken)* **292**, 1266-1296.

Witton MP (2013) *Pterosaurs*. Princeton University Press.

Wullimann MF, Puelles L (1999) Postembryonic neural proliferation in the zebrafish forebrain and its relationship to prosomeric domains. *Anat Embryol (Berl)* **199**, 329-348.

Xue HG, Yamamoto N, Yang CY, Kerem G, Yoshimoto M, Sawai N, et al. (2006) Projections of the sensory trigeminal nucleus in a percomorph teleost, tilapia (Oreochromis niloticus). *J Comp Neurol* **495**, 279-298.

Yajima H, Suzuki M, Ochi H, Ikeda K, Sato S, Yamamura K, et al. (2014) Six1 is a key regulator of the developmental and evolutionary architecture of sensory neurons in craniates. *BMC Biol* **12**, 40.

Yamada T, Placzek M, Tanaka H, Dodd J, Jessell TM (1991) Control of cell pattern in the developing nervous system: polarizing activity of the floor plate and notochord. *Cell* **64**, 635-647.

Yamamoto Y, Jeffery WR (2000) Central role for the lens in cave fish eye degeneration. *Science* **289**, 631-633.

Yamamoto N, Kato T, Okada Y, Somiya H (2010) Somatosensory nucleus in the torus semicircularis of cyprinid teleosts. *J Comp Neurol* **518**, 2475-2502.

山下高廣・七田芳則 (2009)「脊椎動物の視細胞が光を受けるしくみ」『見える光，見えない光』(寺北明久・蟻川謙太郎 編)，共立出版，37-56.

Yoshida M, Assimacopoulos S, Jones KR, Grove EA (2006) Massive loss of Cajal-Retzius cells does not disrupt neocortical layer order. *Development* **133**, 537-545.

ユクスキュル，クリサート 著，日高敏隆・羽田節子 訳 (2005)『生物から見た世界』岩波書店

Zhang F, Zhou Z (2004) Palaeontology: leg feathers in an Early Cretaceous bird. *Nature* **431**, 925.

Zhu M, Yu X, Ahlberg PE, Choo B, Lu J, Qiao T, et al. (2013) A Silurian placoderm with osteichthyan-like marginal jaw bones. *Nature* **502**, 188-193.

索　引

【数字・欧文】

6 層構造　212
accessory spinal lobe　118
ADVR　236
AER　78
Atoh1　152
basal progenitor　219
basalis 核　236, 250
BMP　72
BMP4　111
cerebrum　194
CR 細胞　215
D 領域　213
Dl　188
Dm　188
Dmbx 遺伝子　167
dorsal cell　177
dorsal ventricular ridge　236
Drg11　136
DVR　236
ECM　219
Eph　132
EQ　125
evagination　203
eversion　203
Eya4　88
FEZF2　247
Fgf 遺伝子　76
Fgf 受容体　144
Fgf8　76, 79, 165
Foxd3　88
Foxg1　199
FoxP2　134
Gbx2　165

Gbx 遺伝子　81
GFAP　55
HarT1　226
Hox 遺伝子　49, 131
Hox 遺伝子クラスター　31
Hox コード　131
Hoxa2　137
Hsp90　171
human accelerated regions　226
HVC 核　228
inside-out 様式　221
integrin　219
interbulber commissure　97
ips 細胞　242
lateral ascending system　250
lateral ganglionic eminence　207
lemnothalamus　186
lumbosacral sinus　161
medial ganglionic eminence　207
netrin1　191
Nkx2.1　183
NMDA 受容体　137
nucleus anterior　186
ocular dominance column　220
Otx 遺伝子　12, 165
Otx2　165
Pax2/5/8　77
Pax6　76, 102, 165
Pax7　165
PG 複合体　188
Ptf1a　152
Ras-ERK　145
rhinal fissure　211
RNA 遺伝子　226
RNA 結合タンパク質　139

索　引

Robo　247
Ror β　234
Satb2　247
SGN　189
SHH　72
SINE　212
Six1　88
Six4　88
Slit　191，247
Snail2　88
solitary chemosensory cells　122
Sox9　88
subgranular zone　242
Wnt　76
zebrin Ⅱ　146
Zli　79，184
γ-アミノ酪酸（GABA）　60

【和文】

あ

アーケオシリス　40，225
アカデミー論争　56
アシナシイモリ　33
アストロサイト　55
アフリカ獣類　46
アポトーシス　86
アマクリン細胞　73
アミア　168
アラルコメネウス　49
アンハングエラ　68
アンモシート幼生　169
アンモナイト　38
イオンチャネル　7
一次味覚中枢　189
遺伝子カスケード　178
遺伝的浮動　255
命の旅博物館　24
イベリアトゲイモリ　34
イルカ　248
咽頭歯　137
イントロン　134
ヴェロキラプトル　64

浮き袋　132
ウミヘビ　248
運動神経節　77
運動野　219
エコーロケーション　46，220
エダフォサウルス　40
エネルギー分散X線分析　65
エフリン　88，100，132
エボ・デボ　101
襟　82
エリマキトカゲ　115
エルンスト・ヘッケル　101
エレファントノーズフィッシュ　149
遠心性線維　130
延髄　60
塩素イオン　8
エンテログナトゥス　28
横隔膜　40
オーガナイザー領域　78
オーソログ　31，76
オオトカゲ　156
オドントケリス　44
オニアンコウ　15
オニオコゼ　2
オリゴデンドロサイト　55
音響レンズ　213

か

カール・セーガン　127
カール・フォン・リンネ　9
外温性　182
外顆粒層　152
外耳孔　36
概日リズム　179
外側外套　198
外側基底核原基　198
外側脳室下帯　218
外側毛帯　169
外転神経　114
外套　196
外套下部　196
外套弓状部　230
外套巣部　230
喙頭目　45
海馬　196

索　引

外胚葉性頂堤　78
海馬原基　201
海馬交連　97, 197
海馬歯状回　242
海馬領域　188
蓋板　72
外翻　156, 201, 203
海綿動物　11
下オリーブ核　142
化学親和説　98
鍵革新　255
下丘　164, 213
蝸牛神経核　92
下神経節　115
下垂体　182
下垂体後葉　61
下垂体プラコード　83
カストロカウダ　226
顎口類　22
滑車神経　113
活動電位　54
カナヘビ　181
カバ　215
カハール・レチウス細胞　62, 215
ガマアンコウ　132
カマツカ　2
カメラ眼　102
カメレオン　156
下葉　182
カラム　131
顆粒細胞層　142
顆粒隆起　148
ガレアスピス　24, 66
感覚胞　77
感覚毛　248
感覚モダリティ　205
環境世界　9
間接路　224
完全交叉　221
眼点　77
間脳　61, 179
カンブリア爆発　48
顔面神経　115
顔面神経運動核　91, 131
顔面葉　137

眼優位円柱　62, 220
冠輪動物　12
ギアナコビトイルカ　249
偽遺伝子　211
キウイ　173, 229
気管　39
キクガシラコウモリ　2
鰭条　28
寄生オス　119
気嚢　40
キノコ体　14, 157, 195
キノドン類　182, 214
基板　60, 72
ギボシムシ　82
基本的神経回路　95
脚間核　61, 164
嗅覚器　196
嗅覚受容体　112, 211
嗅球　62, 196
嗅上皮　252
嗅神経　112
求心性線維　130
峡　61, 164
橋　61, 129
峡オーガナイザー　165
橋核　129, 138
鋏角類　49
共感　227
共進化　155
共通祖先　17
共通脳室　203
峡部　79
強膜鱗　174
恐竜　124
恐竜温血説　182
キョクアジサシ　15
棘魚類　24
棘皮動物　15
魚綱　16
キングコブラ　37
グランドリ触小体　249
グリア　54
グリア線維酸性タンパク　55
グリコーゲンボディ　161
グリシン　60

285

索 引

グルタミン酸　60
頸部　77
鯨油器官　213
系列相同ニューロン　90
ケツァルコアトルス　158
ゲノム　17
原口　13
原口背唇部　78
原皮質　62
口蓋器　137
後外側腹側核　186
高外套　228, 230
コウガイビル　12
交感神経　60
交感神経幹　84
後口動物　12, 13, 15
後交連　95, 180
硬骨魚類　24, 28
後索・内側毛体系　63
広樹状突起細胞　150
高線条体　232
後体　82
後頭神経　106, 116
後内側腹側核　186
後脳　129
後脳胞　70
交連　95, 197
交連板　79, 197
コエルロサウラヴス　160
コーディン　69
コーディング領域　17
古外套　234
黒質　61, 170
国立科学博物館　24
国立自然史博物館　24
古細菌　6
孤束核　63
骨形成タンパク質4　69
ゴナドトロピン放出ホルモン　112
古皮質　62
鼓膜　36
固有感覚　247
ゴリラ　134
コロタラミック経路　185, 186

さ

鰓下神経　116
鰓弓　65, 84
鰓弓神経　107
細菌　6
細胞外マトリックスタンパク質　219
細胞系譜　91
細胞周期　223
さえずり　232
サッケード　178
散在神経系　11
三叉神経　113
三叉神経運動核　61, 91, 131
三叉神経主知覚核　61, 136
三叉神経脊髄路核　136
三叉神経中脳路核　170, 176
三叉神経プラコード　83
三叉神経毛帯　186
三叉神経毛体系　63
三次味覚核　190
酸素濃度　39
潮吹き　211
視蓋　164
耳介　226
視蓋前域　61, 175, 180
視覚野　188, 219
四丘体　61
糸球体　202
糸球体核　182
シグナル分子　76
シクリッド　58, 207
視交叉上核　61
示準化石　38
視床　61, 180
視床—終脳路　190
視床下部　61, 179, 180
耳小骨　46
視床上部　179
視床前域　180
視床前部　61
視床枕　36
視神経　113
視神経交叉　179
システムズバイオロジー　94

索 引

自切　120
自然選択　255
四足類　141
シトクロームオキシダーゼ　136
シナプス後神経　7
シビレエイ　56, 151
耳胞　108
刺胞動物　11
獣弓類　40
終神経　105, 112
集中神経系　17
終脳　61, 194
ジュール・ベルヌ　34
主嗅球　63
種小名　9
主竜類　43
シュワン細胞　55
上衣細胞　55
松果体　61, 179
松果体複合体　181
上丘　164
条鰭類　28
上鰓プラコード　83
上斜筋　113
上神経節　115
上生体　179
情動　205
小脳　61
小脳回　238
小脳核　61
小脳脚　61, 142
小脳交連　147, 154
小脳耳　141
小脳体　141
小脳半球　61
小脳皮質　61, 158
小脳弁　148
触鬚　137
植物神経系　182
触覚　247
鋤鼻器　37, 211
鋤鼻上皮　252
ジョフロワ・サンチレール　57
ジョルジュ・キュヴィエ　57
シロナガスクジラ　15

シロヘビ　36
真核生物　6
進化拘束　73
ジンクフィンガー　17
神経栄養因子　59
神経ガイド因子　98
神経ガイド分子　98
神経回路網　246
神経環　11
神経管　69
神経根　92, 129
神経索　77
神経上皮細胞　75
神経節細胞　73
神経前駆細胞　217
神経堤細胞　83
神経の新生　242
神経板　69
人工知能　4
真骨類　28
真獣類　46, 197
真主齧類　46
新線条体　232
新皮質　188, 211
新哺乳類脳　126
随意運動　224
錐体路　63, 213, 246
髄脳胞　70
ステゴサウルス　161
スリット　98
セイウチ　136
声帯　132
青斑核　61, 164
赤外線　107
赤核　61, 147, 170
赤核脊髄路　148
脊索　15
脊髄　17
脊髄小脳路　141
脊髄神経　60, 105
脊椎　3
脊椎動物　16
舌咽神経　115
舌咽神経運動核　91, 131
舌咽葉　137

索　引

舌下神経　116
節足動物　12
セマフォリン　88, 100, 110
セマフォリン 3A　88
セロトニン　60, 75
前外套交連　197
前駆細胞　216
線形動物　13
全ゲノム重複　30, 31
前口動物　12, 13
前交連　95, 197
前障　236
線条体　62, 196
前小脳システム　92, 148
線条皮質　186
前体　82
前庭神経節　115
前適応　41, 134
前頭器官　181
全頭類　25
前頭連合野　244
前脳胞　70
全プラコード領域　88
前方眼　77
繊毛細胞　77
巣外套　230
双弓類　40, 42
ゾウギンザメ　2, 26
層特異的マーカー遺伝子　234
層板細胞　77
僧帽筋　106
僧帽細胞　202
ゾウリムシ　8, 177
側系統　43
側線器　109
側線神経　109
側線プラコード　109
側線葉　138
側頭窓　39, 42
側頭皮質　197
側脳室　75
属名　9
ソニックヘッジホッグ　72
ソメワケササクレヤモリ　241

━━━━━━た━━━━━━

ダーウィン　58
第 2 の脳　161
第 3 脳室　75
第 4 脳室　75
台形体　213
第三の眼　181
体重と脳重の割合　124
苔状線維　143
体性運動神経　107
体性感覚地図　62, 135
体性感覚野　188, 219
大脳　194
大脳基底核　62, 196
大脳新皮質　196
大脳半球　62
大量絶滅　38
手綱核　61
手綱交連　95
タツノオトシゴ　28
脱皮動物　12
タニストロフェウス　121
タペジャラ　158
単弓類　42, 45
ダンクレオステウス　24
単孔目　46
単孔類　197
淡蒼球　62, 196
端脳　194
澄江　47, 50
チスイコウモリ　250
中外套　230
中間前駆細胞　219
中耳　36
中小脳脚　156
中心複合体　103
中枢分散化　244
中体　82
中脳　61
中脳蓋　61, 164
中脳後脳境界部　77, 79
中脳水道　75
中脳胞　70
虫部　61

索 引

中立変異　255
聴覚系神経路　186
聴覚野　188, 219
腸管神経　60, 84
鳥綱　16
腸鰓類　82
鳥盤目　163, 230
長鼻目　212
直接路　224
チロシンキナーゼ　144
ツールキット遺伝子　76
デイヴィッド・ヒューベル　221
底板　70, 72
ディメトロドン　40
ティラノサウルス　68, 230
デカルト　181
適応放散　237
デンキウナギ　151
電気感覚器　109
電気感覚系　151
電気コミュニケーション　150
デンキナマズ　151
電気葉　151
転写調節因子　17
動眼神経　113
動眼神経核　170
洞窟魚　168, 170
頭索類　51
登上線維　143
頭足類　12
淘汰圧　252
頭頂眼　181
頭頂板　182
頭部プラコード　83
洞毛　136
ドードー　42
ドーパミン　60
毒牙　36
特殊感覚神経　107
毒腺　36
トビウオ　171
トビトカゲ　160, 171
ドミナントネガティブ型　145
ドメイン　6
ドメイン構造　232

トランスポゾン　245
トルステン・ウィーゼル　221
トレードオフ　94, 244
トロオドン　124, 173, 231
ドロの法則　178
ドロマエオサウルス　172

━━━━━ な ━━━━━

内温性　182
内顆粒層　152, 215
内語　133
内耳神経　115
内側外套　198
内側基底核原基　198
内側脳室下帯　218
内側毛帯　186
内柱　23
内鼻孔　33
内分泌系　182
内包　157
内翻　201, 203
ナミヘビ類　148
ナメクジウオ　50
ナルトビエイ　2
軟骨魚類　24, 25
軟質類　32
軟体動物　12
肉鰭類　28
ニシキヘビ類　148
二次味覚核　189
二胚葉動物　13
二名法　9
乳頭体　213
ニューログリア　55
ニューロピリン　111
ニューロピリン1　88
ニューロン　54
ヌタウナギ　22
ネアンデルタール人　4
ネトリン　98
脳　17
脳化　237
脳回　237, 238
脳拡大プログラム　238
脳化指数　125

索　引

脳幹　17，60
脳屈　73
脳室下帯　60，218，240
脳神経　60，105，112
脳髄　1
脳脊髄液　69
脳の三位一体説　126
脳分節　71，88
脳胞　70
脳梁　62，197
ノギン　69
ノコギリエイ　16
ノッチシグナル　241
ノルアドレナリン　60
ノルセラスピス　65，66
ノンコーディング領域　17

は

パーキンソン病　62
バージェス頁岩累層　47
バーバラ・マクリントック　245
パイオニアニューロン　95
ハイコウイクチス　47，65
胚子　34
背側外套　188，198
背側視床　179
背側脳室稜　209，236
背側皮質　196，232
ハエジゴク　6
パキケタス　212
パキラキス　37
歯クジラ　211
ハダカデバネズミ　251
ハチェック小窩　183
爬虫綱　16
爬虫類　44
爬虫類脳　126
ハツェゴプテリクス　158
発音器官　132
発光器　28
発声　132
発生拘束　73，257
発電神経　65，151
鼻プラコード　83
腹ビレ　155

ハリモグラ　215
バレル　136
バレル構造　221
バレレット　136
バレロイド　136
半円堤　164，169
反回根　108
半規管　23，24
半交叉　221
板鰓類　26
ハンチントン病　62
板皮類　24
反復説　127
被蓋　61，164，170
光受容タンパク質　174
ヒゲクジラ　212
ヒゲミズヘビ　249
鼻甲介　226
皮骨　24，27
尾索類　51
皮質縁　197
皮質核　251
皮質脊髄路　63，213，246
微小脳　14
尾側基底核原基　198
鼻中隔　112
被嚢　51
ヒメジ　2，137
ヒメジ類　137
非モデル動物　101
表情筋　115
表皮外胚葉　69
ヒョウモントカゲモドキ　2，106
ヒヨケザル　171
ヒロノムス　225
ファーブル　14
ファイロティピック段階　72
フィードバック　94
フェロモン　211
深い相同性　100，158，195
複眼　102
副嗅覚系　211
副嗅球　63
副松果体　181
副神経　116

索引

腹側外套　198
腹側視床　179
腹板　36
プラコード　83
プラナリア　12
プルキンエ細胞層　142
フレーメン　211
プレキシン　111
プロソメア　89, 180
プロトケラトプス　64
プロトプテルス　2
吻　82
分界条　197
分子層　142
吻側神経稜　79, 197
分離脳　253
平衡胞　77
ペースメーカー　132
ヘッジホッグ　69
ヘビ　36
ヘラジカ　46
辺縁系　127
扁形動物門　12
変態　209
扁桃体　62, 196
扁桃体内側部　252
扁桃体領域　188
片葉　141
放射状グリア　222
縫線核　61, 164
ホウボウ　118
ポール・マクリーン　126
ホシハナモグラ　175
哺乳綱　16
哺乳類原脳　126
ボノボ　224
ホムンクルス　246
ホメオドメイン　17
ホモロジー　240
ホヤ　50
ホライモリ　170
ポリプテルス　116

ま

マウトナーニューロン　90, 94
マカクザル　228
マスター制御遺伝子　76
マッコウクジラ　16, 132, 213
末梢神経系　105
マナティ　248
マナマズ　2
マンボウ　73
ミエリン鞘　55
ミクロラプトル　158
ミズオオトカゲ　35
ミツクリエナガチョウチンアンコウ　119
ミトコンドリア　17
ミミックオクトパス　14
脈絡叢　75
ミラーニューロン　227
味蕾　108
ミロクンミンギア　47, 65
無顎類　22
ムカシトカゲ　45, 181
無弓類　45
ムササビ　171
ムステリアン文化　18
無足類　33
胸ビレ　155
無尾類　33
鳴管　132
鳴禽　228
迷走神経　116
迷走神経運動核　91, 131
迷走葉　137
メガネウラ　39
メクラヘビ　170
メジナ　2
メタスプリッギナ　47
メラトニン　179
メロン　213
網様体脊髄路ニューロン　90
網膜　61
網膜視蓋投射　174
網膜視蓋投射系　253
網様体　60
モササウルス　36
モジュール　94
モデル動物　101
モルガヌコドン　226

モルミルス　149
モルルスニシキヘビ　37

や

ヤーコプ・ヨハン・バロン・フォン・ユクスキュル　9
夜行性　239
ヤツメウナギ　22
ヤン・エヴァンゲリスタ・プルキンエ　162
誘因突起　179
有翅昆虫　171
有櫛動物　11，12
有胎盤類　46，197
有袋目　46
有袋類　197
有尾類　33
有毛細胞　151
腰膨大　161
羊膜　34
羊膜類　34，38
葉緑体　17
翼手目　171
翼手類　249
翼板　60，72
翼竜　158
翼竜類　156
ヨタカ　46

ら

ライスネル小体　249
ライブイメージング　177
ライヘルト説　46
螺旋神経節　115

ラモニ・カハール　98
リーリン　222
梨状皮質　211
竜脚目　230
竜弓類　40，42
リュウグウノツカイ　28
竜盤目　163，230
領域相同性　240
両生綱　16
両生類　33
菱脳　129
菱脳唇　139，152
菱脳胞　70
領野　188，219
リン酸カルシウム　28
鱗竜類　43
冷温覚　247
レトロトランスポゾン　212
レムノタラミック経路　186
ロイシンジッパー　17
ローハン−ベアード細胞　86
ローラシア獣類　46
濾過食性　23
ロジャー・スペリー　98
ロバストネス　94
ロムンディナ　66
ロレンチーニ器官　109
ロレンチーニ瓶　109
ロンギスクアマ　171
ロンボメア　89

わ

ワラスボ　170

[著者紹介]

村上 安則（むらかみ　やすのり）
1998年　名古屋大学大学院理学研究科博士後期課程生命理学専攻単位取得退学
現　在　愛媛大学大学院理工学研究科 教授 博士（理学）
専　門　進化形態学
主　著　『脳の発生学』（分担執筆）化学同人（2013）
　　　　『神経系の多様性：その起源と進化』（分担執筆）日本動物学会（2007）

ブレインサイエンス・レクチャー 2
Brain Science Lecture 2
脳の進化形態学
Evolution and Development of Vertebrate Brains

2015 年 4 月 30 日　初版 1 刷発行
2022 年 9 月 10 日　初版 2 刷発行

著　者　村上安則　Ⓒ 2015
発行者　南條光章
発行所　共立出版株式会社
　　　　〒112-0006
　　　　東京都文京区小日向 4 丁目 6 番 19 号
　　　　電話　（03）3947-2511（代表）
　　　　振替口座　00110-2-57035
　　　　URL www.kyoritsu-pub.co.jp

印　刷
製　本　錦明印刷

一般社団法人
自然科学書協会
会員

検印廃止
NDC 481.1, 493.7
ISBN 978-4-320-05792-0　　Printed in Japan

JCOPY ＜出版者著作権管理機構委託出版物＞
本書の無断複製は著作権法上での例外を除き禁じられています．複製される場合は，そのつど事前に，出版者著作権管理機構（ＴＥＬ：03-5244-5088，ＦＡＸ：03-5244-5089，e-mail：info@jcopy.or.jp）の許諾を得てください．

ブレインサイエンス・レクチャー

徳野博信・市川眞澄 [編]

脳科学の分野をまるごとレクチャー！

基礎的な分野のみならず、話題の分野や新しい研究領域、行動学のようなマクロな視点からの脳科学などさまざまなタイトルを揃え、脳科学の「いま」を追う新シリーズ。図を豊富に用いたわかりやすい解説、多数のコラム、各章末のQ&Aなど、視覚的にもわかりやすく、多くの話題に触れられるよう配慮されており、該当分野の面白さと研究対象の広さを感じられるであろう。【各巻：A5判・並製・税込価格】

❶ 匂いコミュニケーション
―フェロモン受容の神経科学―

市川眞澄・守屋敬子 著

匂いによるコミュニケーション／匂いコミュニケーションを司るフェロモン／フェロモンを感じる機構／主嗅覚系と鋤鼻系／他

200頁・定価3,300円・ISBN978-4-320-05791-3

❷ 脳の進化形態学

村上安則 著

脳について／脊椎動物の系統と進化／脳の形態・発生・進化／末梢神経系／中枢神経系／菱脳／小脳／中脳／間脳／終脳／神経回路／おわりに／参考文献／索引

304頁・定価3,960円・ISBN978-4-320-05792-0

❸ 脳のイメージング

宮内 哲・星 詳子・菅野 巖・栗城眞也 著

非侵襲脳機能計測とは／脳の構造と機能局在／神経活動と脳血流反応／脳波／脳磁図／磁気共鳴画像／近赤外線スペクトロスコピー／頭蓋磁気刺激／脳機能イメージングの今後の展望／他

272頁・定価4,180円・ISBN978-4-320-05793-7

❹ 自己と他者を認識する脳のサーキット

浅場明莉 著／一戸紀孝 監修

自己の身体を認識する／自己心を理解する"自己意識"／他者との関係を認識する／他者の動きから心を読む／他

206頁・定価3,520円・ISBN978-4-320-05794-4

❺ 脳の左右差
―右脳と左脳をつくり上げるしくみ―

伊藤 功 著

左右差研究の歴史／海馬とその神経回路およびグルタミン酸受容体／海馬神経回路の非対称性／体の左右を決めるしくみ／他

144頁・定価3,080円・ISBN978-4-320-05795-1

❻ 社会の起源
―動物における群れの意味―

菊水健史 著

はじめに／群れの構成要因／群れの機能／母子間の絆／雌雄の惹かれ合い／縄張り行動／動物における共感性／共に生きる／他

160頁・定価3,520円・ISBN978-4-320-05796-8

❼ 大脳基底核
―意思と行動の狭間にある神経路―

苅部冬紀・髙橋 晋・藤山文乃 著

大脳基底核の構成要素／線条体には複数の神経回路がある／大脳基底核は大脳皮質から入力を受ける：ふたたび／大脳基底核と学習／他

166頁・定価3,520円・ISBN978-4-320-05797-5

❽ 前頭葉のしくみ
―からだ・心・社会をつなぐネットワーク―

虫明 元 著

前頭運動関連領野／前頭前野後部／外側前頭前野／内側前頭前野と頭頂連合野／眼窩前頭前野と帯状皮質／基底核、扁桃体、小脳と前頭葉／他

272頁・定価3,960円・ISBN978-4-320-05798-2

（価格は変更される場合がございます）

共立出版

www.kyoritsu-pub.co.jp
https://www.facebook.com/kyoritsu.pub